KB034539

신문화지리지

로컬문화총서 1

신문화 지리지

부산의 문화 역사 예술을 재발견하다

김은영
김호일
백현충
이상헌
김건수
임광명
김수진
권상국

산지니

발간사

김종렬(부산일보 사장)

소박하게 시작했다고 들었다. 발을 딛고 있는 이 땅의 문화지도 한번 그려보자는 생각에서 시작했다고 한다. 부산에서 일어나고 있는 각종 문화현상들을 좀 더 체계적으로 정리해보자는 생각이었다고 했다. 그렇게 부산 문화의 현주소를 파악하고 새로운 문화의 길을 모색하는 데 주춧돌 하나 놓자는 심정으로 시작한 게 지난 2009년 5월부터 장장 8개월간 계속된 부산일보의 '新문화지리지-2009 부산 재발견' 시리즈다.

듣기로는 취재 과정이 만만치 않았다고 한다. 문화 관련 기초 자료의 부족을 절감하기도 했다. 관계 기관에서 보유하고 있는 기초 자료가 너무 없었고, 있다 하더라도 빠진 게 많거나 시점이 몇 년은 흘러 현실과 맞지 않는 것이 너무 많았다고 한다.

전수조사를 원칙으로 했기 때문에 한 번 취재할 때마다 얼추 100곳이 넘는 기관에 전화를 해서 확인하느라 진이 빠졌고, GPS를 갖고 다니며 정확한 지점에 포인트를 찍느라 발이 고생했다고 들었다. 입에 단내가 난 만큼 그 성과는 놀라웠다.

그런 산고를 거쳐 탄생한 게 29가지의 부산 문화 데이터베이스다. 158개가 넘는 설화가 살아 숨 쉬는 부산, 160곡의 대중가요가 영근 부산, 278점의 문화재와 8곳의 조각공원에 228점의 조각 작품을 가진 부산, 960여 곳의 출판사가 등록된 부산, 288곳의 당산이 산재한 부산이란 문화적 콘텐츠는 그렇게 확인됐다.

거시적인 접근도 있었고, 미시적인 접근도 있었다. 하지만 한결같이 발품과

손품이 많이 들어갔다는 공통점이 있는 주제들이었다.

시 · 소설 속의 부산, 조선시대 동래 탐방과 부산 영화관 변천사와 같은 시간 여행, 그리고 민속신앙에서 현대의 화랑에 이르기까지 온갖 장르를 아우르기도 했다.

글을 읽다 보면 너무나도 생생한 체험담에 이끌려 일제강점기 부산 중구의 어느 거리를 걷는 것 같은 착각에 빠지기도 했고, 수백 개에 달하는 부산의 '최초'를 찾느라 발품을 팔았을 노고에 무릎을 치기도 했다.

약도처럼 당장이라도 답사에 나설 수 있는 지도도 있었고, 문화 소외지역을 일목요연하게 파악할 수 있어 행정기관의 문화정책 기초자료로 활용할 수 있는 분포도도 있었다.

이번 기획을 디딤돌 삼아 초등학교 학생을 위한 문화교과서, 구 · 군별 문화지도, 영역별로 특화된 문화지도, 디지털 문화지도 등 다양한 버전의 新문화지리지가 나올 수 있을 것으로 믿는다. 하나하나의 아이템이 갖고 있는 스토리텔링의 가능성도 만만찮다. 新문화지리지의 쓰임새는 활용 여하에 따라 무궁무진하게 열려 있는 셈이다.

기획시리즈 마지막 회에 참석한 외부 인사 중에 누군가는 "부산 문화를 이렇게 총체적으로 조망한 적이 없었다"면서 이번 기획이 "부산문화사에서 기념비적인 사건"이란 찬사를 보냈다.

일일이 발로 뛴 기자들과 데스크, 그리고 깔끔하게 문화지도의 그래픽을 만들어낸 부경대 홍동식 교수와 동서대 안병진 교수와 박재용 씨, 그리고 광고활력소 나비 윤석준 대표에게도 감사의 인사를 전한다.

부산컨벤션뷰로에서 이 기획의 중요성을 알고 적극적인 지원을 해준 덕분임도 잊지 않는다. 책으로 만드는 과정에서 수고를 아끼지 않은 산지니출판사 편집부에도 사의를 표한다.

2010년 4월

차례

3부 다양한 문화자원을 재구성하다

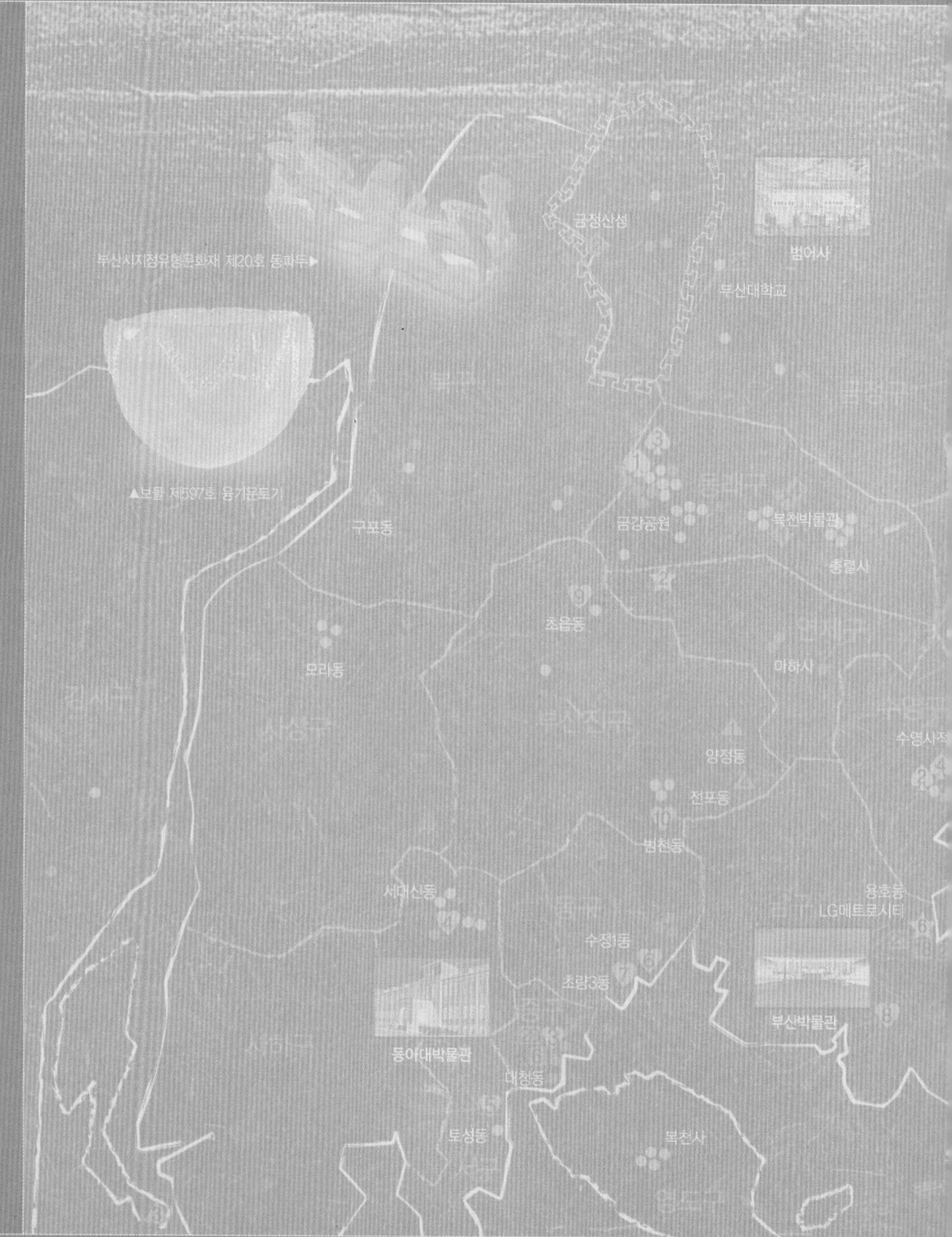
부산시지정유형문화재 제20호 동좌두▶
▲보물 제597호 융기문토기
금정산성
범어사
부산대학교
구포동
금강공원
복천박물관
충렬사
초읍동
모라동
마하사
양정동
수영사적
전포동
범천동
서대신동
용호동
LG메트로시티
수정1동
초량3동
부산박물관
동아대박물관
대청동
토성동
복천사

PART 1

문화, 역사 여행을 떠나다

01 또 다른 무늬, 설화지도

"옛날 옛적에 호랑이가 담배 피우던 시절…." 할머니나 할아버지로부터 듣던 옛 이야기. 신화, 전설 그리고 민담. 그런데 21세기에 웬 설화 타령이냐고? 그것도 메트로폴리탄 부산에서. 혹 알려나, 부산에도 꽤 많은 설화가 있다는 것을.

민속학자와 부산의 16개 구 · 군청 도움을 받아 수집한 부산 설화는 무려 158개. 그런데 이들 설화가 소멸의 위기에 처했다. 문화재처럼 보호받을 법적 장치도 없고, 옛날처럼 할머니에게서 어머니로, 다시 아들과 딸로 이어지는 '구전'의 힘도 기댈 수 없는 까닭이다.

잊히고 있는, 그래서 화석처럼 딱딱하게 굳어진 그 설화를 지도에 담았다. 물론 지도에 담긴 설화는 할머니, 할아버지 기억 속에 잠든 것 중 일부에 지나지 않을 것이다. 그럼에도 설화지도를 만든다는 사실만으로도, 우리는 부산이 얼마나 흥미로운 도시인지, 또 얼마나 활기찬 도시가 될 수 있는지를 다시 깨달을 수 있었다. '다이내믹' 부산! 그것은 초고층 건축물로 메워진 자본의 다이내믹이 아니라 사람과 사람이 서로 부대끼며 삶의 이야기를 빚어내는, 그런 다이내믹이어야 한다는 사실을 잘 알고 있기 때문이다.

부산의 설화 아직은 숨 쉬고 있다

"설화란 민간에 전승된 각종 이야기를 일컫는다. 이를 세분화하면 신화, 전설, 민담으로 구분된다. 신화와 전설은 바위나 산, 비석 등 구체물이 있고 민담은 그렇지 못한 경우다. 민담은 그래서 전국 어디에서나 비슷한 이야기로 전승된다. 신화는 신성과 관련되고 전설은 사람이나 귀신, 동 · 식물과 연관된다. 신화는 국가 설립과 관련될 때 국조(國祖) 신화로 분류하고 마을 창건과 관련되면 당(堂) 신화로 나눈다." (김승찬 부산대 국어국문학과 명예교수)

그러나 아쉽게도 부산에서 신화를 찾기는 쉽지 않다. 국조 신화야 그렇다고 쳐도 당 신화는 있을 법도 한데 딱히 남아 있는 기억이 없다. 대신 전설과 민담은 많다. 하지만 바위나 비석, 강, 산 등 '구체물'이 동반된 전설도 급속한 도시화를 힘겹게 버텨내고 있다.

그렇다면 부산 전설의 특징은 무엇일까? 아무래도 바다와 관련된 것들이 많다. 특히 용왕과 친숙하다. 기장군의 철마산 전설, 시랑대 전설이 그런 경우다. 시랑대 전설에서는 용왕의 딸과 스님의 사랑, 그리고 그들의 비참한 죽음이 그려진다. 신분의 벽을 뛰어넘지 못한 두 남녀의 애처로운 사랑을 사람들이 공감하고 싶었던 것이 아닐까.

애기 장수 전설도 부산에서는 흔한 주제다. 한 비범한 아이가 나중에 역적이 된다는 '불순한' 예언에 짓눌려 싹도 못 틔우고 죽는다는 내용이 골자다. 피폐한 세상을 끊어줄 영웅을 갈망하지만 끝내 꿈을 이루지 못하는 민중의 '쓰라린' 바람이 깃든 전설일 테다.

불교와 관련된 전설도 많다. 금정구 범어사 창건 전설, 기장 일광면 당곡사 전설, 연제구 마하사 16나한 전설 등이 죄다 그렇다. 흥하던 집안이 갑자기 망하면 이래저래 추측이 무성하다. 기장 죽성리의 매바위 전설, 철마면 구림마을의 생거북바위 전설, 남구 용호동의 당바위 전설 등이 하나같이 집 주변의 바위를 깨뜨려 스스로 발복을 걷어찬다는 이야기다.

민중의 고단한 삶은 곧잘 내세의 기원으로도 이어진다. 불교의 윤회설은 그런 점에서 전설을 잉태하기 좋은 산실이다. 해운대구 반여동의 '류심의 비'는 낮은 신분을 억울해하다 숨진 어린이가 다음 세상에서 대감 댁 자제로 태어나 고향을 찾는다는 전설을 전한다.

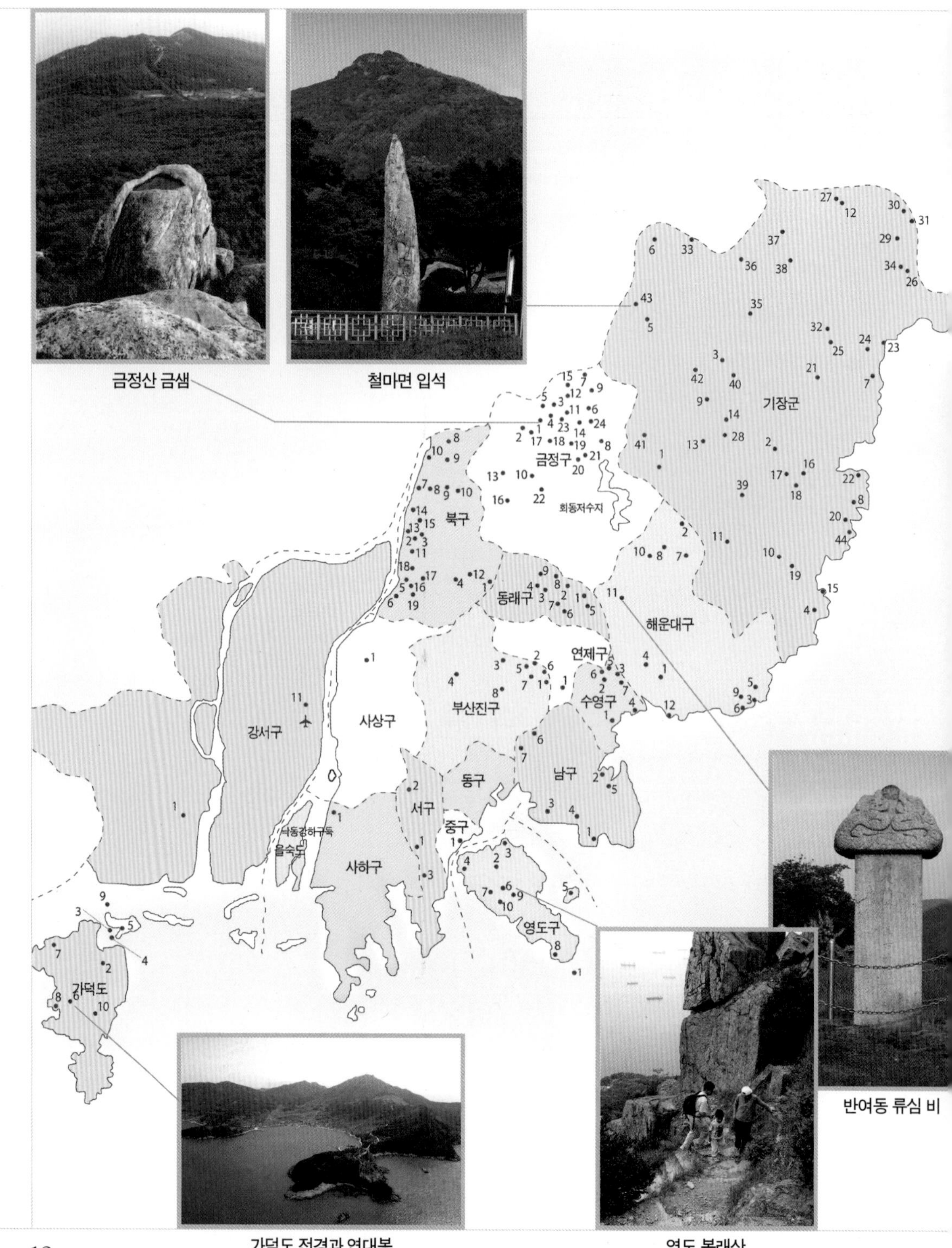

금정산 금샘

철마면 입석

반여동 류심 비

가덕도 전경과 연대봉

영도 봉래산

■ 강서구

1. **의마 전설**/녹산동 분절고개
2. **애기장수 전설**/동선마을 동묘산
3. **태운장군바위 전설**/내눌마을
4. **헛배 이야기**/내눌마을
5. **문필봉 전설**/내눌마을
6. **코바위 전설**/천성동
7. **처이바우 총각바우 전설**/장항마을
8. **성북동 부잣집이 망한 이야기**/천성동
9. **범여섬 전설**/가덕도
10. **연대봉 전설**/연대봉
11. **칠점산 전설**/대저동 김해공항 내

■ 금정구

1. **금샘 전설**/금정산
2. **미륵암 쌀바위 전설**/금정산
3. **범어사 창건 전설**/금정산 범어사
4. **장군기와 호로병**/금정산
5. **범어사를 지키는 느티나무 전설**/금정산 범어사
6. **원효대사와 마애미륵존여래좌상 전설**/금정산
7. **닭이 울었던 계명봉 전설**/금정산
8. **청룡 등나무 이바구 전설**/금정산
9. **범어사 은행나무 전설**/금정산 범어사
10. **기왓장으로 왜적 친 두 아낙네**
11. **목조미륵여래좌상 전설**/범어사 미륵전
12. **고당 할미와 고모제**/금정산 고당봉
13. **해월사 노스님과 이무기**/부산학생교육수련원 일대
14. **영원조사와 명학동지 전설**/금정산
15. **관세음보살과 법정스님 전설**/금정산 범어사
16. **관세음보살상에 얽힌 사랑 전설**/금정산 병풍암
17. **상계봉 배틀굴과 가락국 공주 전설**/금정산 상계봉
18. **금정봉 배틀굴(비녀굴) 전설**/금정산 금정봉
19. **덕석바위와 소년장수 전설**/금정산 금정봉 정상
20. **박정희와 동문 할매 주막**/금정산성 동문 밖
21. **산성마을과 국청사 전설**/금정산 산성마을
22. **나무꾼과 찬물샘 전설**/외대 운동장 인근
23. **우운조사 전설**/범어사
24. **범어사 창건 전설**/범어사

■ 기장군

1. **개좌산의 의구 전설**/철마면 장전리
2. **쌍바위 전설**/일광산 만화리 중턱
3. **범바위굴 전설**/철마면 웅천리 미동마을
4. **시랑대 전설**/시랑리 공수마을
5. **철마산 전설**/철마면 철마산 쇠신당(철신당)
6. **반월성 전설**/정관면 월평리
7. **당곡사 전설**/일광면 화전리
8. **매바위 전설**/죽성리
9. **생거북바위 전설**/철마면 연구리 구림마을
10. **매바위 전설**/내리 소정마을
11. **안적사 원효 · 의상 전설**/안적사
12. **장안사 척판암 전설**/장안사
13. **백동마을 전설**/백동마을
14. **가마등 전설**
15. **원앙대 전설**/시랑리 원앙대
16. **회나무 전설**/동부리 옛 헌청자리 회나무
17. **선바위 전설**/대라리 사라마을 뒷산 중턱의 큰 바위
18. **약물샘 전설**/청강리 무곡마을
19. **천석바위 전설**/당사리 앞 송정천
20. **매바위, 학바위**/죽성리 두호마을 앞바다
21. **용천강 황룡 전설**/상변마을, 회룡마을
22. **해송 전설**/학리 메짠데기 산의 억센 해송
23. **윷판대 전설**/일광 신평리 앞바다 척사대
24. **장사바우**/일광면 달음산 기슭
25. **옥천 전설**/달음산 옥정사
26. **포구나무 전설**/장안읍 좌동마을 서낭당의 팽나무
27. **청룡등 전설**/장안사
28. **빈대절 전설**/장안읍과 울주군 경계
29. **아홉 공주가 쌓은 왕릉**/장안읍 기룡리 하근마을
30. **여수바우**/장안읍 오리 판곡마을 뒷산의 바위
31. **굴바위 전설**/장안읍 오리 개천마을 뒷산 바위
32. **장군대와 진계등**/달음산 동쪽 기슭
33. **용천산 전설**/두명리 동쪽 산
34. **오두대 전설**/정관면 덕산마을 정관천의 3층 바위
35. **당산나무 전설**/정관면 달산리 달산마을
36. **느티나무 전설**/정관면 매곡마을 500년 된 느티나무
37. **배틀바위 전설**/정관면 병산리 뒷산
38. **옥서계 유령 전설**/하서면
39. **울바우 전설**/안평리
40. **자석바위 전설**/석길마을
41. **비음골 전설**/철마면 와여리
42. **삼장사 전설**/철마면 구칠리 점티마을 개울가
43. **입석 전설**/철마면 송정리 입석마을
44. **어사암 전설**/죽성리 두호마을 매바위

■ 남구

1. **신선대**/용당동 산185
2. **이기대**/용호3동 산27
3. **최영 장군 당산 전설**/감만1동 467 무민사
4. **용당 제당**/용당동 산95
5. **용호동 제당**/용호2동 869-4
6. **문현2동 동제당**/문현2동 613-80
7. **서시과차 비석과 광선대**/문현3, 4동 배정초교 주변

■ 동래구

1. 주산당 전설/명륜1동 삼성대
2. 소하정 전설/온천장과 장전동 사이
3. 정묘사 부처의 영험
4. 용이 만들어준 동래 정씨 묘터/화지산 중턱
5. 전생 모자 전설/명륜동 386 류심의 비
6. 옥서계의 망령 전설/수안동 421-49
7. 아기장군과 관황묘 전설/명륜동 447
8. 동래온천에 날아온 백학 전설/온천천
9. 동래온천의 백록 전설/온천천

■ 부산진구

1. 하마비 전설/양정동 501-1
2. 정묘사 부처의 영험/양정동 산73-28
3. 초읍과 두구/초읍동 일대
4. 선암사 주지와 동평현령의 꿈 전설/부암3동 628
5. 배롱나무 꽃말 전설/양정동 산73-28 정묘사 내
6. 동래 정씨 2세조 화지산 전설/양정동 화지공원 내
7. 정문도의 진정/양정동 산73-28 화지공원 내
8. 선암사 주지와 동평현령/당감동 백양산 기슭 선암사

■ 북구

1. 만덕고개와 빼빼영감/만덕고개
2. 시랑골 모분재 전설/화명동 성도고 주변
3. 애기소 전설/화명2동 2102
4. 만덕사와 용을천 전설/만덕1동 30
5. 의성 옛 성터 전설/덕천2동 산93
6. 음정골 참샘이 전설/구포1동 1192
7. 금곡안등골 귀신/금곡동 산95
8. 등대 역할을 한 동원당산나무/금곡동772
9. 효자 천승호 열녀 이씨 효열 이야기/금곡동 100-1
10. 모래재 고갯길 호랑이와 효자 전설/금곡동 산43-5
11. 용당호수의 청룡과 황룡 전설/화명3동 2285
12. 대밭골 호투장/만덕1동 산2
13. 천국부와 장터걸/화명1동 1295
14. 허진사와 대장골 도적들/화명1동 978-2
15. 신선이 데려간 아이 전설/화명2동 2102
16. 양산 구포복설비 내력/구포1동 430
17. 백양산 낭바위 전설/구포3동 산48
18. 팽나무 전설/구포동 대리당산

■ 사상구

1. 상강선대, 하강선대/덕포동 578과 712

■ 사하구

1. 강선대 전설/하단동 에덴공원

■ 서구

1. 까치고개 전설/아미동2가 260
2. 시약산의 수운 여동생 전설/서대신동 3가 172
3. 천마바위 전설/남부민동 산4-9

■ 수영구

1. 범바위골 전설/광안4동 333 성분도치과병원 앞
2. 먼물샘 전설/광안3동 1040-9
3. 보리전 전설/수영동 543-9
4. 진조암 전설/민락동 산110
5. 좌수영 성지 곰솔/수영동 229
6. 푸조나무 송씨 할머니 넋 전설/수영동 271
7. 백산 호랑이 전설/민락동 산23

■ 연제구

1. 마하사 16나한 전설/연산동 금련사 마하사
2. 정묘사 부처의 영험/거제동

■ 영도구

1. 생섬(유분도/주전자섬) 전설/태종대 앞
2. 봉래산 산제당과 아씨당 전설/신선동 2가3-6
3. 청학동 서낭당 전설/청학동 407-11
4. 남항동 용신당 전설/남항동 옛 수산진흥원 자리
5. 무덤이 없는 아치섬/동삼동1
6. 봉래산 전설/봉래산
7. 장사바위 전설/봉래산 기슭 아리랑 고개 주변
8. 태종대 전설/태종대
9. 절영도의 용마 전설/영도
10. 할미바위 전설/봉래산의 조봉 정상

■ 중구

1. 복병산 팽나무/대청동 1가 6-4

■ 해운대구

1. 고당신 설화/재송동
2. 효녀 김씨녀 전설/반송동 운봉산
3. 청사포 김씨 할매 전설/청사포
4. 절세미인 고선옥 전설/재송동 당산
5. 소잘랭이 끊어진 사연/청사포
6. 도깨비 배/청사포
7. 빈대로 폐사된 운봉사 전설/반송2동 운봉
8. 무지개산의 연못 전설/반송2동 개좌산 중턱
9. 와우산 전설/청사포
10. 범바위 전설/반송1동 장산 밑 보경사 경내 바위
11. 류심의 비 전설/반여1동
12. 동백섬 황옥공주 전설/우동 동백섬

사라지는 설화… 어떻게 해야 하나

전설에 대한 각 지자체의 인식은 생각보다 낮다. 그것이 무슨 문화자산이 되고 보호 가치가 있겠느냐는 것이 지자체의 인식이다. 원도심은 더욱 심각하다. 관광자원이 없다고 말로는 떠들지만 전승 자원인 설화를 보존하려는 노력은 전혀 없다. 지도에 나타난 것처럼 설화가 집중된 지역도 산기슭이나 물가다.

하지만 도시 외곽의 전설도 마냥 온전하지만은 않다. 북구 화명동의 시랑골 모분재 전설은 소당폭포와 모분재가 새겨진 암벽에 남았으나 오래전 구획 정리 과정에서 그 암벽은 사라졌다고 구청 측은 전한다.

기장군도 마찬가지다. 민속학자인 부산대 김승찬 명예교수의 연구논문과 저술을 토대로 44편의 전설을 확인한 결과 무려 21개 전설에 대한 구체물이 완전히 사라졌거나 소재 파악조차 어려운 것으로 나타났다. 철마면 구림마을 생거북바위 전설의 경우 구림마을의 존재에도 불구하고 정작 생거북바위(귀암)는 소실됐다. 백동마을은 수년 전 군부대의 차지가 됐고 약물샘(청강리 무곡마을)은 새마을 사업에 따라 도로로 편입됐다. 육판대(일광면), 여수바우(장안읍), 배틀바위(정관면) 등은 소재 파악조차 어려웠다.

설화는 스토리텔링의 자양분

영도구 남항동은 신선이 사는 시내라는 뜻의 '영계'로 불렸고 영선동은 삼신산의 하나로 중국 동쪽 바다 너머에 있는 전설의 섬이었다. 동삼동 중리는 신선의 거처라고 하여 영주로 일컬어졌고 청학동은 신선이 타는 푸른 학을 뜻했다. 영도대교 건너편에 있는 산은 용두산이고 부산대교와 마주한 영주동, 오륙도 건너편의 용당과 신선대도 신선과 무관하지 않은 지명들이다.

이처럼 봉래산 일대의 지명만 제대로 스토리텔링해도 신선의 땅으로 자원화하는 데 그다지 큰 어려움이 없다는 것이 정봉석 동아대 문예창작학과 교수의 주장이다. 그는 특히 최근 논문에서 부산지역 지명에 남아 있는 각종 토착 전설과 중국 진시황의 밀명을 받아 부산을 찾았다는 '서불의 불로초 원정' 을 하나의 스토리텔링으로 만든다면 국제적인 관광 자원도 가능하다고 귀띔했다. 영도구청은 이에 대해 최근 불로초 원정의 관광자원화와 문화콘텐츠화를 적극 추진 중인 것으로 알려졌다. 그나마 빠른 행보를 보이고 있다는 얘기다.

설화는 더 이상 옛날이야기로 끝나지 않는다. 그것은 새로운 콘텐츠의 자양분이자 씨앗이 된다. 문제는 그 씨앗들을 어떻게 발아시키고 거목으로 키울 것인가에 대한 고민이다. 이를 위해 도시 설화에 대한 새로운 관심이 필요하다. 지역 시인과 소설가, 미술가, 조각가 등의 상상력도 요구된다. 행정은 설화의 존재를 확인할 표지판 설치를 서둘러야 한다. 설화는 삭막한 도시를 벗어날, 또 다른 무늬이자 향기다.

칠점산 전설

(강서구 대저동 김해공항 내)

『신증동국여지승람』에는 "칠점산이 양산군 남쪽 44리 바닷가에 있고, 산이 일곱 개 봉으로 칠점(七點)과 같아서 칠점산이라고 이름하였다"라고 기록하고 있다. 칠점산은 지금의 부산시 강서구 대저동 일대의 산을 말한다. 대저동은 조선 때 양산군이었다가 1906년 김해군으로 편입됐고 1978년 부산 북구로, 다시 1983년 현재의 부산 강서구가 됐다.

전설에 따르면 칠점산에는 참시 선인이 살았는데 그는 옥같이 맑은 자태에 세상의 도를 깨우친 인물로 나무의 진과 도라지를 즐겨 먹고 고고한 생활을 영위했다고 한다. 금관가야의 제2대 왕이자 수로왕과 허황후의 아들인 거등왕은 칠점산의 이 참시 선인과 자주 만나 거문고와 바둑을 즐기며 백성들이 편안하게 살 수 있는 법을 자문했다. 칠점산은 원래 7개의 봉우리로 돼 있으나 낙동강 제방 축조와 비행장 공사로 거의 다 사라지고 지금은 겨우 봉우리 하나만이 옛 흔적을 기억하고 있을 뿐이다.

금샘 전설
(금정구 금정산)

금정산 정상인 고당봉 옆에는 바위로 된 샘이 하나 있는데 여기에는 한 가지 이야기가 전해지고 있다. 『동국여지승람』 『동래부지』 등에 기록된 전설에 의하면 산정에 돌이 있어 높이 3장가량이고 물이 늘 차 있어 가뭄에도 마르지 않고 금빛이 있으므로 금색어가 다섯 색깔의 구름을 타고 하늘에서 내려와 그 샘에서 놀았다고 전해지고 있다.

*

시랑대 전설
(기장군 시랑리 공수마을)

어느 여름날 가뭄이 심해 공수마을 사람들이 스님을 모셔와 해룡단(海龍壇)에서 기우제를 지냈다. 기우제를 지낸 뒤 스님은 저녁 때 시랑대 위에 앉아 달빛에 어린 바다의 풍광을 완상하고 있는데, 대(臺) 밑의 동굴을 통해 용궁의 용녀가 나와 바다의 달빛을 구경하다가 스님과 사랑을 맺게 되었다. 그 뒤 용녀가 아기를 낳기 위해 시랑대에 올라와서 산고(産苦) 뒤 출산을 하여 막 탯줄을 끊으려 할 때 동해 용왕이 딸이 인간과 정을 맺고 지금 출산 중이라는 말을 비로소 듣고 화가 북받쳐 산더미 같은 노도(怒濤)를 일으켰다. 용녀는 아기와 함께 그만 거칠고 높은 파도에 휩싸여 죽게 되었다. 이에 하늘에 계신 옥황상제가 이들 모자를 불쌍하게 여겨 하늘나라로 데리고 갔다.

*

하마비 전설
(부산진구 양정동 501-1)

하마비란 계급의 상하를 막론하고 그곳을 지나갈 때에는 '말에서 내려라(下馬)' 라는 뜻을 새긴 네모난 돌기둥(비석)이다. 구전 설화에 의하면 고려 때 동래 정씨 2세조인 정문도공 묘소가 화지산에 있었기 때문에 분묘 입구인 이곳에서 경의를 표하고 가라는 뜻에서 하마비를 세우게 되었고 하마정(下馬停)이라고 하는 지명이 생기게 되었다고 한다.

하마정에 얽힌 이야기 하나. 임진왜란 당시 왜군의 한 장수가 하마정 앞을 말을 타고 지나려 하자 말이 갑자기 요동쳐 그가 말에서 떨어졌다. 그가 다시 말을 타려 하자 또 말이 요동쳤다. 통역관에게 왜 그러느냐고 물어보니 이곳은 정문도공 묘소가 있는 곳으로 누구든지 말에서 내려 가야 한다고 설명했더니 왜장도 예의를 갖추고 말에서 내려 걸어갔다고 한다.

류심의 비 전설
(해운대구 반여1동)

해운대구 반여동에 위치한 '류심의 비'에 대한 전설이다. 조선시대에는 이곳도 동래에 속했는데, 당시 동래구 서문통(西門通) 옛날 관문대로 가는 길 옆의 초라한 집에 한 과부가 네 살짜리 아들을 데리고 살았다. 어느 날 아들이 동래부사의 부임행차를 보고 자기도 자라서 나중에 그런 부임행차를 갖겠다고 말하니, 과부는 "너는 상민의 자식이라 저렇게 할 수 없다"고 잘라 말했다. 그날부터 아들은 식음을 전폐하고 병들어 죽었는데, 어느 날 밤 과부의 꿈에 아들이 나타나 자기는 서울의 류 대감 댁에 아들로 다시 태어났다고 전하였다. 그 후부터 과부는 평생 동안 아들이 죽은 날 제사를 지내주었다.

한편 류 대감의 아들로 태어난 류심은 매년 생일날 꼭 꿈을 꾸게 되는데, 동래의 한 초라한 집에 가서 제사 음식을 먹고 돌아오는 꿈이었다고 한다. 류심이 장성하여 과거에 급제하고 부사가 되어 동래에 내려오니 마을이 결코 낯설지 않았다. 해서 그의 생일날 저녁에 하인을 데리고 꿈속에서 제사 음식을 받아먹던 그 집을 일부러 찾아가니, 그 집의 노파가 나와 자기 아들의 죽은 내력을 얘기하고 오늘이 바로 그 아들의 입제일이라 말하였다. 류심은 비로소 이 노파가 전생의 모친임을 깨닫고 그 뒤 여러모로 도움을 주어 노파는 편안한 노후를 보내다 숨졌다고 전한다. 그 비석은 지금도 부산시립박물관과 반여동 농산물도매시장 인근의 공터에 각각 위치하고 있다.

*

푸조나무 송씨 할머니 넋 전설
(수영구 수영동 271)

수영공원 남문에서 서쪽으로 약 50m 떨어진 곳에 위치한 이 푸조나무는 천연기념물 제311호. 500년 이상 된 느릅나무과에 속하는 나무로서 마을의 안녕을 지켜주는 지신목이다. 이 푸조나무에는 송씨 할머니(인근에 수영고당이 있는데 이를 일명 송씨할매당으로 부른다)의 넋이 깃들어 있어 나무에서 떨어져도 다치는 일이 없다고 한다. 현재 수영동 271번지에 위치하고 있다.

*

생섬(유분도) 전설

(영도구 태종대 앞)

영도 절경인 태종대 앞바다에는 크고 작은 여러 개의 바위섬들이 우뚝우뚝 솟아 있다. 이 크고 작은 돌섬 가운데 주전자처럼 생겼다고 해서 유분도(鍮盆島) 또는 주전자 섬이라고 불리는 섬이 하나 있다. 섬의 전설은 이렇다.

옛날 영도구 동삼동에 사는 한 어부가 주전자 섬에서 고기를 잡다가 갑자기 용변이 마려워 어구(漁具)를 바다에 설치해놓은 채 용변을 보게 됐다. 그랬더니 하루 종일 한 마리의 고기도 잡히지 않고 나중에는 어구까지 전부 잃고 말았다. 어부는 이튿날도 그 다음날도 한 마리의 고기도 잡지 못했고 힘들게 장만한 어구조차 계속 잃게 되자 화병으로 자리에 누웠다가 결국 죽고 말았다.

또 같은 마을에 사는 일단의 어부들이 주전자 섬에서 고기를 잡다가 매서운 추위를 이기지 못하여 불을 놓았다. 이때 뒤늦게 이를 발견한 늙은 한 어부가 이들을 크게 책망하며 당장에 불을 끄도록 요청했다. 그는 "이 섬엔 옛날부터 불을 놓으면 큰 재난을 당한다"고 말하고 "불길한 일이 생길지 모르니 조심하라"고 타이르고는 집으로 돌아갔다. 그러나 일단의 어부들은 이 늙은 어부의 말에 코웃음을 치며 계속 불을 지피고는 "미신 같은 소리를 한다"며 예사롭게 넘겨버렸다.

어부들은 모닥불을 가운데 두고 빙 둘러앉았다가는 다시 고기잡이를 했으나 이상하게도 고기가 한 마리도 잡히지 않았다. 어부들은 땅거미가 질 무렵 어구를 챙기고 집으로 돌아왔다. 어부들은 이때까지 빈손으로 돌아오는 일이 없었으니 이날은 괴이한 생각이 들기도 했다. 어부들은 갖가지 공상을 하며 늙은 어부의 말을 생각하다가 겨우 잠이 들었다. 그날 밤 꿈속에서 어부들은 주전자 섬이 불덩어리로 변하는 것을 보았는데 그 후부터 이들이 하는 일은 모두 실패로 돌아갔고 끝내는 원인 모를 병으로 시름시름 앓다가 모두 죽고 말았다.

이 때문에 지금도 주전자 섬에서는 용변과 불 취급을 금기시하고 있다. 또 이곳에서 남녀가 정을 통하면 급살을 맞는다고 하여 청춘남녀들이 데이트 가는 일조차 기피하고 있다고 전한다.

02 부산은 엘레지다, 대중가요

부산은 엘레지다. 시커먼 아스팔트와 콘크리트를 한 꺼풀씩 벗겨내면 도시는 까맣게 잊고 있던 슬픈 전설의 엘레지를 오래된 전축처럼 시나브로 들려준다.

사랑과 증오, 이별과 만남, 삶과 죽음이 오롯이 담긴 그런 엘레지다. 가장 원시적이며 가장 대중적인, 그래서 더더욱 부산의 심원을 건드린 듯한 옛 음성이 그저 '날것' 으로 귓가를 맴돈다.

부산항, 부산역, 국제시장, 영도다리, 해운대, 낙동강이 예외가 없다. 아프도록 시린, 그래서 더 애틋하고 아름다운 엘레지가 도시를 감싼다.

혹자는 그런다. 부산은 아름다운 엘레지라고. 스콧 매킨지의 '샌프란시스코' 보다 더 애절한 이야기를 감추고, 프랭크 시나트라의 '뉴욕 뉴욕' 보다 더 감미로운, 그런 부산은 엘레지라고 말한다.

부산항은 이별의 엘레지다

부산을 노래한 가요 중 가장 많이 언급된 지명은 부산항이다. 그중 최초의 부산항 엘레지를 꼽으라면 남인수가 부른 1939년의 '울며 헤진 부산항' (조명암 작사/박시춘 작곡)이 아닐까 싶다. 일제강점기에 관부연락선에 실려 징용을 떠나는 식민지 국민의 슬픈 가락이 가사마다 넘실거린다.

"울며 헤진 부산항을 돌아다보는/연락선 난간머리 흘러온 달빛/이별만은 어렵더라, 이별만은 슬프더라."

그러나 1945년 광복과 함께 찾아온 부산항의 작곡 모티브는 이별이 아닌 재회였다. 이인권의 '귀국선' (1946년)은 징용에서 막 돌아온 동포들의 재회와 환희를 고스란히 오선지에 역사처럼 기록했다.

"돌아오네 돌아오네/고향산천 찾아서/얼마나 외쳤던가 무궁화꽃을/얼마나 외쳤던가 태극 깃발을/갈매기야 웃어라 파도야 춤춰라/귀국선 뱃머리에 희망도 크다."

〈잘있거라 부산항〉

1950~60년대의 부산항은 어땠을까. '마음의 부산항', '부산은 항구다', '부산항 엘레지' 등은 수출 시대의 막을 연 당대의 풍경을 오롯이 그려낸다. 그 시절 아이콘은 하얀 제복에 서양 담배 파이프를 입에 문 마도로스였다. 부산항 제1, 제2, 제3부두는 당시 항구 엘레지의 1번지로 사랑 영화의 주된 배경이 되기도 했다.

'돌아와요 부산항에' 노래비

하지만 부산항 엘레지의 최고봉은 누가 뭐래도 조용필의 '돌아와요 부산항에' 다. 이 노래는 원래 '돌아와요 충무항에' 로 작사 · 곡 됐으나 영도 출신의 작곡가 황선우에 의해 개작된 뒤 1975년 재일교포의 고향 방문 러시와 맞물리면서 공전의 히트를 쳤다.

"꽃 피는 동백섬에/봄은 왔건만/형제 떠난 부산항에/갈매기만 슬피 우네/오륙도 돌아가는/연락선마다 목메어/불러봐도 대답 없는/내 형제여/돌아와요 부산항에/그리운 내 형제여."

〈해운대야 말해다오〉

대중가요 수집가로 잘 알려진 박명규 한국해양대 조선해양시스템공학부 교수는 "다른 노래비는 많은데 정작 가장 많은 작사, 작곡이 이뤄진 부산항과 부산역을 상징하는 노래비는 없다" 며 아쉬워했다.

elegy
해운대
청사포
해운대
수영구
광안리
동백섬
부산진구
서면
사상구
낙동강
초량
부산역
40계단
서구
광복동
남포동
중앙동
용두산
중앙로
국제시장
자갈치
부산항
영도다리
영도구
을숙도
사하구
남구
오륙도
송도
태종대
SUPER STAR
잘있거라釜山港
서울駅待合室
갈매기부르-스

• 가나다 순 • 을숙도의 경우 가수/발표연도 순 • 제목은 당시 표기법

부산 공동

부산가시내
부산꽃순이
부산사나이
부산사람
부산시민의 노래
부산 아가씨
부산 아지매
부산 안개
부산은 부른다
부산을 떠나야지
부산을 위해
부산에 살리라
부산에 자갈치 아지매
부산의 노래
부산의 밤비
서울 가도 부산 가도
서울 부산 광주 여수
서울 대전 대구 부산
손님과 차장, 부산 조수와 서울차장의 결혼
오늘은 부산에 비가 온데요

광복동

광복동 거리

광안리

광안리
추억의 광안리

구포

구포를 찾으세요
눈물의 구포다리

국제시장

굳세어라 금순아
저무는 국제시장

김해공항

이별의 김해공항

낙동강

낙동강 칠백리

남포동

남포동 네거리
남포동 마도로스
남포동 밤 11시
남포동 밤거리
남포동 부르스
남포동 블루스
남포동 소야곡
남포동 야곡
남포동의 밤
돌아온 남포동
부산이여 안녕
비 나리는 남포동
추억의 남포동
함경도 사나이

다대포

다대포의 꿈
다대포 처녀
정다운 다대포구

동백섬

추억의 동백섬
해운대야 말해다오

부산역

눈물의 경부선
부산역 이별
비내리는 경부선
이별의 부산정거장

부산항

귀국선
꿈속의 부산항
그리워라 부산항
그때 그 부산
내 사랑 부산항
눈물의 부산항구
다시 찾은 부산항
돌아온 부산항구
돌아와요 부산항에
마음의 부산항
밤 깊은 부산항
뱃고동 소리
부산갈매기
부산마도로스
부산은 항구다
부산야곡
부산에 남긴 인사
부산의 연정
부산의 하룻밤
부산항구
부산항구 새벽 4시
부산항에 왔습니다
부산항 엘레지
부산항 제2부두
부산항 제3부두
부산항 종열차
부산행진곡
비 나리는 부산항
사랑의 부산항구
상처남긴 부산항
아리랑 부산항구
아메리칸 마도로스
안개 낀 부산항
울며 헤진 부산항
울지마라 부산항
여수의 부산항
이별의 부산배
이별의 부산항
잘있거라 부산항
제3부두
추억의 부산부두
추억의 부산항
7일간의 부산항
쾌지나 칭칭나네
키타치는 마도로스

40계단

경상도 아가씨

서면

추억의 서면로타리

송도

찾아온 송도의 밤

영도다리

경상도 금순이의 순정
고향의 그림자
눈물의 영도다리
들지 않는 영도다리
망향초 사랑
부산은 내 고향
부산의 밤
부산이여 안녕
약속한 연락선
영도다리 비가
울고 넘는 영도다리
이별의 영도다리
잠들은 영도다리
청춘은 마도로스
추억의 영도다리

오륙도

부산부르스
부산 블루우스
부산에레지
부산 유정
오륙도
오륙도를 잊었나요
오륙도 처녀
오륙도 친구
한많은 오륙도
항구의 아가씨

온천장

부산행진곡

용두산

용두산 엘레지
추억의 용두산

을숙도

을숙도/나희/1983
을숙도/백영규/1985
을숙도/유만종/1985
을숙도/김세화/1986
을숙도/자유시인/1988
을숙도 그 마지막
을숙도 첫 사랑
잃어버린 을숙도

자갈치

자갈치 또순이
자갈치 룸바
자갈치 새벽
자갈치 시장
자갈치 아지매
자갈치 왈순이

중앙동

영자의 고향

청사포

청사포

초량

초량동 45번지

충장로

비 내리는 충장로

태종대

추억의 태종대
태종대
태종대 에레지

해운대

내 고향은 부산입니더
부산안개
부산은 내 고향
아름다운 해운대
찾아온 해운대
해운대
해운대 백사장에
해운대 소야곡
해운대야 말해다오
해운대야 잘 있느냐
해운대 에레지
해운대 연가
해운대의 밤

영도다리와 40계단의 추억

프랑스 연인들에게 퐁네프다리가 있고 미국 중년들에게 메디슨카운티 다리가 기억된다면, 부산 사람들에게는 영도다리의 추억이 있다. 남인수의 '고향의 그림자', 백야성의 '눈물의 영도다리', 손인호의 '부산은 내 고향', 윤일로의 '추억의 영도다리', 그리고 다리의 개폐 기능을 상실한 뒤 작곡된 '들지 않는 영도다리' (여운), '잠들은 영도다리' (이정남) 등만 봐도 영도다리와 부산은 얼마나 심미적인 관계를 맺어왔는지 단박에 알 수 있다. 그래서 영도다리는 단순한 콘크리트 구조물이 아니다. 일제의 수탈과 한국전쟁의 질곡을 온전히 견뎌낸 부산 사람들의 애고지정이 깃든 역사 그 자체다.

"울었네 소리쳤네 몸부림쳤네/차디찬 부산항구/조각달만 기우는데/누굴 찾아 헤메이나/어데로 가야 하나/영도다리 난간 잡고 나는 울었소." ('추억의 영도다리')

국제시장, 남포동, 중앙동 40계단 등도 다르지 않다. 한국전쟁을 통해 전국 각지에서 몰려든 타향인들이 부산 사람들과 어울려 살을 부대끼며 시대를 증언하던 공간이다. 박재홍의 '경상도 아가씨', 현인의 '굳세어라 금순아' 등은 바로 그 시대를 담아낸 이산(離散)의 국민가요다.

"고향길이 틀 때까지/국제시장 거리에 담배장사 하더라도/살아보셔요 정이 들면 부산항도/내가 살든 정든 산천/경상도 아가씨가 두 손목을 잡는구나." ('경상도 아가씨')

서울 수복과 함께 새롭게 주목받은 것은 부산역이었다. 고향을 다시 찾으러 부산을 떠나는 피란민들. 그러나 그것은 또 다른 이별의 엘레지를 잉태했다. '이별의 부산정거장' (남인수)의 한 대목을 불러보자.

"보슬비가 소리도 없이/이별 슬픈 부산정거장/잘 가세요 잘 있어요/눈물의 기적이 운다/한 많은 피난살이 설움도 많아/그래도 잊지 못할 판잣집이여/경상도 사투리에 아가씨가 슬피 우네/이별의 부산정거장"

'낙동강 칠백리' 는 부산 지명의 첫 대중가요

국내 처음으로 대중가요를 집대성한 세광출판사의 『한국가요전집』(1980년 9월15일 간행 · 전5권)에 따르면 김용환이 부른 '낙동강 칠백리' (왕평 작사/조자룡 작곡)는 1928년 발표됐다. 왈츠풍의 노래로 "달빛 아래 칠백리/낙동강 저너머로/은혜로운 봄바람/한가히 불어들제/구포의 물레방아들은/언제까지 우시나" 란 가사에서 '구포' 를 한 차례 명기했다.

작곡가 고 박시춘은 이 책의 서두에 "서양음악이 수입되어 퍼지기 시작한 '신식노래' 와 '창가' 는 1920년대에 이르러 대중가요를 낳았다" 며 "처음에는 '유행소곡' 이었다가 1920년대 후반에 '유행가' 로 통했다" 고 썼다. 그의 말처럼 한국 창작가요가 1920년대 후반 레코드 산업의 본격화와 함께 시작됐다고 볼 때 '낙동강 칠백리' 만큼 오래된 부산 지명의 가요를 찾기는 당장 쉽지 않아 보인다. 대중가요는 시대의 풍경화다.

* 엘레지(Elegy)

사전적으로 애가, 비가를 뜻한다. 하지만 문학적으로 엘레지는 어떤 거대한 힘에 의해 짓눌린 피압박과 그 작동, 반발, 그리고 개인적인 슬픔 등을 포괄적으로 노래한 연가 등으로 다양하게 해석된다.

'해운대 엘레지' 노래비

〈비에 젖은 남포동〉

〈눈물의 영도다리〉

03 누나야 강변 살자, 낙동강 문화지도

또 다른 기억들… 강. 강. 낙동강.

구포의 대리 팽나무(수령 500여 년)는 부산 경남 일대에서 가장 오래된 당산나무다. 도심에 당산나무가 있다는 사실이 을씨년스럽지만 그처럼 오래된 나무가 사람이 그다지 많이 살지 않는 낙동강변에 포진한다는 사실은 더 놀랍다.

강서구 송정마을에는 '벅수' 라고 불리는 돌장승이 서 있다. 어릴 때 어리석고 모자라는 행동을 하면 으레 "벅수 같은 놈" 이라는 말을 듣곤 했는데 바로 그 벅수 같은 돌장승이 부산에 있는 것이다.

문화의 전승은 딱히 '서술적' 이어야 하는 것은 아니다. 예술로, 문학으로 옮겨지지 않아도 문화는 일상 속에서 온전히 전승될 수 있다. 그런 '전승의 힘' 을 낙동강에서 확연히 느끼고 싶었다. 그래서 '낙동강 문화' 라고 이름을 짓고 싶었다. 하지만 성급하고 어설펐다.

강에서 목격된 것은 쇠락이었고 무관심이었다. 나루도, 소금도, 재첩도, 강노래도 시나브로 사라지고 있었다. 우리 문화가 사라지고 있었다.

강서 송정마을 돌장승

구포 팽나무

소통문화의 산실, 나루

동원나루(위)와 하단포 표지석(아래)

동원진은 낙동강의 부산 경계 안에서 가장 북쪽에 위치한 나루였다. 그 아래로 구법진이 있었고 또 그 아래로 감동진(구포)이 놓여 있었다. 감동진은 남창나루로도 불렸는데, 남창은 세금으로 거둔 물건을 저장하던 창고였다. 낙동강이 한때는 물류의 거점이었다는 증거다.

낙동문화원 백이성 원장은 "부산권 낙동강에만 수십 개의 나루가 있었던 것으로 추정된다"며 "나루는 근대 이전까지만 해도 가장 중요한 교통과 물류 중심지였다"고 말했다. 특히 구포의 감동진은 전체 낙동강 중에서도 가장 큰 나루 중 하나로 소문나 있었다.

하지만 그렇게 번창한 나루가 지금은 단 1개도 남아 있지 않다. 아니 흔적조차 찾을 수 없다. 하단포를 비롯한 몇몇 지역에서 포구나 나루가 있었음을 가리키는 표지석을 구경할 수 있지만 그것으로 나루의 옛 영화를 더듬기에는 역부족이었다.

나루는 그렇게 명멸했다. 하지만 나루를 퇴출시킨 다리의 신세도 별반 다르지 않았다. 1933년 구포둑과 함께 설치된 구포장교(옛 구포다리 · 1천60m)는 건설 당시만 해도 국내에서 가장 긴 다리였다. 한강에도 이만한 다리가 없던 시절이었다. 그럼에도 새 다리가 개통된 이후 천덕꾸러기가 됐다. 지금은 표지석도 없이 철거된 상태다. 소용이 다 되면 마냥 잊히는 것일까? 토사구팽은 단지 사람과 사람 간의 문제만은 아닌 듯하다.

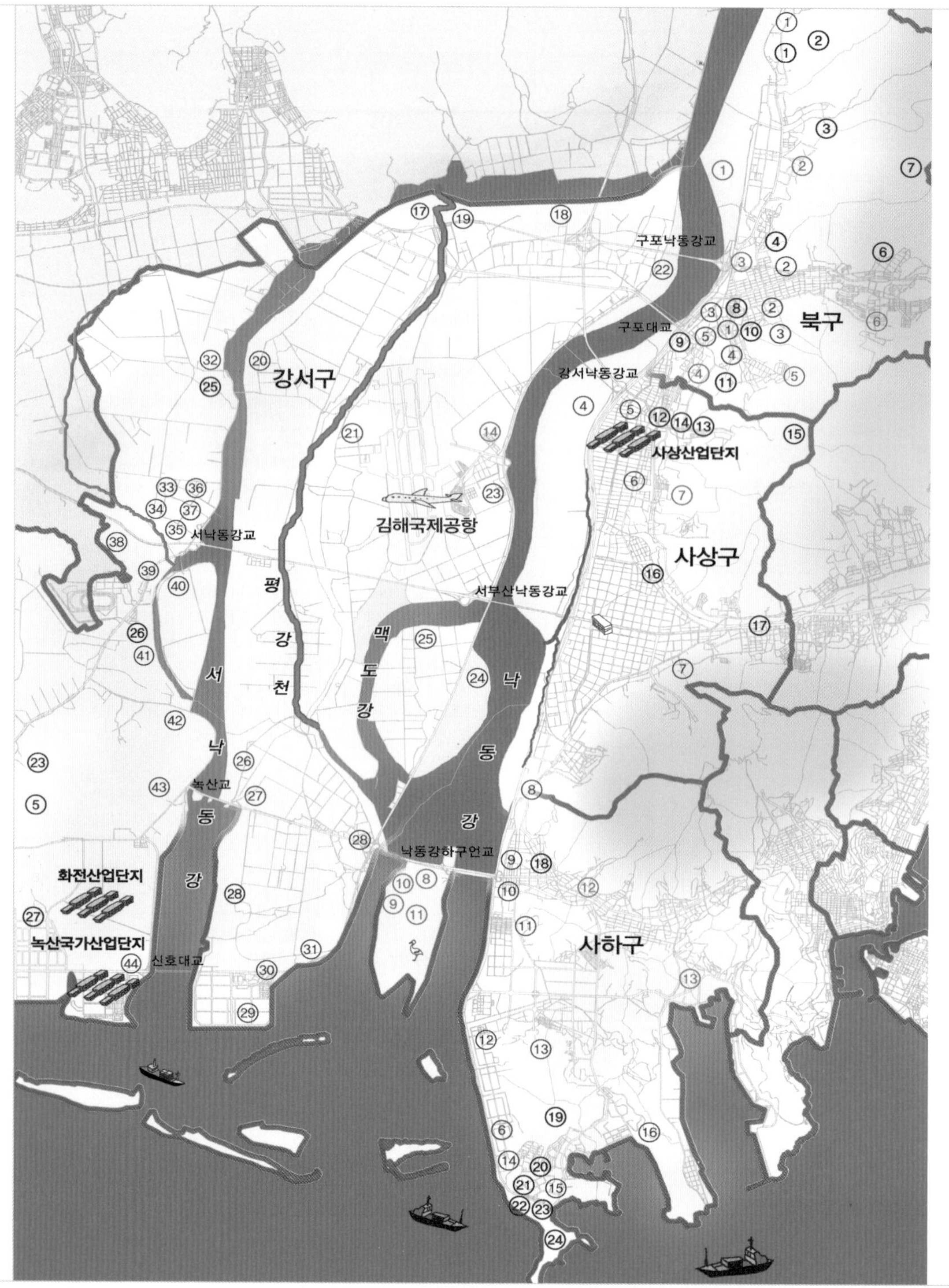
강서구
북구
사상구
사하구
김해국제공항
사상산업단지
화전산업단지
녹산국가산업단지
구포낙동강교
구포대교
강서낙동강교
서낙동강교
서부산낙동강교
낙동강하구언교
녹산교
신호대교
평강천
맥도강
서낙동강
낙동강

■ 나루터

1. 동원진
2. 구법진
3. 감동진(남창나루)
4. 가포
5. 덕개나루
6. 창나루
7. 사목포나루
8. 엄궁나루
9. 하단포
10. 하단 선착장
11. 초목고나루
12. 장림 선착장
13. 보덕포
14. 홍티 선착장
15. 다대포나루
16. 다대항
17. 대사진나루
18. 혼갯(주동)나루
19. 평강나루
20. 적선포
21. 소용포나루
22. 고성진나루
23. 덕두(덕달이)나루
24. 맥도나루
25. 월포나루
26. 남대포
27. 형산진나루
28. 영강나루
29. 하신나루
30. 진동진
31. 동저포
32. 해창나루(죽도진)
33. 조만포나루
34. 방아포나루
35. 낙수포나루
36. 짜구포나루
37. 남포나루
38. 수참 포구
39. 장락포
40. 둔치도나루
41. 번방진나루
42. 생곡나루
43. 녹산 선착장
44. 사암(네바위)나루

■ 문화시설

1. 부산어촌민속관
2. 화명도서관
3. 북구문화빙상센터
4. 구포도서관
5. 부산정보대 민속박물관
6. 북구디지털도서관
7. 사상도서관
8. 을숙도문화회관
9. 낙동강하구 에코센터/
   낙동강하구 물문화관
   및 전망대
10. 을숙도조각공원
11. 낙동강 하류 철새 도래지
12. 사하도서관
13. 감천횃불작은도서관
14. 강서도서관

■ 민속

1. 구포 감동진(남창) 하역
   재현행사/선창 노래
2. 구포 대리 지신밟기
3. 구포 별신굿
4. 구포장터 3·1만세운동
   재현행사
5. 구포장타령
6. 다대포 후리소리

■ 사적지

1. 알터바위
2. 율리패총
3. 애기소
4. 구포왜성
5. 금단곶보 성터
6. 만덕사지
7. 석불사
8. 구포장터
9. 옛 구포장교(구포다리) 흔적
10. 구포 팽나무
11. 범방산 거북바위
12. 동래부사 공덕비
13. 효자 구주성 지려
14. 강선대
15. 운수사
16. 사상팔경
17. 냉정샘
18. 에덴공원
19. 아미산 응봉 봉수대
20. 노을정
21. 윤공단
22. 다대포객사
23. 정운공 순의비
24. 몰운대
25. 죽도왜성
26. 범방패총
27. 강서 송정마을 돌장승
28. 염전(강서구 하신마을)
29. 성화예산 봉수대

❻ 북구 만덕사지

❶ 부산어촌민속관

❶ 구포 남창 하역 재현

❸ 구포 별신굿

⓮ 사상 강선대

㉘ 강서구 하신마을

낙동강 하구

몰운대

사상구 삼락동 재첩골목

낙동강에 소금밭이 있었다고?

낙동강 하구가 한때 죄다 소금밭이었다고 하면 이를 믿어줄 부산 시민이 얼마나 될까? 그만큼 낙동강에 대해 무관심했음이다. 강서구 명지는 지금에야 대파밭으로 명성을 떨치고 있지만 대파를 심기 전에는 온통 염전이었다.

"전국 천일염의 30%가 낙동강 하구에서 나왔다는 얘기도 있습니다." (주경업 부산민학회 회장)

그럼에도 당시 염전이 어느 정도까지 넓게 포진하고 있었는지에 대한 고증은 일체 없다. 기록에 그만큼 약한 것이다. 다만 강서구 중신마을 입구에 세워진 마을비석에서 "조선시대부터 염전이 많아 낙동강을 거슬러 현풍까지 올라가 식량을 교환해 왔었다"란 문구를 읽을 수 있을 뿐이었다. 주 회장은 "하신마을의 대파밭 가장자리에 흐르는 농수로가 옛 염전 수로의 유일한 흔적"이라고 설명했다.

손톱 굵기의 하단 재첩은 어디 가고

낙동강 재첩은 유난히 더 컸다. 하구가 넓은 만큼 섬진강 재첩에 비할 바가 아니었다. 어른 손톱만 한 크기에 씹는 맛이 구수했다. 그 재첩은 이른 아침 부산의 골목을 죄다 쏘다녔다. "재첩국 사이소." 재첩과 함께 유명세를 떨쳤던 백합도 마찬가지다. 가장 늦게까지 낙동강 재첩국을 팔았던 하단포 일대는 시나브로 낙동강 대신 섬진강을, 하단 대신 하동 상호를 붙인 음식점이 장악했다. 재첩국 골목으로 홍보되고 있는 삼락동 일대도 다르지 않다.

재첩과 백합이 한창 팔리던 근대 초기에 하단포는 초량에 버금갔다. 그때는 김해의 쌀이 이곳에서 정미돼 일본으로 수출됐다. 이른바 국제항이었다. 주 회장은 "전성기의 하단포 객주(일종의 저축은행)는 같은 시대의 초량 객주와 비교해도 크게 뒤지지 않았다"고 말했다. 그 영화는 이제 사하구 가락2단지 아파트 놀이터에 세워진 하단포비에서 어렴풋이 기억될 뿐이다.

강. 강. 강… 또 다른 기억들

낙동강에는 '에덴'으로 불린 강변의 청년문화도 있었다. 신의 땅인 에덴처럼 1960~80년대 독재정권에 짓눌린 청춘들은 무시로 에덴공원의 음악카페와 막걸리촌을 찾았다. 그곳에서 자유에 대한 갈증을 풀었다. 앞선 세대들은 배에 짐을 부리고 맨손으로 그물을 끌어올릴 때 강의 노래를 불렀다. 구포 선창노래가 그랬다. 그런 민요가 대부분 사라졌지만 이를 애석해하는 사람은 거의 없다. 그나마 지역의 소설가, 시인, 사진가, 화가들이 끊임없이 낙동강을 쓰고 그리고 있으니 다행일 테다. 그들이 파수꾼이다. 문화의 파수꾼.

04 예술인 생가 · 삶터…흔적

부산은 융합과 뒤섞임의 도시다. 바다를 낀 역사가 이미 그것을 말해주고 있다. 문화라고 예외는 아니다. 한국전쟁 때 몰려든 예술인들의 고뇌와 창작을 품에 안은 것이 부산이다. 이후로도 경남을 비롯한 전국의 숱한 예술인들이 넘나들었다. 이게 바로 끊임없이 움직이고 섞여드는 부산 예술의 역동성이다. 따라서 부산의 토박이 예술인들을 찾고자 하는 일은 무의미하다. 부산 출신은 아니지만 부산을 터전으로 예술적 성취를 이룩한 예술인들이 더 많기 때문이다.

모든 것을 품고 낳는 '용광로' 부산을 생각한다면 태생지와 상관없이 부산에 거주하면서 부산의 예술과 문화를 살찌운 예술인들을 기억해야 할 것이다. 작고한 부산의 예술인들을 중심으로 생가는 물론 이들이 몸담았던 곳, 거처로 삼았던 곳, 혹은 예술혼이 서린 곳, 기념 공간 등을 더듬어본다.

예술인 생가 · 기념 공간 가보니

부산 금정구 남산동 주택가의 요산문학관을 찾아가는 길은 결코 호락호락하지 않다. 마치 선생의 꼬장한 성정과 깐깐한 풍모를 닮았다. 지하철 1호선 범어사역에 내려 제법 걸어 올라가야 하고 버스로도 한두 번은 갈아타야 하는, 쉽지 않은 길이다. 청룡초교를 지나 약 600여m 뒤 주유소 옆으로 올라가니 빌라 맞은편에 요산문학관이 보인다. 여기서 태어난 선생의 생가가 문학관 내에 복원돼 있다.

문학관은 지하 1층, 지상 3층 건물이다. 유품과 도서를 전시한 전시실과 독서실에 세심한 정성과 배려의 손길이 느껴진다. 생가는 형식적인 볼거리로 그치는 경우가 많은데 이곳은 실제로 글 쓰는 이들이 드나들며 창작실로 활용한다. 문득 "어두운 날들을 살아왔지만 희망을 포기해본 적 없다"는 요산 선생의 음성이 들리는 듯하다. 올곧게 살다간 사람들의 삶과 정신을 복원하는 일이 그래서 소중하다.

요산문학관 내
김정한 선생 생가
(금정구 남산동 소재)

문학관은 또 있다. 동래구 온천1동 부산전자공고 옆에 자리한 이주홍문학관. 경남 합천 출신의 향파 이주홍 선생은 작고할 때까지 온천동에서 살았다. 집을 개축해 2003년 문학관을 열었다가 2004년 선생이 생전에 그토록 살고 싶어했다는 금정산 자락 차밭골에 새 건물을 지어 이전했다. 문학관은 외벽에 목재가 많아 정감 있고, 햇빛을 잔뜩 끌어들여 환하다. 장마철, 눅눅했던 마음은 문향 속에서 뽀송하게 펴진다.

중구 대청동 40계단 50m 위 비탈진 언덕에 푸른 담쟁이로 온통 휩싸인 건물. 부산 근대화단의 선구자 김종식 화백의 기념관이다. 선생이 기거하며 활발한 작업을 벌인 아틀리에와 주거공간이라고 한다. 문득 세월이 빚어낸 예술적 향취가 아스라이 흐른다. 그러나 오랫동안 사람의 손길이 닿지 않은 듯 넝쿨 사이로 간신히 보이는 기념관의 녹슨 동판이 쓸쓸하다.

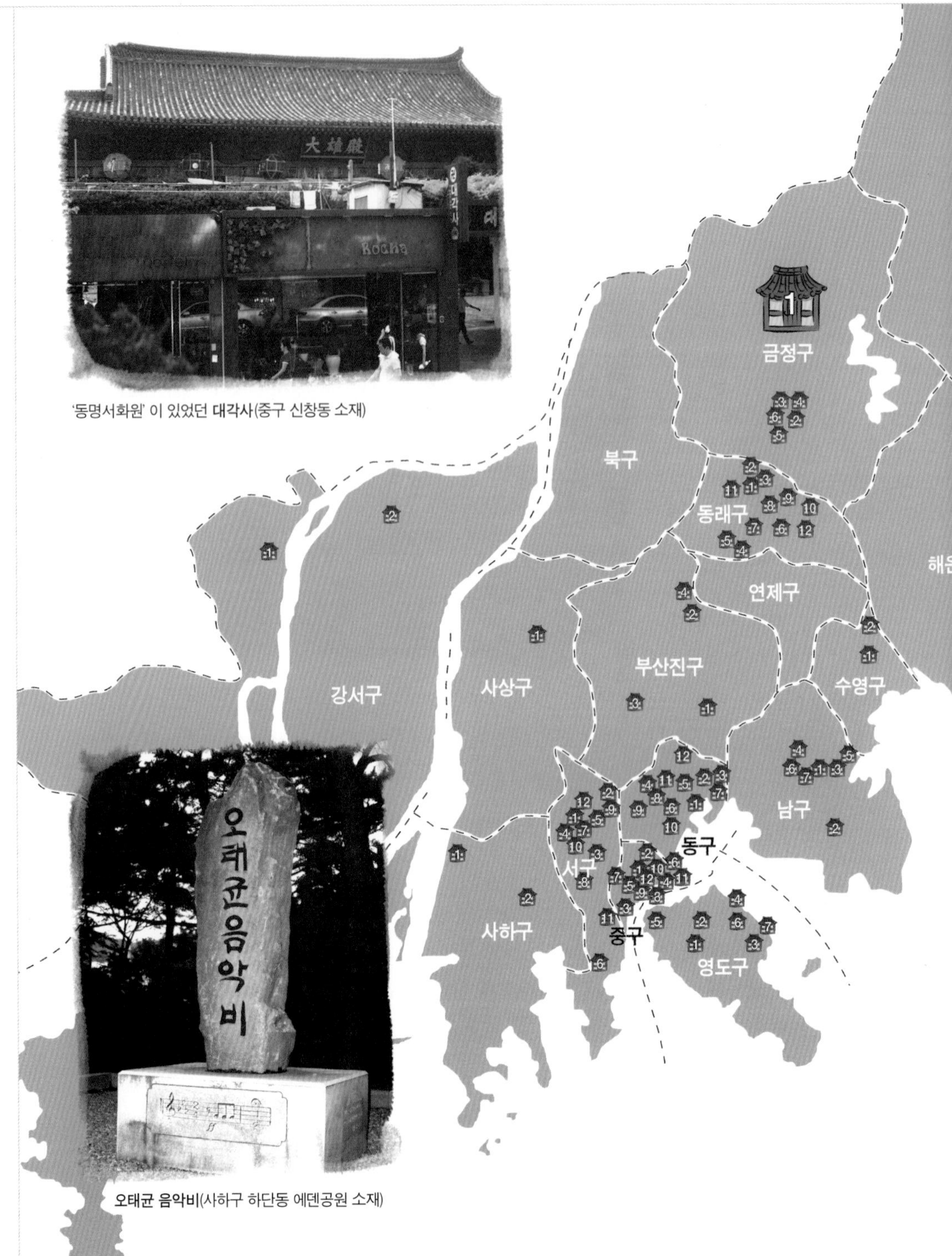

'동명서화원' 이 있었던 **대각사**(중구 신창동 소재)

오태균 음악비(사하구 하단동 에덴공원 소재)

이주홍문학관
(동래구 온천1동 소재)

김종식 화백 기념관
(중구 대청동 소재)

부산 초기 공연문화의 산실 **부산시민회관**(동구 범일2동 소재)

부산영상예술고 **청마 시비**(영도구 신선동 소재)

■ 강서구

① **시인 박현서**(1931~1992)
가락동(옛 김해 가락면) 출생. 동의대 재직 중 부산 거제동 자택에서 작고. 사하구 을숙도 문화회관 입구에 시비.

② **음악가 금수현**(1919~1992)
강서구 대저 1동에서 출생. 낙동제방에 노래비.

■ 사상구

① **무용평론가 강이문**(1923~1992)
1979년 부산여대(현 신라대)에 무용학과 부산 첫 개설되면서 학과장.

■ 사하구

① **초현실주의 시인 조향**(1917~1984)
동아대 교수 재직.

② **서예 · 전각가 김봉근**(1924~1994)
괴정동에서 서실.

■ 영도구

① **청마 유치환**(1908~1967)
1967년 부산남여상 교장 재직, 신선동 부산영상예술고(옛 부산남여상)에 청마시비.

② **시인 박태문**(1938~1992) 봉래동에서 출생.

③ **시인 김소운**(1908~1981) 영도 출생.

④ **시인 한찬식**(1921~1977)
20년간 청학동 거주, 동삼동 소시민공원에 시비.

⑤ **화가 임호**(1918~1974) 대평동에 화실.

⑥ **화가 오영재**(1923~1999) 청학동 거주.

⑦ **영화평론가 장갑상**(1922~1988)
영도 출생, 부산대 교수 재직.

■ 서구

① **시조시인 고두동**(1903~1994) 서대신동 거주.

② **시인 손동인**(1924~1992)
경남고 교사 재직, 암남공원에 시비.

③ **시인 구자운**(1926~1972) 부용동에서 출생.

④ **화가 신창호**(1928~2003)
서대신동 꽃마을 수목원 입구에 추모비.

⑤ **서예가 오제봉**(1908~1991)
동대신 3동에 청남묵연회, 대신동서 작고. 대청공원 조각공원에 '오제봉 서비'.

⑥ **부산 첫 미술평론가 이시우**(1918~1995)
암남동에서 작고.

⑦ **작곡가 최덕해**(1915~1975) 경남상고 교사 재직.

⑧ **무용가 김동민**(1910~1999)
토성동 자택에서 부산 첫 '민속무용연구소' 개설 우리 춤과 가락 무료 보급.

⑨ **사진작가 임응식**(1912~2001)
동대신동에서 출생. 한국 리얼리즘 사진의 원조.

⑩ **지휘자 김학성**(1911~1958)
1940년대 말 서대신동 '바이올린의 집' 부산 최초 교습소 개설.

⑪ **부산 연예계 대부 천봉**(1923~1989)
초장동에서 출생.

⑫ **발레 부산 첫 남성무용수 김향촌**(1926~1978)
1940년대 대신동에 연구소 설립.

■ 남구

① **시인 김태홍**(1925~1985) 대연동에서 작고.

② **시인 임하수**(1927~1960) 용당동에서 출생.

③ **화가 이석우**(1928~1987)
광복동 대신동 송도 등에서 청초화실, 남천동에서 작고.

④ **화가 김경**(1922~1965)
1950년대 부산화단 주도, 부산공고 재직.

⑤ **바이올리니스트 김진문**(1929~1995)
남천동에서 작고.

⑥ **영화평론가 주윤탁**(1942~2006) 경성대 교수 재직.

⑦ **사진작가 김광석**(1921~1990)
1970년대 후반 한성여자초급대학(경성대) 출강, 부산 리얼리즘 사진의 개척.

■ 수영구

① **민족예술인 최한복**(1895~1968)
수영동(옛 동래군 남면 남수리)에서 출생.

② **작곡가 이상근**(1922~2000) 망미동에서 작고.

■ 중구

① **시인 홍두표**(1904~1966)
용두산공원 입구 산책로에 시비 조성.

② **여류작가 김말봉**(1901~1962) 영주동에서 출생.

③ **화가 송혜수**(1913~2005)
충무동 · 남포동 · 부평동 등에 미술연구소.

④ **서예가 김용옥**(1914~1998) 대청동에 서실.

⑤ **미술평론가 김강석**(1932~1975) 대청동에 거주.

⑥ **서예 · 전각가 김광업**(1906~1976)
1950년대 청남 오제봉과 함께 신창동 대각사에 부산 첫 서예학원 '동명서화원'.

⑦ **바이올리니스트 배도순**(1920~2000)
1950년대 보수동 음악다방 '문화장' 과 서대신동 '부산음악원' 개설, 음악의 산실 역할.

⑧ **음악가 오태균**(1922~1995)
1962년 남포동 제일극장에서 부산시향 창단 연주. 하단동 에덴공원 솔바람음악당 옆에 음악비.

⑨ **성악가 김진안**(1919~1999)
1966년 광복동 신신예식장 홀에서 슈베르트의 '겨울 나그네' 전곡 첫 독창.
⑩ **영화평론가 허창**(1927~2000)
1950년대 부산일보 근무, 부일영화상 제정 촉매, 남포동 극장가 전성기 주도.
⑪ **연극인 박두석**(1921~1998)
부산일보 근무, 부산연극계의 굵직한 기획자.
⑫ **발레리나 김미화**(1922~1984)
1957년 제일극장서 '백조의 호수' 부산 첫 전막 공연, 동광동에 발레무용연구소 설립.

■ 동구

① **시인 김민부**(1941~1972)
수정동에서 출생, 가곡 '기다리는 마음' 작시, 요절.
② **시인 손중행**(1907~1973) 부산일보 논설위원 활동.
③ **시조시인 김상옥**(1920~2004)
경남여고 재직, 좌천동에 거주.
④ **화가 허민**(1911~1967) 수정동에 거주.
⑤ **화가 우신출**(1911~1992)
수정동에서 출생, 부산 첫 서양화가.
⑥ **화가 김원**(1921~2009) 50년간 수정동에서 화실.
⑦ **화가 김홍석**(1935~1993) 좌천동에서 작고.
⑧ **한글서예가 배재식**(1931~2001) 수정동에서 서실.
⑨ **음악가 윤이상**(1917~1995)
1940년대 후반 부산사범, 부산고 근무.
⑩ **영화감독 하길종**(1941~1979)
초량에서 출생. 영원한 반골 감독, 요절.
⑪ **영화감독 김응윤**(1930~2000)
1950년대 수정동에서 일본서점 운영하면서 본격 사진활동, 부산 소형영화의 사부.
⑫ **무용가 황무봉**(1930~1995)
1973년 부산시민회관 지어질 무렵 부산서 전국 첫 시립무용단 창설, 신무용계의 천재안무자.

■ 금정구

① **부산문학의 거봉 요산 김정한**(1908~1996)
남산동 요산문학관에 선생의 생가 복원.
② **문학평론가 고석규**(1932~1958) 부산대 교수 재직.
③ **문학평론가 김준오**(1937~1999) 부산대 교수 재직.
④ **서예가 정기호**(1899~1998) 장전동에 서실.
⑤ **음악가 고태국**(1917~1977)
합창 · 성악 씨앗 뿌린 부산대 최초 음악교수. 초읍 어린이대공원 내 부산학생교육문화회관 앞에 '고태국 음악비'.
⑥ **사진작가 정인성**(1911~1996)
1950년대 부산대에 첫 사진예술론 강좌 개설.

■ 동래구

① **문학가 향파 이주홍**(1906~1987)
온천동 자택 2004년 아파트 신축공사로 지금의 이주홍문학관으로 이전.
② **시인 최계락**(1930~1970)
서대신동서 작고, 금강공원에 시비.
③ **시조시인 이영도**(1916~1976) 금강공원에 시비.
④ **시인 조순**(1926~1995)
사직야구장 옆 사직공원에 시비.
⑤ **시인 박노석**(1913~1995)
사직야구장 옆 사직공원에 시비.
⑥ **수필가 박문하**(1917~1975)
복천동 출생, 1960~70년대 동래 수안동 수안파출소 맞은편 민중의원. 독립운동가 박차정 의사 동생.
⑦ **화가 양달석**(1908~1984) 사직동에서 작고.
⑧**화가 한상돈**(1906~2002)
원산에서 성장, 월남 뒤 부산 정착, 동래구에서 작고.
⑨ **작곡 · 평론가 유신**(1918~1994)
명륜1동 동래중학 출신.
⑩ **연극인 · 항일독립운동가 한형석**(1910~1996)
복천동에서 출생.
⑪ **동래권번의 사범이자 가야금산조 명인 강태홍**
(1893~1957) 1939년 동래 권번(온천장)에서 가야금과 춤 보급.
⑫ **연극운동 전개한 문학인 염주용**(1911~1953)
동래읍에서 출생.

■ 부산진구

① **시인 장하보**(1913~1970) 범천 4동에서 작고.
② **화가 김종식**(1918~1988)
금정구 출생. 중구 40계단 위 언덕에 저택 · 아틀리에 '남장 김종식 기념관' 동판 부착. 범어사 순환도로변에 김종식 그림비. 초읍에 유족들이 만든 김종식 기념관.
③ **화가 김윤민**(1919~1999) 개금동에서 작고.
④ **동래야류 탈제작 중요무형문화재 천재동**
(1915~2007) 초읍동에서 작고.

■ 기장군

① **소설가 오영수**(1914~1979)
1940년대 일광면사무소 근무. 소설 「갯마을」 무대 및 영화 〈갯마을〉 촬영지. 일광해수욕장에 '난계 오영수 문학비'.
② **중요무형문화재 '동해안 별신굿' 명예보유 김석출**
(1922~2005) 칠암마을 등 부산에서 강원도까지 동해안 오가며 평생 동안 별신굿.

예술혼 깃든 흔적들을 찾아내자

근대 부산예술의 텃밭을 일군 부산 예술인들의 숨결은 어디에 깃들어 있을까. 안타깝게도 그런 곳을 찾기는 여간 어려운 일이 아니다. 자취가 남아 있는 곳은 점점 사라지고 있고, 기억으로부터 멀어지고 있는 까닭이다. 그러니 기념하는 공간이 제대로 있을 리 없다.

각 문화 장르의 작고 예술인 80여 명의 자취를 원로 예술인들의 기억과 개인 자료를 통해 더듬어봤다. 그들의 흔적은 지도에서처럼 주로 중구 · 동구 · 서구 · 동래구 · 영도구에 몰려 있었다. 이들 지역은 일제시대부터 1950~70년대에 걸쳐 부산의 원도심을 이루었던 곳이다. 당연한 일일 것이다.

생가를 복원하고 제대로 기리고 있는 곳은 요산문학관 정도다. 생가가 아닌 기념관으로는 이주홍문학관, 김종식기념관 등 손가락에 꼽힐 만큼 적다. 그 밖에 문학비와 음악비, 그림비 따위의 비석들이 그나마 구석구석에 세워져 있기는 하나 부족한 느낌이다.

김종식 그림비

아파트가 들어서고 도로가 생길 때, 예술혼이 머문 거처는 자리를 내줘야 했을 것이다. 따라서 사라지고 없어진 곳이 허다하다. 「갯마을」의 소설가 오영수가 젊은 시절 기장군 일광면사무소에 일하면서 누나 집에 기거했다는데, 도로가 나면서 그곳은 지금 흔적도 없다. 이주홍문학관의 선생 자택은 아파트 공사 때문에 옮겨진 경우다. 접근성이 좀 더 나은 입지로 옮긴 것이라 하지만 개발 논리에 밀리는 문화의 씁쓸한 풍경으로 비친다.

중구 대청동에 있는 김종식기념관은 보수 · 관리가 시급한 사례다. 사람이 살지 않고 돌보는 이가 없어 노후화가 가속화하고 있다. 옥영식 미술평론가는 "공공재산으로 만들어서 부산시 문화유산으로 등록, 관리주체를 제대로 정비

하자" 고 말한다.

예술인들이 드나든 문화명소에 대한 아쉬움도 크다. 원로 최해군 소설가는 "1950~60년대 남포동에는 예술 열정을 꽃피웠던 다방 같은 만남의 공간이 많았는데 거의 다 사라져 안타깝다" 고 했다.

제갈삼 부산대 명예교수도 말한다. "서구 영주동 고개 메리놀병원 뒷골목의 대청장예식장은 많은 음악회를 열었는데 그 흔적을 찾을 길이 없다. 한국전쟁 등 격동기에 삶의 안식처 역할을 했던 건물들을 잘 보존할 수 있었다면 얼마나 좋았을까. 남성여고 강당, 동광초등학교 강당, 신신예식장, 데레사여고 강당 등도 음악문화 유산의 일부로 잊을 수 없는 건물이다."

문화예술인 통합자료 구축 시급하다

여기서 사라진 문화공간들을 명소를 만들기 위한 명판화 작업이 필요하다는 제안이 나온다. 유명작가들이 거쳐 간 곳이나 대표작이 나온 곳 등 기념할 수 있는 곳을 지정하면 명소가 되는 것이다. 고흐가 한 달 남짓 머물렀다는 몽마르트르의 어느 집조차 명판을 붙여 지정하는 나라가 프랑스라고 한다.

무엇보다 부산 예술인들의 종합적인 데이터베이스 구축이 선행돼야 할 것이다. 출생에서 작고까지 생전의 주요 활동을 재구성하고 이를 토대로 한 통합적인 자료를 종합관리하는 작업이 필요하다. 생가는 물론 작품관, 기념관, 기념비 등 부산 예술명소의 표지화는 그러고 나서야 가능하다.

05 그 많던 극장은 어디로, 영화관 변천사

아시아 최대 영화제인 부산국제영화제(PIFF)가 14년째 개최되는 도시, 한국 상업영화의 절반가량이 만들어지는 도시, 부산은 영화도시의 꿈을 향해 나아가고 있다.

1996년 제1회 부산국제영화제의 성공으로 '문화의 불모지', '영화 소비도시'라는 수식어가 붙었던 부산이 영화도시로 급성장하고 있다.

부산국제영화제가 부산에서 성공할 수 있었던 비결은 무엇일까. 한국 영화의 중흥기와 잘 맞았다는 일반적 의견과 함께 부산 시민의 폭발력, 부산국제영화제의 탄탄한 인적 구성, '지원은 받되 간섭은 받지 않는다'는 원칙 등 다양한 분석이 나오고 있다.

부산의 영화인들은 부산국제영화제의 성공과 부산이 영화도시로 급성장한 비결로 다른 요인을 제시한다. 부산국제영화제 이전에 이미 부산에는 오랜 영화 역사가 숨어 있었다는 것이다. 그중에서도 1903년 행좌에서 시작된 부산 영화관들은 그 역사를 선도한다.

조선에 첫 영화가 상영된 1903년, 항구라는 지리적 영향으로 서양 문물이 가장 먼저 들어왔던 부산에는 이때 이미 행좌와 송정좌라는 극장이 들어서 있었다. 1903년에 발간된 '부산항 시가 및 부근 지도'에서 실체가 확인된 한국 최초의 극장 행좌는 현재의 중구 광복동 '할매 국수' 인근에 위치했던 것으로 파악된다.

최근 새로 발간된 『부산근대영화사』에서 한국영화자료연구원 홍영철 원장은 행좌 이전에 부산에 극장이 있었다고 주장했다. 홍 원장은 "부산 영화사는

1895년까지 거슬러 올라가야 한다. 최근 발굴한 대한제국 『부산이사청 법규류집』(1909년)의 극장취체규칙이 1895년 7월 24일 제정된 점에 비춰보면, 그 당시 행좌 또는 다른 극장이 존재했음을 보여준다. 부산은 조선에서 가장 먼저 극장이 세워진 곳이다"라고 밝혔다.

이후 일제강점기 동안 일본 거류민들의 주거 및 상업 중심지였던 중구에 부귀좌, 부산좌, 동양좌, 변천좌, 욱관, 보래관, 태평관 등 무려 14개의 극장이 생겨났다. 당시 무성영화가 주로 상영됐으며, 발성영화는 역사에 등장한 지 2년 만인 1929년 7월 부산의 행관에서 상영됐다.

행관

보래관

부산좌

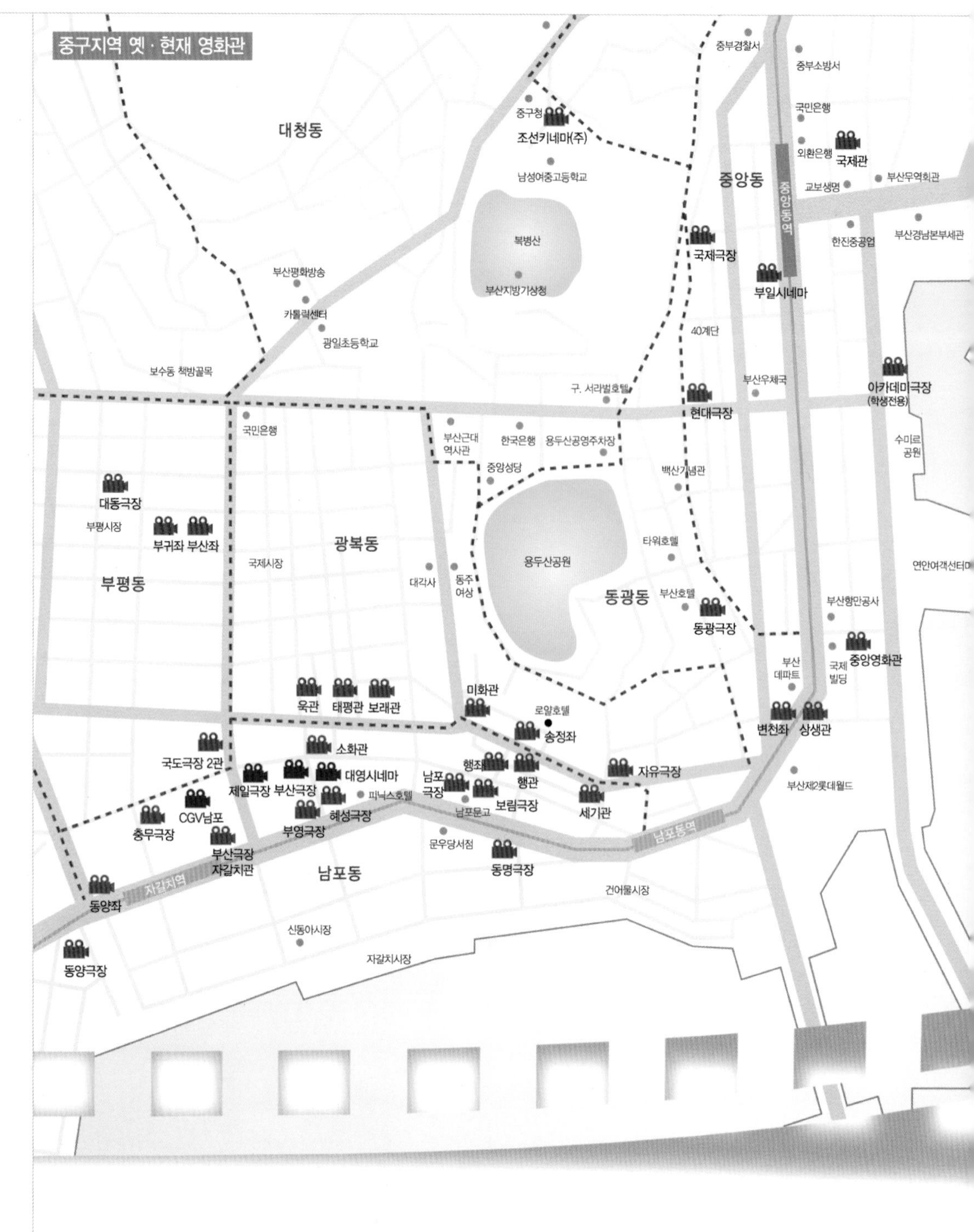
중구지역 옛 · 현재 영화관
대청동
중구청
조선키네마(주)
남성여중고등학교
복병산
부산지방기상청
부산평화방송
카톨릭센터
광일초등학교
보수동 책방골목
중부경찰서
중부소방서
국민은행
외환은행
국제관
중앙동
중앙동역
교보생명
부산무역회관
한진중공업
부산경남본부세관
국제극장
부일시네마
40계단
부산우체국
아카데미극장
(학생전용)
구. 서라벌호텔
현대극장
국민은행
부산근대
역사관
한국은행
용두산공영주차장
수미르
공원
중앙성당
백산기념관
대동극장
부평시장
부귀좌
부산좌
광복동
국제시장
부평동
대각사
동주
여상
용두산공원
타워호텔
연안여객선터미
동광동
부산호텔
동광극장
부산항만공사
중앙영화관
국제
빌딩
부산
데파트
욱관
태평관
보래관
미화관
로얄호텔
송정좌
변천좌
상생관
소화관
국도극장 2관
행좌
행관
자유극장
제일극장
부산극장
대영시네마
남포
극장
보림극장
세기관
부산제2롯데월드
CGV남포
피닉스호텔
혜성극장
남포문고
충무극장
부영극장
문우당서점
남포동역
부산극장
자갈치관
동명극장
남포동
자갈치역
동양좌
건어물시장
신동아시장
자갈치시장
동양극장

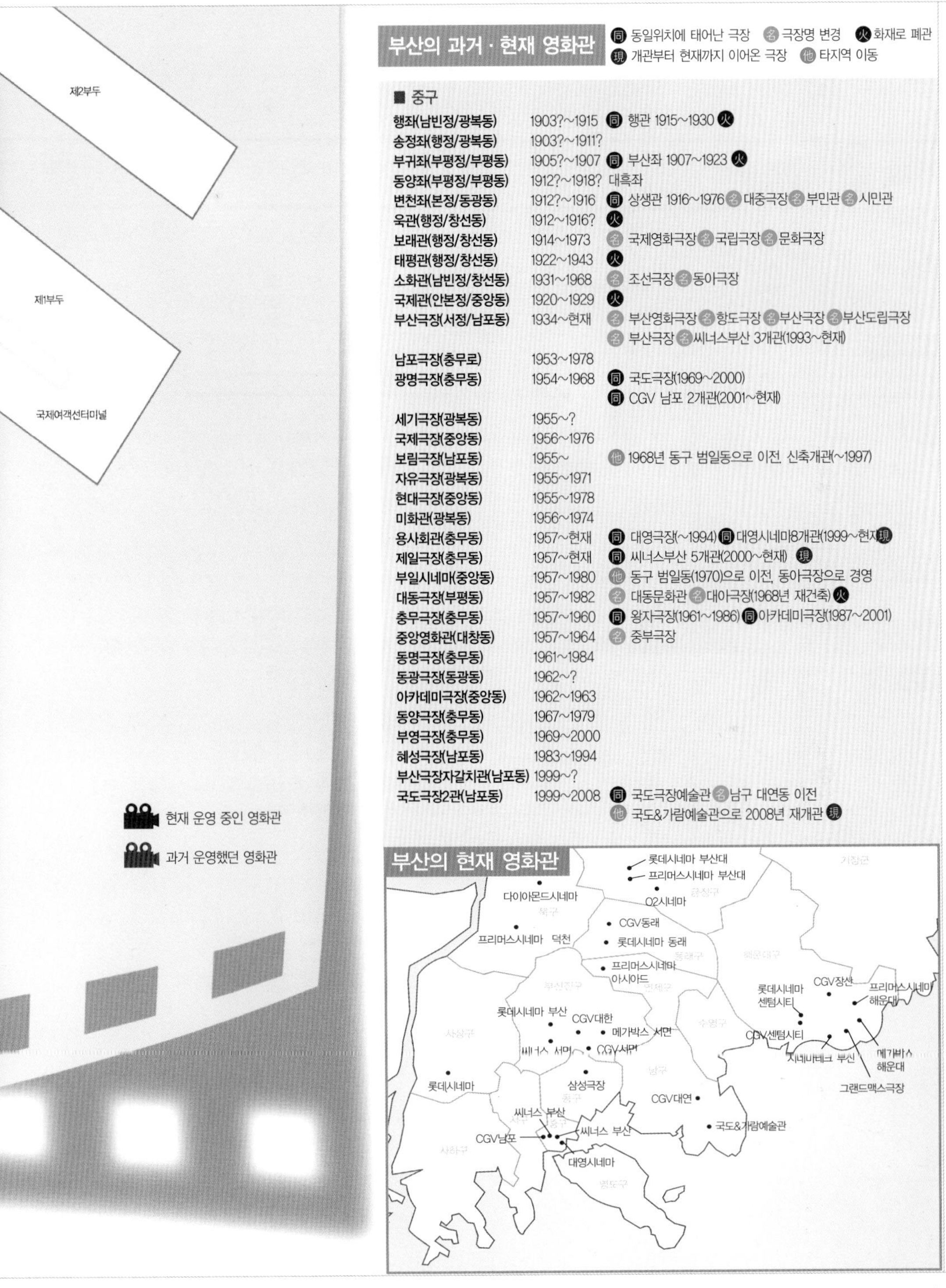

부산의 과거 · 현재 영화관

同 동일위치에 태어난 극장 名 극장명 변경 火 화재로 폐관
現 개관부터 현재까지 이어온 극장 他 타지역 이동

■ 중구

행좌(남빈정/광복동)	1903?~1915	同 행관 1915~1930 火
송정좌(행정/광복동)	1903?~1911?	
부귀좌(부평정/부평동)	1905?~1907	同 부산좌 1907~1923 火
동양좌(부평정/부평동)	1912?~1918?	대흑좌
변천좌(본정/동광동)	1912?~1916	同 상생관 1916~1976 名 대중극장 名 부민관 名 시민관
욱관(행정/창선동)	1912~1916?	火
보래관(행정/창선동)	1914~1973	名 국제영화극장 名 국립극장 名 문화극장
태평관(행정/창선동)	1922~1943	火
소화관(남빈정/창선동)	1931~1968	名 조선극장 名 동아극장
국제관(안본정/중앙동)	1920~1929	火
부산극장(서정/남포동)	1934~현재	名 부산영화극장 名 항도극장 名 부산극장 名 부산도립극장 名 부산극장 名 씨너스부산 3개관(1993~현재)
남포극장(충무로)	1953~1978	
광명극장(충무동)	1954~1968	同 국도극장(1969~2000) 同 CGV 남포 2개관(2001~현재)
세기극장(광복동)	1955~?	
국제극장(중앙동)	1956~1976	
보림극장(남포동)	1955~	他 1968년 동구 범일동으로 이전, 신축개관(~1997)
자유극장(광복동)	1955~1971	
현대극장(중앙동)	1955~1978	
미화관(광복동)	1956~1974	
용사회관(충무동)	1957~현재	同 대영극장(~1994) 同 대영시네마8개관(1999~현재) 現
제일극장(충무동)	1957~현재	同 씨너스부산 5개관(2000~현재) 現
부일시네마(중앙동)	1957~1980	他 동구 범일동(1970)으로 이전, 동아극장으로 경영
대동극장(부평동)	1957~1982	名 대동문화관 名 대아극장(1968년 재건축) 火
충무극장(충무동)	1957~1960	同 왕자극장(1961~1986) 同 아카데미극장(1987~2001)
중앙영화관(대창동)	1957~1964	名 중부극장
동명극장(충무동)	1961~1984	
동광극장(동광동)	1962~?	
아카데미극장(중앙동)	1962~1963	
동양극장(충무동)	1967~1979	
부영극장(충무동)	1969~2000	
혜성극장(남포동)	1983~1994	
부산극장자갈치관(남포동)	1999~?	
국도극장2관(남포동)	1999~2008	同 국도극장예술관 名 남구 대연동 이전 他 국도&가람예술관으로 2008년 재개관 現

부산의 현재 영화관

국도극장

대영극장

부산극장

■ 북구

신영극장(구포동)	1960~1964	他 1975년 사상구 괘법동 신축재개관
구포극장(구포동)	1962~1964	火
동영극장(구포동)	1963~1983	
국제극장(구포동)	1983~1994	
다이아몬드시네마9개관(화명동)	2003~현재	名 프리머스시네마화명 名 프리머스키즈시네마(2006) 現
프리머스덕천8개관(덕천동)	2008~현재	現

■ 동구

초량좌(초량동)	1914?~1917?	火
중앙극장(초량동)	1930~1980	名 대생좌 名 대생극장 名 한벗극장 名 중앙극장
유락관(좌천정/좌천동)	1921~1932	火
대화관(수정정/수정동)	1942~1981	名 대화극장 名 부산진극장 名 은영극장 名 동양극장 名 미성극장 名 동서극장
삼일극장(범일정/범일동)	1944~2006	名 조일영화극장 名 삼일극장 名 제일극장 名 삼일극장
제2문화관(초량동)	1955~?	名 철도문화회관

수정극장(수정동)	1957~1971	
대도극장(초량동)	1958~1978	
초량극장(초량동)	1958~1971	
삼성극장(범일동)	1959~현재	現
천보극장(초량동)	1960~1979	
금성극장(범일동)	1956?	
태평극장(범일동)	1957~1981	

■ 영도구

질자좌(?)	1912?~1918?	
수좌(영선정/남항동)	1924~1990	名 제2행관 名 수좌 名 항구극장
남도극장(대교동)	1953~?	名 대양극장(1984)
영도시네마(대교동)	1958~1978	名 영도극장(1967)
명보극장(영선동)	1960~1981	火

■ 동래구

동래극장(수안정/수안동)	1944~1992	名 동래영화극장 名 동래극장(1984년 위치이동 신축경영
온천극장(온천동)	1957~?	
송원극장(반송동)	1971~1978	
CGV동래9개관(온천동)	2006~현재	現
롯데시네마 동래9개관(온천동)	2008~현재	現

■ 부산진구

북성극장(부전동)	1947~1975	
평화극장(양정동)	~1959	火
동보극장(부전동)	1957~	火 재건축 1993년 폐관 동보프라자(1995년 재건축)
반도극장(당감동)	1957~1985	名 천일극장(1963)
태평시네마(부전동)	1961~1979	
노동회관극장(부전동)	1962~1996	同 재건축 현대극장(1987)
태화극장(부전동)	1962~1982	
이성극장(부전동)	1962~1975	
신도극장(양정동)	1967~1990	
대명극장(가야동)	1969~1992	
대한극장(부전동)	1970~현재	同 대한시네마4개관(2000) 名 CGV대한(현재) 現
은아극장(부전동)	1987~?	
CGV서면12개관(전포동)	2000~현재	現
롯데시네마부산11개관(부전동)	2001~현재	現
메가박스서면7개관(전포동)	2001~현재	現
씨너스서면6개관(부전동)	2006~현재	現

■ 사상구

롯데시네마사상7개관(괘법동) 2005~현재 現

■ 연제구

동궁극장(거제동) 1963~1984
프리머스시네마 부산아시아드8개관(거제2동) 2004~현재 現

■ 서구

명성극장(초장동) 1954~1979
영남극장(부용동) 1954~1977
신촌극장(괴정동) 1962~1986
서부극장(동대신동) 1962~1978

■ 해운대구

해운대극장(중동) 1954~1985
그랜드맥스극장(우1동) 1996~현재 名 아이맥스영화관 名 점프부산전용극장(2008) 現
메가박스해운대10개관(우1동) 2002~현재 現
프리머스시네마 해운대10개관(좌동) 2005~현재 現
CGV장산7개관(좌동) 2006~현재 名 씨너스해운대(2008) 現
롯데시네마센텀시티 10개관(우동) 2007~현재 現
CGV센텀시티 10개관(우동) 2009~현재 現
시네마테크부산(우1동) 1999~현재 現

■ 수영구

MBC시네마홀(민락동) 1996~현재 名 MBC롯데아트홀 現

■ 남구

적기극장(?) 1954?
대성극장(문현동) 1960~1978
보영극장(문현동) 1962~1977
우암극장(우암동) 1962~1980 名 동원극장
광안극장(광안동) 1964?
용연극장(대연동) 1970~1980
성지극장(우암동) 1970~1985
CGV대연8개관(대연동) 2007~현재 現

■ 금정구

금정극장(장전동) 1964~1986 名 국보극장
동성극장(장전동) 1969~?
O2시네마7개관(부곡2동) 2001~현재 名 씨너스O2시네마(2007) 現
프리머스시네마 부산대7개관(장전동) 2009~현재 名 메가라인부산대 現
롯데시네마 부산대8개관(장전동) 2009~현재 現

대한극장

동명극장

동보극장

제일극장

1931년 창선동에 세워진 소화관은 해방 이후 조선극장과 동아극장으로 이름을 바꿔 운영되다 1968년 문을 닫았다. 하지만 이 영화관의 건물은 아직까지 형태를 그대로 유지하고 있다. 1936년 남포동에 문을 연 부산극장은 일제강점기 중구에서 세워진 극장 가운데 유일하게 남아 있는 극장. 부산영화극장, 항도극장, 부산극장, 부산도립극장으로 이름을 수차례 바꿨고 현재 멀티플렉스 씨너스 부산극장으로 운영되고 있다.

소화관

중앙극장

일제강점기 때 일본인 거주지였던 중구와 인접한 조선인 거주지 동구와 영도구에도 각각 5개와 2개의 영화관이 있었다. 특히 수정동에 1942년 세워져 1981년까지 운영됐던 대화관은 대화극장, 부산진극장, 은영극장, 동양극장, 미성극장, 동서극장 등으로 가장 이름을 많이 바꾼 극장으로 확인된다.

1950년대 해방과 함께 동구에 조선방직이 생기면서 8개의 극장이 이 지역에 문을 열었지만 현재 남아 있는 극장은 범일동의 삼성극장이 유일하다. 지역의 흥망성쇠에 맞춰 극장이 생멸함을 보여준다.

1960년대에 들면서 새로운 중심지로 떠오른 서면 일대에 극장들이 우후죽순으로 생겨났다. 1970년까지 태평시네마, 노동회관극장, 태화극장, 이성극장, 신도극장 등 무려 7개의 극장이 문을 열었다. 부산진구는 2000년 CGV서면,

2001년 롯데시네마부산과 메가박스서면 등이 트로이카를 형성하며 부산지역에 멀티플렉스 영화관 시대를 본격 개막했다.

신흥 주거지와 휴양지로 최근 각광을 받고 있는 해운대구는 해운대극장이 1985년 이후 문을 닫은 이후 2002년까지 극장이 아예 없는 불모지였다. 1996년과 1999년 각각 그랜드맥스극장과 시네마테크 부산이 문을 열었지만 아이맥스영화와 예술영화를 상영해 시민들의 영화 갈증을 해소시켜주지 못했다.

부영극장

해운대 신시가지가 조성되면서 2002년 오픈한 메가박스해운대를 시작으로 프리머스시네마, CGV장산, 롯데시네마센텀시티, CGV센텀시티 등이 줄을 이었다. 현재 6개 극장, 47개관이 운영되고 있다. 해운대 지역은 부산국제영화제 작품들이 본격 상영되면서 부산 최고의 영화 중심지로 자리 잡았다.

지금껏 확인된 자료에 따르면, 부산지역에 현존하거나 사라진 극장은 모두 120개, 상영관 278개이다. 일제강점기에 22개 영화관, 해방 이후 지금까지 98개가 생겼다. 현재 남아 있는 영화관은 모두 24개관. 이들은 대부분 멀티플렉스 영화관으로 상영관은 185개에 달한다.

한국영화자료원 홍영철 원장은 "현재 영도구와 서구, 수영구 등에는 영화관이 없다. '영화관이 있다' 는 것은 영화를 소비할 만한 지역의 경제적 기반과 주민들의 문화적 욕구가 있다는 것이다" 며 "우리나라에서 최초로 영화관이 생기고 성업했던 부산은 영상도시 조성의 문화 잠재력을 충분히 갖고 있다" 고 말했다.

06 사연 간직한 문화재

1970년 11월 겨울비가 스산하게 내리던 날 부산 동래구 복천동 7호분에서 발굴된 마두식각배(보물 제598호). 말머리 장식을 붙인 뿔 모양의 이 토기 잔은 한국인 손으로 부산서 발굴한 유물 가운데 유일한 국가지정문화재란 영예를 안았다. 말머리와 뿔잔을 자연스레 결합하고, 받침대 없이 간단한 다리를 붙여 잔을 세우게 한 것은 유례가 없는 대담한 형식이었다. 영태2년 명납석제호(국보 제233호)는 서기 766년에 제작된 곱돌항아리. 비로자나불상 제작과정과 이두문의 초서가 새겨진 명문이 있는 이 항아리는 원래 지리산 자락 사찰에 있었지만, 석불과 대좌, 항아리가 뿔뿔이 흩어졌다가 40년 만에 만난 사연을 간직하고 있다.

문화재는 크든 작든 그런 사연 한둘은 갖고 있다. 부산에 있는 지정·등록문화재는 모두 278점. 국보 6점, 보물 28점 등 국가지정문화재가 52점이고 부산시지정문화재가 165점이다. 불상이나 회화 같은 동산문화재뿐만 아니라 오래된 나무와 같은 천연기념물도 문화재의 범주에 들어간다. 소위 인간문화재라고 불렀던 무형문화재도 포함된다.

지정문화재는 아니지만 근대건축물을 대상으로 하는 등록문화재가 10점, 지정은 안 됐지만 그에 준해 관리하고 있는 문화재 자료 51점까지 문화재의 범주에 들어간다.

국보 200호 **금동보살입상**

문화재 기네스

연대를 파악할 수 있는 동산문화재 중에서 가장 오래된 것은 융기문토기(보물 제597호). 1933년 일본인 오오다니가 영도구 영선동패총에서 주웠다는 신석기시대 가장 이른 시기의 대표적 토기다. 아가리 한쪽에 물을 따를 수 있는 작은 구멍이 나 있는 바리때 모양의 토기로 W자 모양의 점토띠가 돌아가면서 붙어 있다.

가장 최근 것은 1948년에 제작된 변관식필 영도교(부산시문화재자료 제28호). 대표적인 한국화가 소정 변관식이 그린 영도다리 그림이다. 작가의 활동과 예술성이 높이 평가됐지만, 심의하던 시점에 영도다리 보존 문제가 큰 사회적 이슈였다는 점도 문화재 지정에 영향을 미쳤다는 후문이다.

부산시문화재자료 제28호 **변관식필 영도교**

크기로 봐서 가장 큰 문화재는 동궐도(東闕圖 · 국보 제249호). 조선후기 순조 연간에 도화서 화원들이 창덕궁과 창경궁의 전각 및 궁궐 전경을 조감도식으로 그린 궁궐배치도다. 36.5㎝×45.5㎝의 화첩 형태로 만든 16폭 병풍인데, 전체를 펴면 584㎝×275㎝ 크기다.

한눈에 전모를 파악하기 어려워 몇 걸음은 떨어져서 봐야 하는데, 궁궐의 웅장한 모습이 마치 산 위에서 내려다보듯 파노라마처럼 펼쳐진다. 가까이서 보면 궐 안 풍경이 바로 옆에서 보는 것처럼 세밀하다. 기둥과 칸수, 주춧돌 계단,

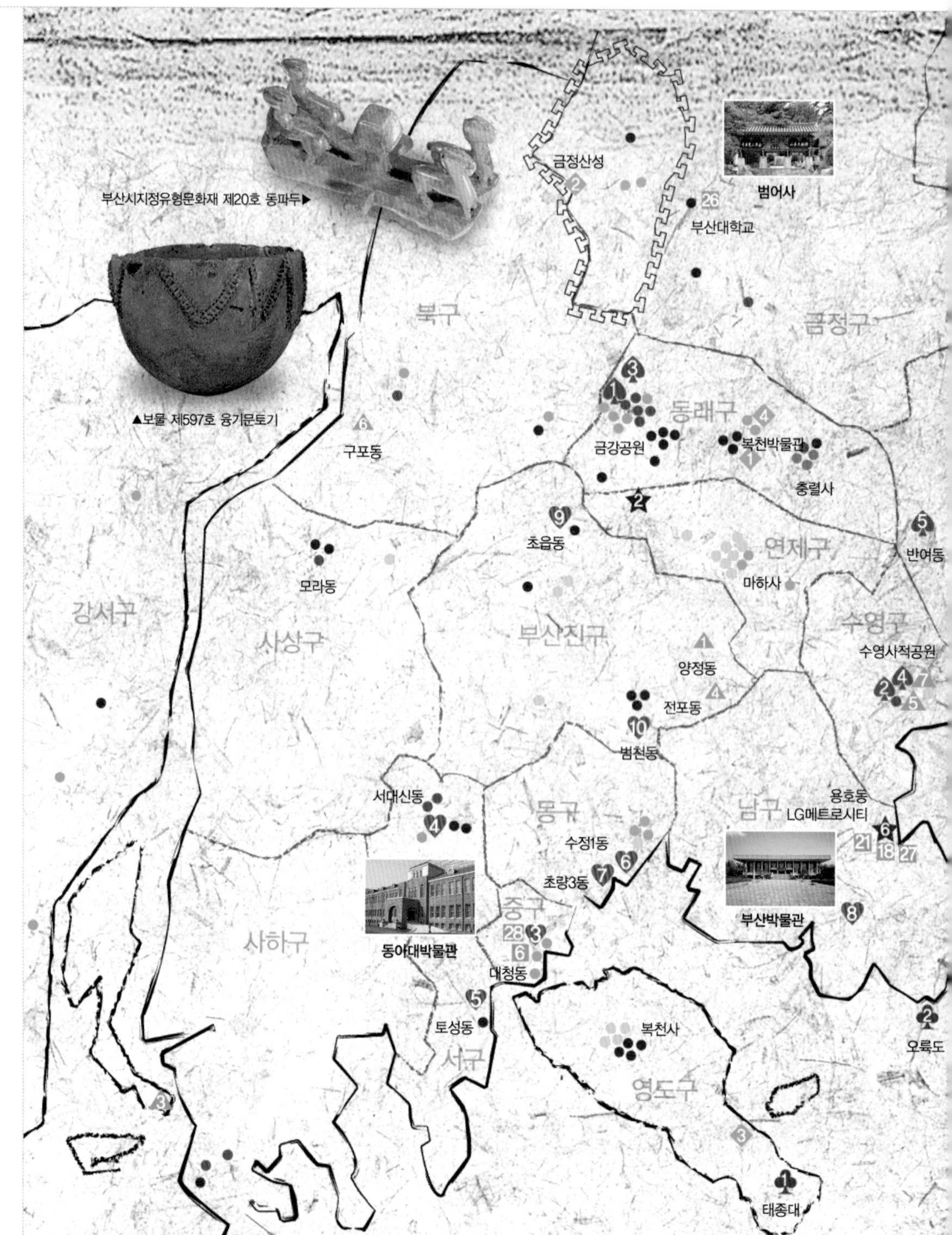
부산시지정유형문화재 제20호 동파두▶
▲보물 제597호 융기문토기
금정산성
범어사
부산대학교
북구
금정구
동래구
금강공원
복천박물관
충렬사
구포동
초읍동
연제구
반여동
모라동
마하사
강서구
사상구
부산진구
수영구
수영사적공원
양정동
전포동
범천동
서대신동
동구
남구
용호동
LG메트로시티
수정1동
초량3동
중구
동아대박물관
부산박물관
사하구
대청동
토성동
복천사
오륙도
서구
영도구
태종대

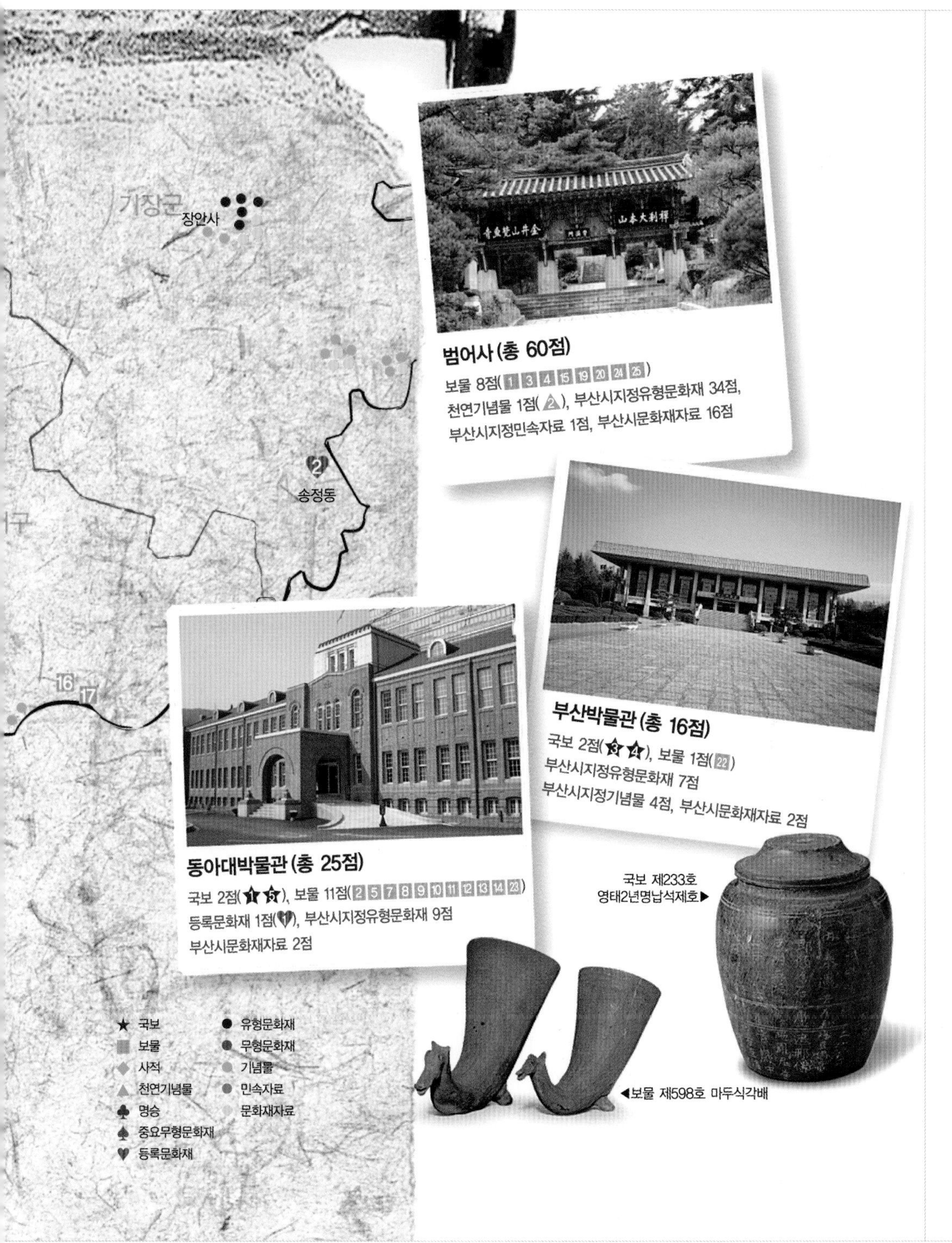
기장군
장안사
송정동
범어사 (총 60점)
보물 8점(1 3 4 15 19 20 24 25)
천연기념물 1점(2), 부산시지정유형문화재 34점,
천연기념물 1점(2), 부산시지정유형문화재 34점,
부산시지정민속자료 1점, 부산시문화재자료 16점
부산박물관 (총 16점)
국보 2점(3 4), 보물 1점(22)
부산시지정유형문화재 7점
부산시지정기념물 4점, 부산시문화재자료 2점
동아대박물관 (총 25점)
국보 2점(1 5), 보물 11점(2 5 7 8 9 10 11 12 13 14 23)
등록문화재 1점( ), 부산시지정유형문화재 9점
부산시문화재자료 2점
국보
보물
사적
천연기념물
명승
중요무형문화재
등록문화재
유형문화재
무형문화재
기념물
민속자료
문화재자료

국보 제233호 영태2년명납석제호▶

◀보물 제598호 마두식각배

부산시 소재 문화재 (2009년 12월 현재)

▶국가지정문화재

★ 국보

1. **개국원종공신녹권**(동아대박물관)
2. **조선왕조실록**(연제구 거제2동 국가기록원)
3. **금동보살입상**(부산박물관)
4. **영태2년명납석제호**(부산박물관)
5. **동궐도**(동아대박물관)
6. **백자대호**(남구 용호동)

■ 보물

1. **범어사 삼층석탑**(범어사)
2. **감지은니 묘법연화경 권 제3**(동아대박물관)
3. **삼국유사 권 제4-5**(범어사)
4. **범어사 대웅전**(범어사)
5. **안중근의사 유묵**(동아대박물관)
6. **안중근의사 유묵**(중구 대청동)
7. **초충도수병**(동아대박물관)
8. **융기문토기**(동아대박물관)
9. **마두식각배**(동아대박물관)
10. **쌍자승자총통**(동아대박물관)
11. **의령보리사지 금동여래입상**(동아대박물관)
12. **조대비사순칭경진하도병**(동아대박물관)
13. **헌종가례도병**(동아대박물관)
14. **지자총통**(동아대박물관)
15. **주범망경**(범어사)
16. **조숭가정대부상의중추원사도평의사사사 왕지**(해운대구 중동)
17. **조서경무과급제왕지**(해운대구 중동)
18. **박문수 초상**(남구 용호동)
19. **불조삼경**(범어사)
20. **범어사 조계문**(범어사)
21. **조선후기 문인 초상**(남구 용호동)
22. **이덕성 초상 및 관련자료 일괄**(부산박물관)
23. **영산회상도**(동아대박물관)
24. **금장요집경**(범어사)
25. **범어사 목조석가여래삼존좌상**(범어사)
26. **목장지도**(부산대학교)
27. **경상총여도**(남구 용호동)
28. **예안 김씨 가전 계회도 일괄** –추관계회도, 기성입직사주도, 금오계획도(중구 대청동)

◆ 사적

1. **동래패총**(동래구 낙민동)
2. **금정산성**(금정구 금성동)
3. **동삼동패총**(영도구 동삼동)
4. **복천동고분군**(동래구 복천동)

▲ 천연기념물

1. **양정동 배롱나무**(부산진구 양정동)
2. **범어사 등나무군락**(범어사)
3. **낙동강 하류 철새 도래지**(낙동강)
4. **전포동 구상반려암**(부산진구 전포동)
5. **좌수영성지 곰솔**(수영사적공원)
6. **구포동 당숲**(북구 구포동)
7. **좌수영성지 푸조나무**(수영사적공원)

♣ 명승

1. **태종대**(영도구 동삼동)
2. **오륙도**(남구 용호동)

♠ 중요무형문화재

1. **동래야류**(온천동 부산민속보존협회)
2. **수영야류**(수영동 수영민속보존협회)
3. **대금산조**(온천동 대금산조보존회)
4. **좌수영어방놀이**(수영동 수영민속보존협회)
5. **동해안별신굿**(반여동 동해안별신굿보존회)

♥ 등록문화재

1. **부산임시수도정부청사**(서구 동아대학교 부민캠퍼스)
2. **송정역**(해운대구 송정동)
3. **복병산배수지**(중구 대청동)
4. **구. 경남상업고등학교 본관**(서구 서대신동)
5. **한국전력공사 중부산지점**(구. 남선전기) 사옥(서구 토성동)
6. **정란각**(동구 수정동)
7. **초량동 일식가옥**(동구 초량동)
8. **재한유엔기념공원**(남구 대연동)
9. **구. 성지곡수원지** (부산진구 초읍동)
10. **디젤전기기관차 2001호**(부산진구 부산철도차량관리단)

■ 부산광역시 소재 지정 및 등록문화재 현황 (2009년 12월 현재)

국가지정 문화재(52)	국보	보물	사적	천연기념물	명승	중요무형문화재
	6	28	4	7	2	5
시 지정 문화재(165)	유형문화재		무형문화재		기념물	민속자료
	96		15		48	6
등록문화재(10)			문화재자료(51)			

※ 총278점(국가지정 52, 등록 10, 시지정 165, 문화재자료 51)

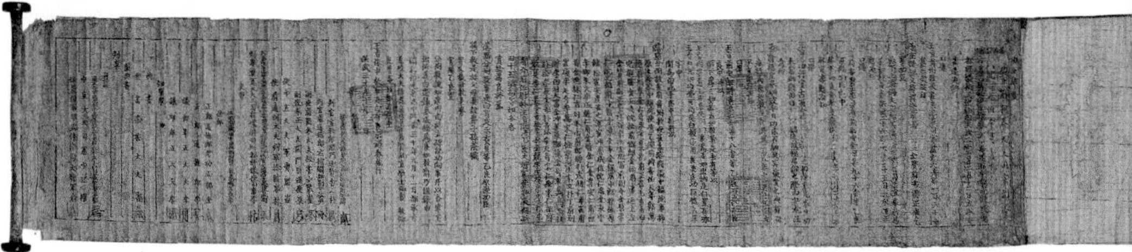

국보 개국원종공신녹권

기단 같은 구조부터 편액, 용두, 잡상, 창호의 생김새까지 치밀하게 그려놓았다. 건물을 감싸고 있는 담장, 우물, 정원의 괴석 심지어 장독대 하나까지 세세하게 묘사했다.

가장 작은 것은 동파두(銅把頭 · 부산시지정유형문화재 제20호). 동검이나 철검 손잡이 끝에 부착하는 일종의 장식으로 크기는 10.5㎝×5.7㎝. 모서리엔 높이 5㎝의 말 4마리, 십자 중심엔 높이 4.3㎝의 사각기둥 꼭지를 세웠다.

국보 제249호 **동궐도**

문화재 분포도

2000년대 이전까지만 해도 동래구에 지정문화재가 가장 많았다. 부산시를 통틀어 지정문화재가 105점이던 1996년, 동래에만 23점이 있었다. 부산의 문화재 중 1/4이 동래구에 있었던 시절이다. 동래패총, 동래읍성, 동래향교, 동래야류 등 동래의 문화재는 유형 · 무형, 동산 · 부동산 등 다양했다. 부산의 역사적 뿌리가 동래였음을 확인할 수 있다.

지금은 동래구가 31점으로 금정구(74점), 서구(37점)에 추월당했다. 금정구에 소재한 범어사에서 최근 들어 문화재 지정이 많아졌기 때문이다. 기관별로 지정문화재가 제일 많은 곳 역시 범어사. 보물 제419-3호 삼국유사를 비롯해 국가지정문화재 9점, 부산시지정문화재35점, 문화재자료 16점 등 모두 60점의 문화재를 소장하고 있다. 국가지정문화재는 동아대박물관이 13점으로 가장 많다. 동아대박물관은 부산시지정문화재 9점, 문화재자료 2점에다 건물 자체가 등록문화재로 등록돼 있어 모두 25점의 문화재를 소장하고 있다. 부산박물관은 국가지정문화재 3점, 부산시지정문화재 11점, 문화재자료 2점, 이렇게 16점의 문화재를 소장하고 있다.

지난해 초까지 사상구에는 문화재가 부산영산재(부산시지정무형문화재 제9호)밖에 없었다. 운수사 대웅전, 석조여래삼존좌상, 아미타삼존도가 부산시문화재로 지정되면서 4점으로 늘었다.

보물 이덕성 초상

문화재 수난사

범어사 원효암 동쪽 삼층석탑은 부산시지정유형문화재 제11호다. 그런데 석탑의 기단 면석이 엉뚱하게도 원효암 입구 계단으로 사용되고 있다. 탑이 부처의 사리를 봉안하기 위한 것이란 점을 감안하면, 탑의 일부인 기단 면석을 계단으로 쓰는 것은 부처를 밟고 가는 불경을 저지르는 것이나 마찬가지인 셈이다.

아예 사라진 문화재도 있다. 부산시기념물 제1호였던 괴정동 패총과 부산시지정유형문화재 제22호인 부산세관은 도로확장공사에 희생돼 사라져버렸다. 부산시무형문화재 제1호 범음범패는 보유자였던 국청사 용운 스님의 입적으로 1973년 지정해제됐다가 20년이 지

보물 범어사 3층석탑

난 1993년 부산영산재라는 이름으로 제자들이 복원해 부산시무형문화재 제9호로 지정됐다.

일제강점기부터 1970년대에 이르기까지 도시계획이란 명분에 밀려 제자리에서 옮겨진 문화재도 많다. 동래읍성에 있던 망미루와 독진대아문은 일제시대에 뜬금없이 금강공원으로 옮겨졌고, 사처석교비, 척화비, 동래남문비, 약조체찰비, 동래부사유심선정비 등도 원래 자리에서 부산박물관으로 자리를 옮겼다. 금강공원에 있는 이섭교비, 내주축성비, 임진동래의총도 다른 곳에서 이전된 비석들이다.

부산시 기념물 24호 · 30호 · 31호였던 에덴공원 · 송도해수욕장 · 해운대해수욕장은 백사장 유실과 기능 상실 등의 이유로 지정해제됐다.

문화재의 운명도 시대에 따라 달라진 셈이다.

사적 **금정산성**

07 역사의 흔적, 발굴 유적

부산에서 울산으로 가는 길. 부산울산고속도로의 기장1터널을 200m가량 앞둔 곳. 지금이야 차가 쌩쌩 달리는 찻길로 변했지만 삼국시대의 한때, 이곳은 신성한 제사의 공간이었다. 도로가 뚫리면서 구릉도 깎여나갔지만, 삼국시대 고분과 주거지, 제사 유적이 구릉 하나하나마다 엄격하게 나뉘어 분포하고 있었다. 제일 높은 구릉에선 여섯 겹이나 나무 울타리를 두른 흔적이 드러났고, 무덤에선 3개의 발과 꽁지깃이 달린 앙증맞은 새 모양 토기도 나왔더랬다.

남구 대연동 부산문화회관 뒤쪽의 코오롱하늘채아파트는 고려시대 사찰 터였다. 신라의 웃는 기와처럼 미소 띤 연황색의 소조불두가 1천 년의 세월 동안 흙 속에 묻혀 잠자고 있었다.

아이들이 한창 스케이트를 지치는 북구 덕천동 문화빙상센터 땅 밑에는 고려시대 청자가 무더기로 나온 실력자들의 무덤이 있었고, 기장군 정관신도시 택지로 조성된 땅 아래에선 삼국시대 마을유적이 고스란히 드러나기도 했다. 경부고속도로 노포IC는 삼한시대 공동묘지였고, 북구 금곡동 대우이안아파트가 들어선 자리는 조선시대 전령이 머물던 역원 터였다.

차를 타고 다니는 도로 밑에도, 잠자는 아파트 지하에도, 아이들의 놀이터 아래에도 오랜 옛날부터 부산서 살아온 많은 사람들의 흔적이 숨어 있다.

구석기시대

해운대 신시가지 조성을 앞두고 100만 평에 이르는 땅에서 발굴이 이뤄졌다. 말이 100만 평이지 그야말로 '모래밭에서 바늘 찾기'와 다름없었다. 그때 발견한 게 길이 1㎝가량의 박편석기. 1991년 11월 말의 일이다. 그전까지 영남 지역의 고고학 연대는 신석기시대에 머물러 있었다. 부산을 포함한 영남의 역사를 구석기시대까지 끌어올린 획기적인 일이었다.

중동과 좌동 유적은 300m밖에 떨어져 있지 않았지만, 좌동유적에선 BC 3만~2만 년, 중동유적에선 BC 1만 5천 년 전후의 유물들이 쏟아져 나왔다. 좌동유적에선 소형 박편석기가 주로 나왔고, 중동유적에선 좀돌날몸돌, 소형밀개, 긁개, 뚜르개 등 다양한 유물이 쏟아져 나왔다. 좌동과 중동 유적은 전혀 다른 시기에 살았던 사람들에 의해 남겨진 유적이었다. 살아생전 이들 서로는 한 번도 조우하지 못했던 구석기인들인 셈이다.

신석기시대

동삼동패총전시관이 들어선 영도 동삼동 바닷가는 오랜 시간 동안 신석기인들의 보금자리였다. 패총으로만 생각했던 곳이지만, 이곳엔 8천 년 전 비명에 스러져간 아이를 옹관묘에 묻어야 했던 신석기인들도 살았고, 복어며 상어, 다랑어 같은 물고기를 잡으러 다니던 신석기인들도 있었다.

5천 년 전이라곤 믿기지 않을 정도로 정밀한 조개팔찌 2천여 점을 만들던 수공업 집단도 있었다. 조개팔찌는 흠결 하나 없이 매끈하고 반질반질한 게 옥팔찌 같고, 햇빛에 비춰봐도 난반사가 되지 않는 게 거울 같은 광택을 지녔다. 일본 곳곳에도 이런 조개팔찌가 발견되는 것으로 봐서 신석기시대 조개팔찌는 수출품이기도 했다. 이들이 일본에서 가져온 것은 흑요석. 거친 파도를 헤치고 일본 규슈지역까지 교역을 하러 간 용감한 이들도 동삼동에 살았다. 뼈나 대칼 같은 날카로운 도구로 토기에 사슴을 그리기도 했다. 예술도 있었던 거다.

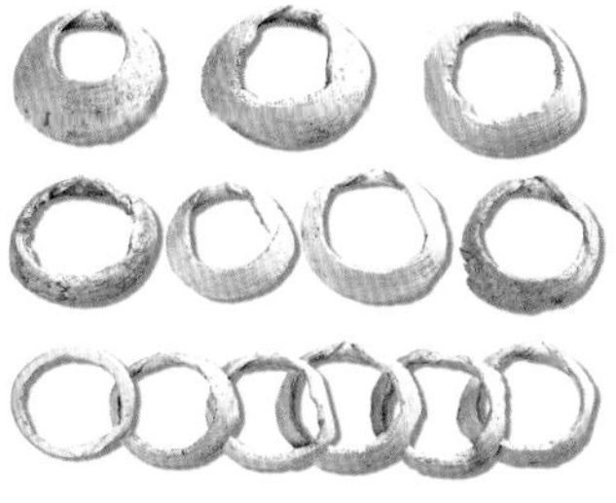
조개팔찌

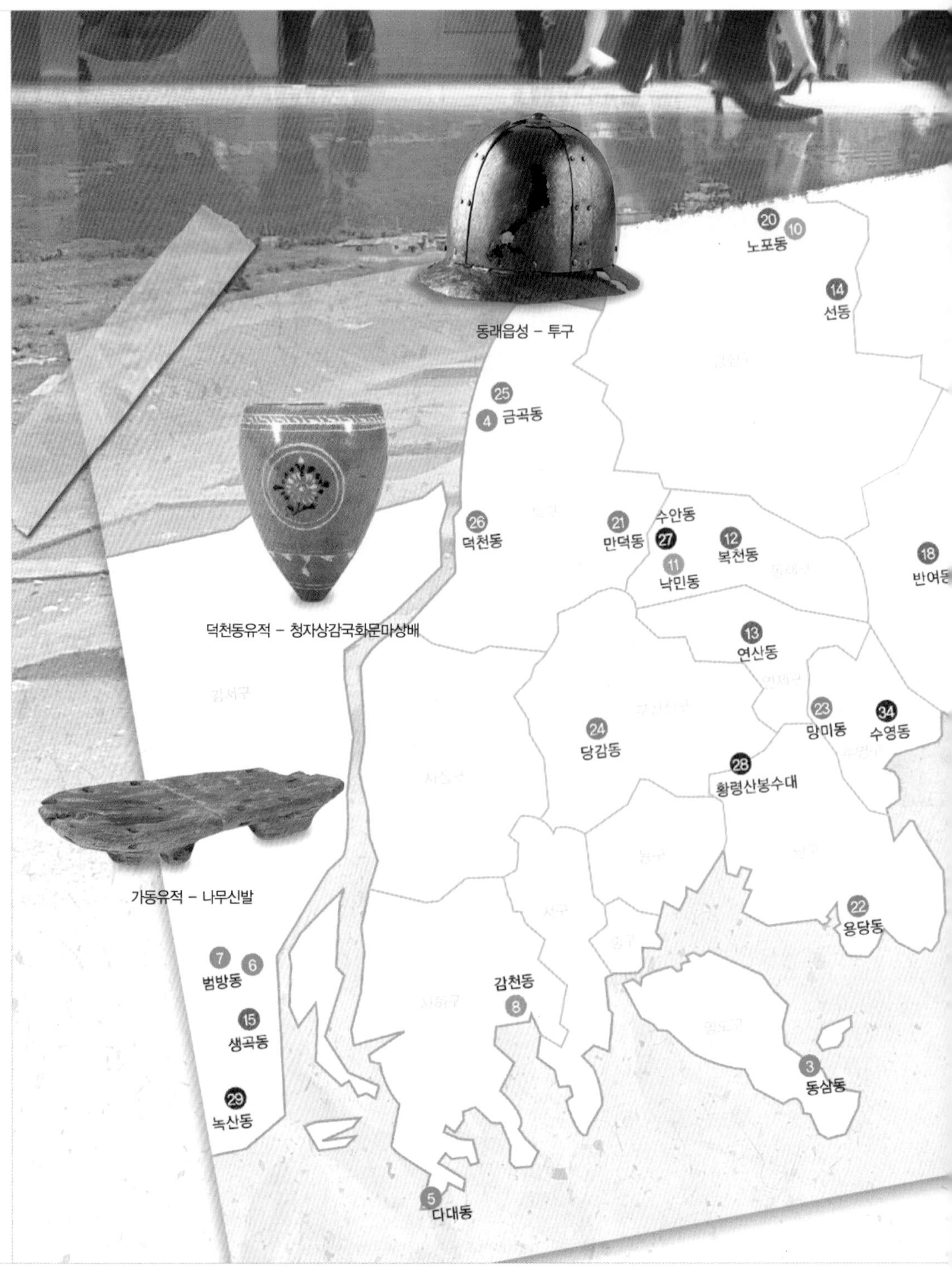
20 10 노포동
14 선동
동래읍성 - 투구
25 4 금곡동
26 덕천동
21 만덕동
수안동 27
12 복천동
11 낙민동
18 반여동
덕천동유적 - 청자상감국화문마상배
13 연산동
23 망미동
34 수영동
24 당감동
28 황령산봉수대
가동유적 - 나무신발
22 용당동
7 6 범방동
감천동 8
15 생곡동
3 동삼동
29 녹산동
5 다대동

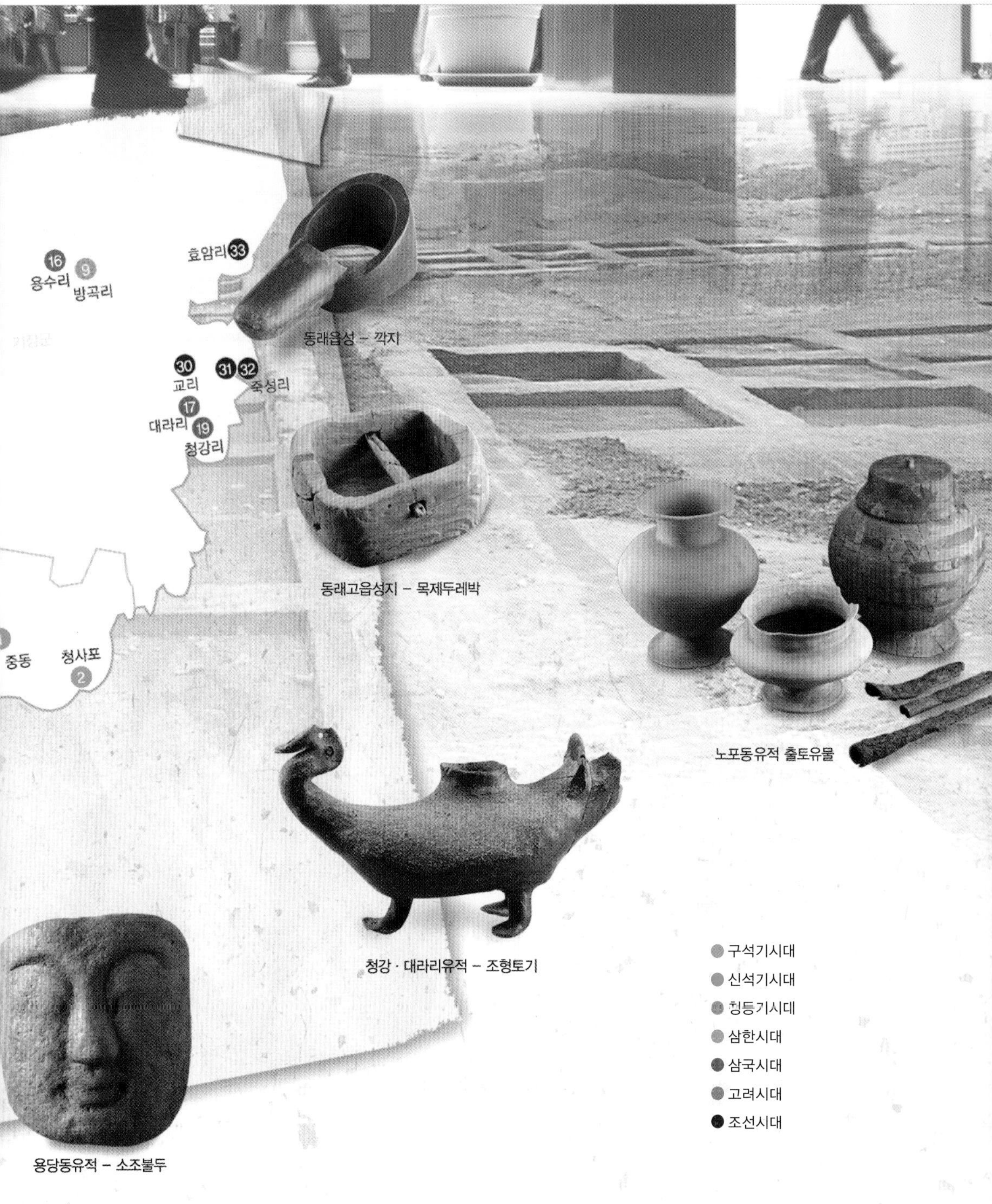

동래읍성 – 깍지

동래고읍성지 – 목제두레박

노포동유적 출토유물

청강 · 대라리유적 – 조형토기

용당동유적 – 소조불두

부산의 문화재 발굴 유적 (괄호 안은 현재 상황)

구석기시대
1. **해운대 중동 · 좌동유적**-해운대구 중동 좌동 신시가지(건영2차 아파트와 대림2차 아파트)
2. **청사포유적**-해운대구 우2동 청사포 일원(동해남부선 철로변 밭)

신석기시대
3. **동삼동패총**-영도구 동삼동 750-1번지 일원(동삼동패총전시관 · 사적 제266호 지정)
4. **금곡동 율리패총**-북구 금곡동 산24번지(현지 보존)
5. **다대포봉화산유적**-사하구 다대동 496번지 두송산 정상(현지 보존)
6. **범방동패총**-강서구 범방동 1833번지 일원(현지 보존 · 시지정기념물 제44호)
7. **범방유적**-강서구 범방동 175 · 177번지(부산경남경마공원 내 마사동)

청동기시대
8. **감천동 지석묘**-사하구 감천동 562번지(남부권화력발전소 진입도로)
9. **방곡리유적**-기장군 정관면 방곡리 산115번지(정관신도시 택지 조성)

삼한시대
10. **노포동유적**-금정구 노포동 1114-2번지(경부고속도로 노포IC)
11. **동래패총**-동래구 낙민동 100-18번지 일원(현지 보존 · 사적 제192호)

삼국시대
12. **복천동고분군**-동래구 복천동 산50번지(복천박물관 · 사적 제273호)
13. **연산동고분군**-동래구 연산동 산90-4번지(현지 보존 · 시지정기념물 제2호)
14. **오륜대고분군**-금정구 선동 175번지(회동수원지에 수몰)
15. **생곡동 가달고분군**-강서구 생곡동 산86번지 일원(현지 보존 · 시지정기념물 제43호)
16. **가동고분군 · 주거지유적**-기장군 정관면 용수리 96번지(현지 보존)
17. **기장 청강 · 대라리유적**-기장군 기장읍 대라리 산15-1번지(부산울산고속도로)
18. **반여동고분군**-해운대구 반여동 산345번지(현지 보존)
19. **청강리고분군**-기장군 기장읍 청강리 산36-23, 693번지(대청초등학교 · 대청중학교)
20. **노포동고분군**-금정구 노포동 142-1번지(현지 보존 · 시지정기념물 제42호)

고려시대
21. **만덕사지**-북구 만덕동 428번지(현지 보존 · 시지정기념물 제3호)
22. **용당동유적**-남구 용당동 산51번지 일원(코오롱하늘채아파트)
23. **동래고읍성지**-수영구 망미1동 640-5번지, 693-1번지, 640-14번지
(부산지방병무청, 포스코 더 샵 아파트, 망미1동 주민자치센터)
24. **동평현성지**-부산진구 당감3동 350번지, 665번지
(부암18호 광장~개금동 구간 도로 개설, 태우선파크맨션 앞 도로)
25. **금곡동 동원지**-북구 금곡동 866번지 일원(대우이안아파트)
26. **덕천동유적**-북구 덕천2동 산107-11번지(북구문화빙상센터)

조선시대
27. **동래읍성**-동래구 수안동 204-1번지 등(동래구청사, 지하철3호선 수안정거장)
28. **황령산봉수대**-남구 대연동과 부산진구 전포동 경계(현지 복원)
29. **금단곶보성지**-강서구 녹산동 산129-4번지(진해~녹산 간 국도2호선 우회해 현지 보존)
30. **교리유적**-기장군 기장읍 교리 170번지(교리주공아파트)
31. **두모포진성**-기장군 기장읍 죽성리 46-1번지(현지보존)
32. **죽성리왜성**-기장군 기장읍 죽성리 산52-1번지 일원(현지보존 · 시지정기념물 제48호)
33. **이길봉수대**-기장군 장안읍 효암리 산51-1번지(현지보존 · 시지정기념물 제38호)
34. **좌수영성지**-수영구 수영동 231번지(현지보존 · 시지정기념물 제8호)
35. **상장안 도요지**-기장군 장안읍 장안리 산48-1번지(현지보존 · 기장군 도예촌 조성 예정)

가동유적 주거지

덕천동 유적

범방패총 집석유구

청강리고분군

한반도에서 연대를 알 수 있는 가장 오래된(BC 3천360년) 조와 기장도 이곳에서 발굴됐다. 또 청동기 후기에서나 본격적으로 나타나는 것으로 여겼던 옹관묘가 BC 6천 년께 신석기 초기 단계에서도 나왔다. 신석기인이 동물과 다를 바 없는 원시생활을 했을 거란 막연한 생각은 다양한 생업활동을 했던 동삼동 패총인들 앞에 여지없이 무너진다.

해발 233.7m의 사하구 다대포 두송산 정상에서 발견된 석기는 산 정상에서 어로활동의 안전과 생업의 풍요를 기원하는 신석기인을 떠올리게 한다.

부산경남경마공원 마사동으로 변해버린 강서구 범방유적에선 신석기인들의 야외조리시설인 화덕과 돌을 불에 달궈 그 열기로 음식물을 요리하던 돌무지도 확인됐다.

삼국시대

지금은 정관신도시 택지조성을 위해 사라져버린 기장군 정관면 가동유적에선 온돌과 부엌이 딸린 집터와 창고, 우물이 있는 삼국시대 마을유적이 고스란히 드러났다. 서쪽 벽엔 아궁이를 설치했고, 북쪽 벽을 따라 구들을 만들었는데, 부뚜막 내부에선 떡시루와 떡시루를 받치던 장동옹까지 나와 당시 생활 모습을 온전히 드러내고 있다. 나무로 만든 신발과 바가지, 빨래방망이, 흙구슬이며 돌구슬까지 나왔더랬다. 삼국시대에 정관신도시는 번창한 마을이었다.

삼국시대 유적 중에서 빼놓을 수 없는 건 복천동고분군. 1969년 집 공사를 하다 무덤을 건드리는 바람에 세상에 드러난 복천동고분군은 발굴 현장에 그 당시의 상황을 온전히 재현한 박물관이 들어선 국내 첫 사례란 점에서도 남다른 의미가 있다. 임나일본부설을 뒤엎을 획기적 사료로 평가받은 비늘갑옷과 종장판주, 말머리가리개, 7개의 방울이 달린 가지방울 등 일일이 열거하기 어려울 정도의 가야 유물이 쏟아졌다.

대청초등학교와 대청중학교가 들어선 기장 청강리유적은 6~7세기 삼국시대 무덤이 있던 곳이다. 무덤이 무너지는 걸 막기 위해 부석을 덧대고 석실 모서리각을 없애 네 귀퉁이를 둥글게 마무리한 독특한 무덤 양식을 가진 공간이었다. 甲(갑), 井(정), ㅂ, A, X, Z 같은 문자나 기호가 새겨진 토기도 30여 점이나 나왔다.

복천동고분군 조형토기

고려시대

고려시대 부산은 변방이었지만, 구포 일대는 화려한 시절을 구가했다.

만덕사지는 금당지터의 규모만 놓고 보면 범어사 대웅전의 4배에 달하고 동양 최대 규모라는 황룡사지 치미와 맞먹는 대형치미와 온전한 형태의 초기 고려청자인 해무리굽 청자가 출토될 정도로 상당한 규모의 사찰이었다. 그곳에서 얼마 떨어지지 않은 북구 문화빙상센터의 덕천동유적에선 뿔처럼 생긴 청자상감국화문마상배를 비롯한 최상급의 청자와 팔괘가 양각된 청동거울, 34점의 중국 동전이 나온 고려시대 실력자의 무덤이 조사됐다. 청자가 나오더라도 질 낮은 것들이거나 깨진 것들뿐이던 부산에서 최상품의 청자가 나온 건 당시 토호세력의 높은 경제력과 사회적 위상이 만만찮았음을 짐작하게 했다.

수영구 망미동 부산지방병무청 본관에는 통일신라에서 고려시대로 추정되는 우물이 있었는데, 그 속에선 물을 길을 때 사용하는 목제두레박과 표주박 바가지, 복숭아씨가 들어 있었다.

조선시대

조선시대 부산은 역시 동래읍성이 중심이다. 지하철 3호선 수안동역은 옛날 동래읍성 남문 앞 해자였다. 탁구공만 한 구멍이 뚫린 채 발견된 두개골부터 날카로운 창검에 베어진 흔적이 역력한 시신들, 완전한 형태로 보존된 비늘갑옷, 나무 자루까지 고스란히 붙어 있는 긴 창, 궁수의 오른쪽 엄지손가락에 끼우던 깍지, 수성전의 근본무기인 100여 점이 넘는 화살촉 등등 방금이라도 전쟁이 벌어진 현장처럼 생생했다. 그 옆 주상복합아파트 주차장에는 조선전기 동래읍성의 석축이 강화 유리판 아래 고스란히 남아 있고, 공사실명제처럼 성을 쌓은 이들의 이름과 신분, 출신을 새겨넣은 금석문이 마안산 체육공원 근처에서 발견되기도 했다.

부산 기장 상장안 도요지에선 국내 가마터에서는 처음으로 백자 염주와 염주를 만들었던 제작 도구가 출토되기도 했다. 장안사 인근에 있었던 가마터라는 특성을 반영하듯 15~16세기대 직경 1㎝ 크기에 한가운데를 관통하는 원통형 구멍이 뚫린 염주들과 그 염주를 만들었던 제작 도구들도 함께 확인됐다.

차를 타고 다니는 도로 밑에도, 가족들과 오붓한 한때를 보내는 아파트 밑에도 역사의 흔적은 숨어 있다. 부산은 그렇게 오랜 시간이 쌓여 만들어진 공간이다.

해운대 좌동유적

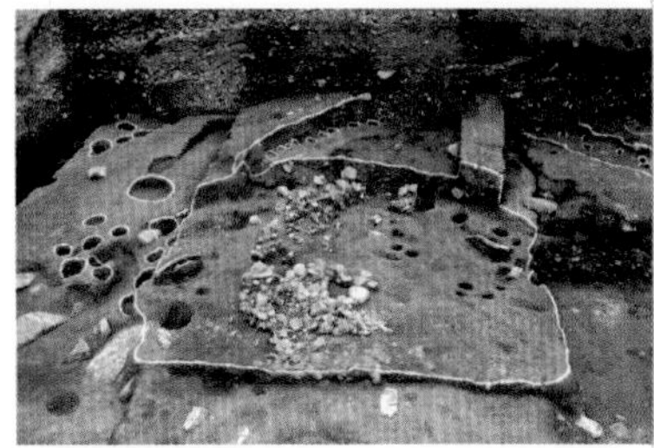

동삼동패총 주거지

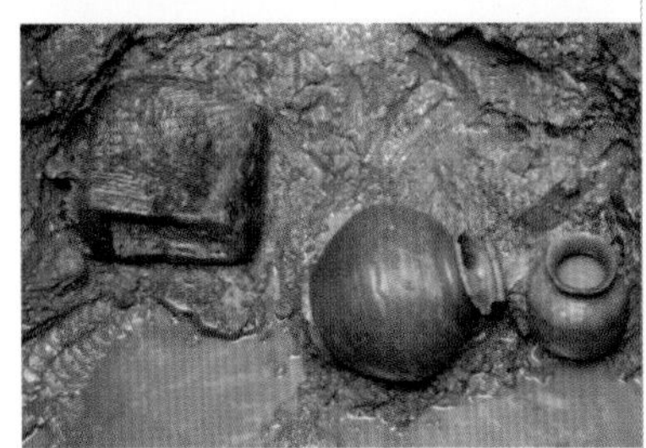

동래고읍성지 우물 내 두레박 출토상황

만덕사지 건물지

08 조선시대 동래 시간여행

동래구청에서 동래할매파전으로 가는 길. 시멘트길이 이어지다 덮개식 화강석이 깔려 있다. 뭐지? 후기 동래읍성을 발굴하다 나온 수구였다. 조선시대 수구를 살리고 그 위에 덮개식으로 화강석을 깐 것. 수구는 성 안의 물을 성 밖으로 빠져나가게 하는 일종의 하수도다. 임진왜란 때 일본군과 격전을 벌인 탓에 전기 동래읍성이 폐허가 된 뒤 새로 6배나 넓게 성을 쌓은 게 영조 7년(1731년) 때였다. 지금도 하수도로 사용하고 있으니 따져보면 280년 가까이 된 하수도다. 길바닥에 남아 있는 물길의 흔적에서 조선시대 동래를 본다. 한데, 수구라는 표지석이 세워져야 할 곳에 구두수선 입간판이 세워져 있다.

온천장 금강공원으로 올라갔다. 굼터식당, 동래파전 따위의 음식점에 둘러싸인 고풍스런 건축물이 보인다. '망미루(望美樓)' 다. 우장춘로가 생기기 전만

망미루

해도 금강공원 입구여서 대문 구실을 했다는 곳이다. '동래도호아문(東萊都護衙門)' 이란 현판이 걸려 있다. 맞다. 원래는 저 아래 동래부 동헌 서쪽에 세워져 있던 문이었다. 임금을 향해 바라보고 절을 하던 누각이었지만, 지금은 공원 앞 식당의 대문으로 전락해버린 거다. 한때 2층에 있던 큰북이 동래읍성 사대문의 열고 닫음과 낮 12시 정오를 알리는 시계 역할을 했다는 걸 아는 이도 드물다.

금강공원 케이블카를 따라 올라가는 등산로엔 더 멋쩍은 상황이 연출되고 있다. 아이 못 낳은 이가 바위 위에 걸터앉으면 아이를 낳을 수 있다는 속설이 전해오는 일명 '말바위' 뒤에 있는 '독진대아문(獨鎭大衙門)' 이다. 동헌 남쪽에 있던 전형적인 조선시대 관아의 바깥 대문이다. '동래독진대아문' 이란 현판 아래 좌우 기둥에는 '교린연향선위사(交隣宴餉宣慰司 · 대일외교와 사신을 접대하는 관청)', '진변병마절제영(鎭邊兵馬節制營 · 변방을 수호하는 병마절제사의 군영)' 이란 편액이 걸려 있다. 동래 화원 변박이 쓴 글씨다. 한쪽은 군사와 국방, 다른 한쪽은 외교에 관한 것인데, 상반된 두 화두가 조선시대 동래의 마인드임을 보여주고 있다. 낙관을 보면 좌우가 바뀐 채 걸려 있는데, 옮겨오면서 그런 실수를 한 모양이다. 동래구청에선 독진대아문 전체를 보수할 계획이 서면 다시 바로잡겠다고 했다. 시가지에 있어야 할 대문이 우스꽝스럽게 산속 등산로의 이정표가 됐다.

독진대아문을 지나자마자 동래금강원비라는 커다란 자연석 옆에 가로로 길쭉한 시비를 만난다. 동래금강원비에 가려 늘상 이곳을 오가는 등산객들도 시비의 존재를 잘 모르고 무덤덤하게 지나친다. 조선 말 홍선대원군의 총애를 받았던 동래부사 정현덕의 금강원 시비다. 태평하고 번성한 동래로 부임해온 목민관의 소회를 유려한 글씨로 새겼다. 동래유치원 안에 있는 '대평원 시비' 에도 정현덕이 비슷한 감회를 담았다. 동래유치원 자리는 동래기영회의 발상지이기도 하다.

북문
1
동래사적공원
내성지구대
무릉
동래우체국
12
동래읍성역사관
서장대
서편 복원성벽
11
10
서장대
금강암
명륜초등학교
14
동래향교
명륜
교차로
한국SGI회관
현대아파트
우성베스토피아
후기 동래읍성
9
동래읍성 암문터
복산동 주민센터
전기 동래읍성
동래교육
동래구청
웰스플러스
8
동래읍성 수구
15 송공단
내성초등학교
메가마트
동래점
KT동래지사
학소대길
객사터
17
18
학소대터
장관청
16
수안교회
7
동래읍성
서문터
망미루터
19
동래부동헌
20
22
태평원시비
수안치안센타
21
독진대아문터
23
군관청터
동래
교차로
내성교회
동래읍
동문
지하철 3호선
수안역 예정지
6
동래읍성 남문터
25 내주축성비터
성완세띠앙
동래경찰서
26 농주산전망제단터

독진대아문

독진대아문터

송공단

장관청

동래향교

내주 축성비

1. **동래읍성 북문**(복천동 539)
2. **북장대**(복천동 산2-5 마안산 정상)
3. **동래읍성 인생문**(칠산동 332-1)
4. **동장대**(칠산동 1-9 충렬사 뒷산)
5. **동래읍성 동문터**(칠산동 289-3 부광반점 뒷골목 법광사 앞)
6. **동래읍성 남문터**(수안동 236-4 박경훈한의원 앞)
7. **동래읍성 서문터**(명륜동 401-3 훼미리마트 동래오렌지점 앞)
8. **동래읍성 수구**(명륜동 739-1 동래할매파전 옆)
9. **동래읍성 암문터**(복천동 402 옆 동래구청 앞 골목)
10. **서장대**(복천동 산1-2)
11. **서장대 서편 복원 성벽**
12. **동래읍성 역사관**(복천동 1-2)
13. **영보단**(복천박물관 내)
14. **동래향교**(명륜동 235)
15. **송공단**(복천동 229-78)
16. **장관청**(수안동 510-1)
17. **객사터**(복천동 229-28 동래시장 상가건물)
18. **학소대터**(칠산동 239-2 법륜사)
19. **망미루터**(수안동 421-26 수안치안센터 건너편 참치과의원 앞)
20. **동래부동헌**(수안동 421-56)
21. **독진대아문터**(수안동 421-2 농협 동래지점)
22. **태평원시비**(칠산동 246 동래유치원)
23. **군관청터**(수안동 540-2 신한은행 동래지점)
24. **군관청**(안락동 830 충렬사 경내)
25. **내주축성비터**(수안동 182 성완세띠앙)
26. **농주산전망제단터**(수안동 158-1 동래경찰서)
27. **임진동래의총**(온천동 산17-7 금강공원내)
28. **금강원지-황기 2600년 기념비**(온천동 산131-1 금강공원내)
29. **내주축성비**(온천동 산131-1 금강공원내)
30. **이섭교비**(온천동 산131-1 금강공원내)
31. **정현덕 금강원시비**(온천동 산20-4 금강공원내)
32. **독진대아문**(온천동 산20-4 금강공원내)
33. **망미루**(온천동 산25-4)
34. **온정개건비**(온천동 135-26)
35. **사직단터**(사직동 351-14 신동아맨션 옆)
36. **충렬사**(안락동 838일원)
37. **이섭교비터**(낙민동 82-12 온천천변 낙민치안센터 앞)

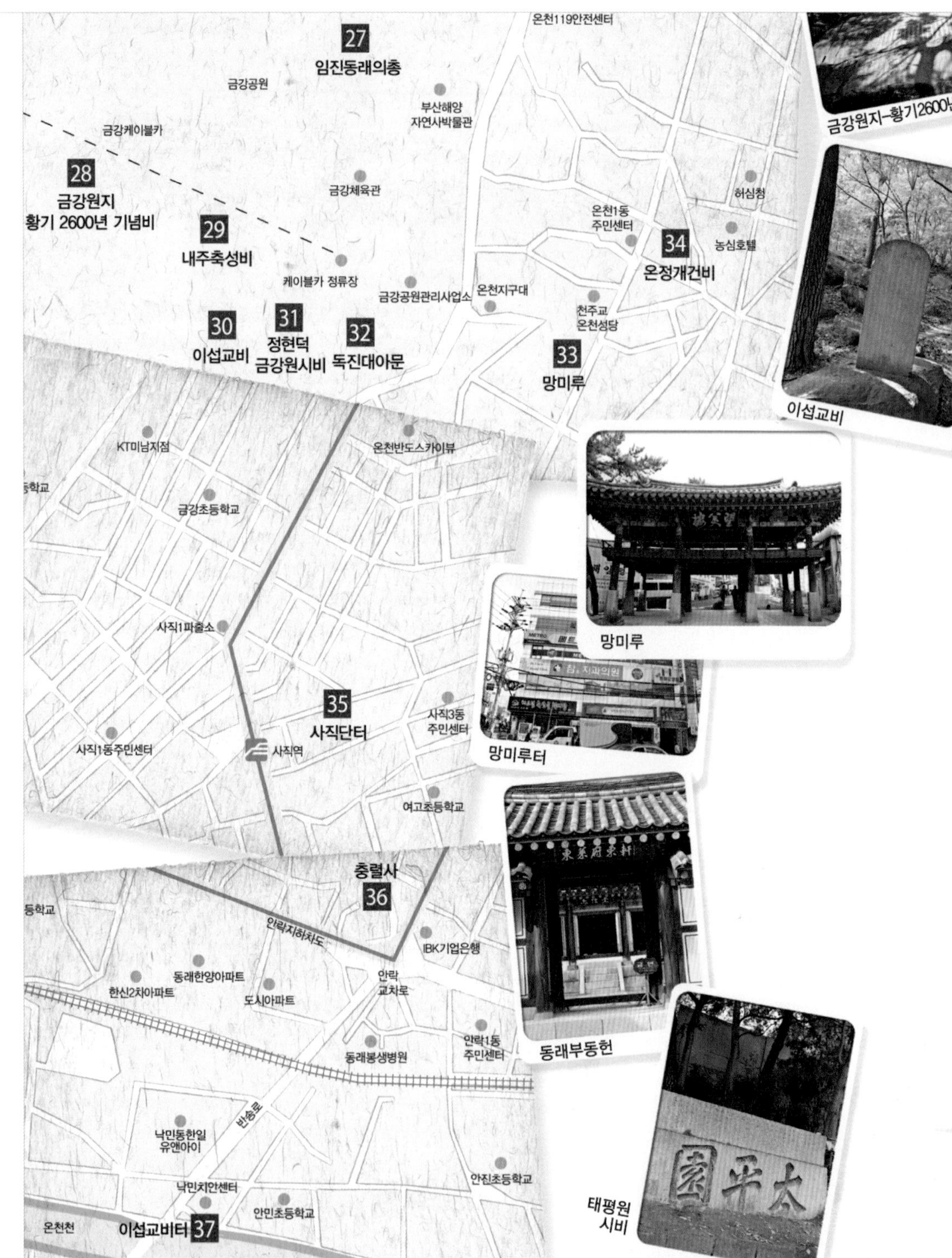

금강원지-황기2600년

이섭교비

망미루

망미루터

동래부동헌

태평원
시비

정현덕의 금강원 시비를 뒤로 하고 다시 발걸음을 재촉하다 '이섭교비(利涉橋碑)' 를 만난다. 매년 나무가 썩어 해마다 다리를 고쳐야 하는 어려움이 있었던 온천천 위의 나무다리를 돌다리로 고치면서 세운 비석이다. 온천천 옆에 있어야 할 비석이 산 속에 있다. 280여 년 전 동래의 마스터플랜이라 할 동래읍성 축조의 내력을 적은 '내주축성비(萊州築城碑)' 도 등산로 옆 계곡에서 찾아볼 수 있다. 동래읍성을 축조하면서도 공사실명제처럼 자연석에 공사와 관련된 내용을 새겨넣은 사례가 더러 나오는 걸 보면, 옛 사람들의 토목공사에 대한 책임 의식이 남달라 보인다. 누군가 내주축성비 오른쪽에 끌질을 해서 부산이란 낙서를 남겼는데, 일본식 불상이 곁을 지키고 있는 풍경과 함께 묘한 기분이 들게 했다. 한데, 일제 잔재를 없앤다면서 광복 50주년 되던 해 몇몇 사람들이 금강원 내의 일본식 석고불상을 톱으로 절단하였다는 말도 들렸다.

등산로를 따라가면 '금강원지(金剛園誌)-황기 2600년 기념비' 가 너럭바위에 새겨져 있다. 한자와 일본어로 쓰인 내용에서 저간의 사정을 짐작한다. 히가시하라 카지로라는 사람이 금강공원을 조성해 1940년 동래읍에 기증했다는 내용인데, 금강공원 조성 와중에 동래읍성의 문루며 비석을 죄다 옮겨온 게다. 일제 잔재를 없앤다며 누군가 시멘트를 그 위에 발라 몇몇 글자는 완전히 뭉개져 버렸다.

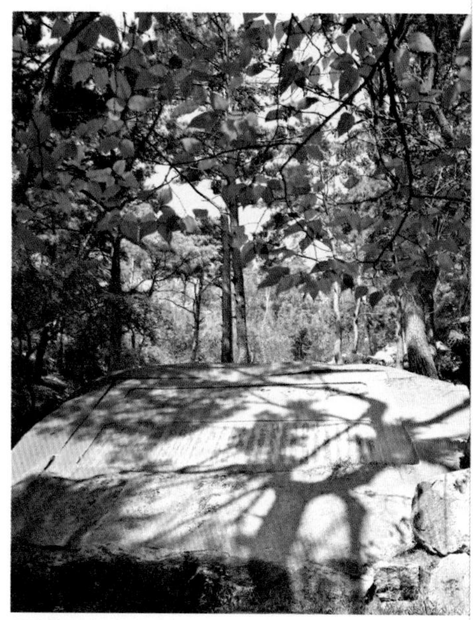
금강원지-황기2600년 기념비

금강공원 안에 있는 '임진동래의총(壬辰東萊義塚)' 의 사연도 기구하다. 1731년 동래부사 정언섭이 동래읍성을 고쳐 쌓을 때 남문 근처에서 임진왜란 때 전사한 유해를 발견해 내성중학교 자리에 무덤을 만들었고, 복천박물관 내 영보단을 거쳐 금강공원으로 이장해온 것. 개발 과정에서 없어질 위기에 처한 비석들도 하나둘 이곳으로 옮겨왔다. 금강공원은 동래읍성의 거대한 무덤인지도 모른다는 생각이 얼핏 들었다. 금강공원에서 내려오는 길엔 온정개건비를 만났다. 매년 음력 9월 9일에 제사를 지낸다는데, 1691년 제단을 만든 뒤 2009년엔 319번째 용왕대제를 지냈다고 했다.

동래읍성 남문터

동래읍성 동문터

동래읍성 서문터

동래읍성이 있던 동래 시가지로 내려왔다. 북문을 제외하고는 동문, 서문, 남문 어느 곳 하나 남아 있지 않다. 동문터는 칠산동 부광반점 뒷골목, 남문터는 수안동 박경훈한의원 앞, 서문터는 명륜동 훼미리마트 동래오렌지점 앞이다. 표지석이 있긴 하지만 이곳이 옹성이나 익성으로 견고하게 지었던 동래읍성의 대문이었음을 짐작하긴 쉽지 않다. 다만 반듯한 큰 길과 달리 굽은 골목은 동래읍성 시대 길의 흔적을 갖고 있어 그나마 위안이 된다. 그래도 남문의 현판이 '무우루(無憂樓 · 근심을 없애는 문루)'였음을 기억하면 남문의 쇠락은 참 아쉽다.

일제가 1925년부터 시작된 시구개정사업으로 성벽을 철거하고 성 안과 성 밖을 연결하는 새로운 도로망을 개설하기 전까지만 해도 성 안에는 객사와 동헌을 중심으로 한 십자형 도로뿐이었다. 성벽을 허물고 주간선도로가 나고, 성 안에는 신작로가 격자 형태로 신설됐다. 성벽과 건물을 허물면서 들어선 동서 방향 4개 도로와 남북 방향 5개 도로 때문에 객사와 동헌을 중심으로 형성됐던 독특한 공간 구조는 사라졌다.

객사는 동래읍성 제일 안쪽 중심 공간에 위치해 다른 관아를 내려다볼 수 있는 곳에 위치했었다. '디지털 스토어 LG전자' 란 커다란 간판이 있는 동래시장 상가건물의 절반가량이 객사였다. 객사는 왕을 상징하는 전패(殿牌)를 안치하는 장소로 중앙권력을 상징했다. 때문에 다른 건물에 비해 높은 곳에 위치했다. 동래시장으로 오르는 낮은 언덕이 그걸 증명한다. 객사에 딸린 정원루는 임진왜란 때 불타, 이후 그 자리엔 송공단이 들어섰다. 그나마 동래읍성 안엔 고급 무관들의 집무실이었던 장관청이 남아 있다는 게 위안이라면 위안. 동래기영회가 관리하고 있는 중이다.

금강공원에서 만났던 망미루는 원래 수안치안센터 맞은편에 있었다. 수안치안센터가 들어선 자리는 서문에서 망미루로 이어진 옛길 한가운데다. 망미루는 서문과 함께 서쪽을 향하고 있었는데, 그 길은 온천동, 부곡동으로 이어지면서 한양으로 가는 영남로와 연결되는 주요 간선로였다. 한양에서 취임한 부사가 동헌으로 오는 가장 빠른 길이었다. 따져보면 읍성의 옛길과 문루는 치밀하게 계산됐었다. 남문은 광제교를 거쳐 양정-부산진성과 연결됐고, 동문은 이섭교를 지나 좌수영성과 연결돼 있었다.

임진왜란 순절 열사들의 위패를 모신 '농주산전망제단(弄珠山戰亡祭壇)' 을 헐어 그 자리에 동래경찰서를 짓고, 객사를 헐어 동래공설시장으로 만든 것에서 철저하게 동래읍성의 흔적을 파괴하려는 일제의 의도를 본다. 그 와중에 잊지 말아야 할 공간이 있다. 복천박물관 내에 있는 '영보단(永報壇)' 이다. 중앙정부에서 1909년 주민들의 호적대장을 거두려 하자 이에 반대한 동래주민들이 호적대장을 불태우고 그 남은 재를 묻은 자리에 세운 비석이다. 해마다 음력 4월 23일이면 이 자리에 모여 제사를 지낸다. 그렇게 조선시대 동래는 현재와 끈을 이어가고 있다. 동래구청은 동래읍성 사적 지정을 추진하고 있다.

영보단

09 부산의 근대를 걷다

7천t급 관부연락선 '곤고마루(金剛丸)'에서 우르르 사람들이 내렸다. 일본 시모노세키를 출발한 지 불과 7시간 만이었다. 간혹 조선 사람들도 보였지만 기모노 차림에 양산까지 들고 한껏 멋을 부린 일본 여성을 비롯해 일본인이 훨씬 많았다. 제1잔교에 내린 사람들과 함께 상옥(上屋)을 따라가자 바로 부산역이었다. 제1잔교가 개통되면서 부두와 철로가 바로 연결됐는데, 일본서 바로 중국 봉천까지 이어지는 셈이었다.

부산역을 빠져나온 K씨는 이곳이 1939년 부산인지, 아니면 서양의 어느 거리인지 헷갈렸다. 서양풍의 르네상스식 건물들이 즐비했기 때문이다.

부산역은 원래 바다였던 곳을 메운 곳이라 땅 속 깊이까지 말뚝을 박았다고 했다. 붉은 벽돌벽에 화강암으로 세 겹의 테두리를 둘렀고, 옥상에는 시계탑과 창문을 내단 각탑이 있었다. 시간에 맞춰 운행되던 기차의 등장은 근대적 시간 관념을 조선 사람들에게도 점차 주입시켰고, 그 상징이 부산역 시계탑이었다.

부산역을 나오자 부산을 대표하는 건물들이 한눈에 보였다. ㄱ자형의 건물

부산역

부산우편국

미나카이 백화점

로 8각 4층의 탑이 인상적인 부산세관, 흰색과 빨간색의 두드러진 대비와 함께 9각형의 드럼 위에 올린 돔이 멋진 부산우편국. 유럽의 왕궁도 이처럼 화려할까 싶었다.

부산우편국에서 장수통 쪽으로 방향을 잡았다. 골목길 높은 석축 위에 있는 건물에서 잘 차려 입은 일본 아이들이 몰려나왔다. 부산공립유치원이다. 일본의 부잣집 자제들은 복도 많지 싶었다.

몇 걸음 더 떼자 초량왜관 시절 왜인들의 수장이 머물던 관수가 자리가 보인다. 부산부청으로도 사용됐던 건물이었는데, 바로 옆엔 부산경찰서도 있었다고 했다. 1920년 박재혁 의사의 폭탄의거가 있었던, 바로 그 현장이다.

부산 통치의 핵심기구인 부산부청은 장수통 맞은편 바닷가로 몇 년 전에 옮겼다. 한데, 부산부청보다 더 눈에 띄는 건 바로 옆 5층으로 된 미나카이(三中井) 백화점. 엘리베이터가 2대나 설치돼 있다는 건물이다. 오피스 빌딩의 전형인 토성정 남선전기 사옥에 엘리베이터가 생겨 사람들에게 화제가 됐던 게 불과 몇 년 전이다. 네모난 통 속에 들어가 버튼만 누르면 휙하고 올라갔나 내려오는 엘리베이터는 신기했다. 백화점 안에는 일본서 건너온 신식 공산품들이 즐비했다. 월급쟁이 한 달 월급에 맞먹는 백색구두를 신고 다니는 모던보이와 높은 뾰족구두를 신고 다니던 모던걸은 여유롭게 백화점을 활보하고 있었다.

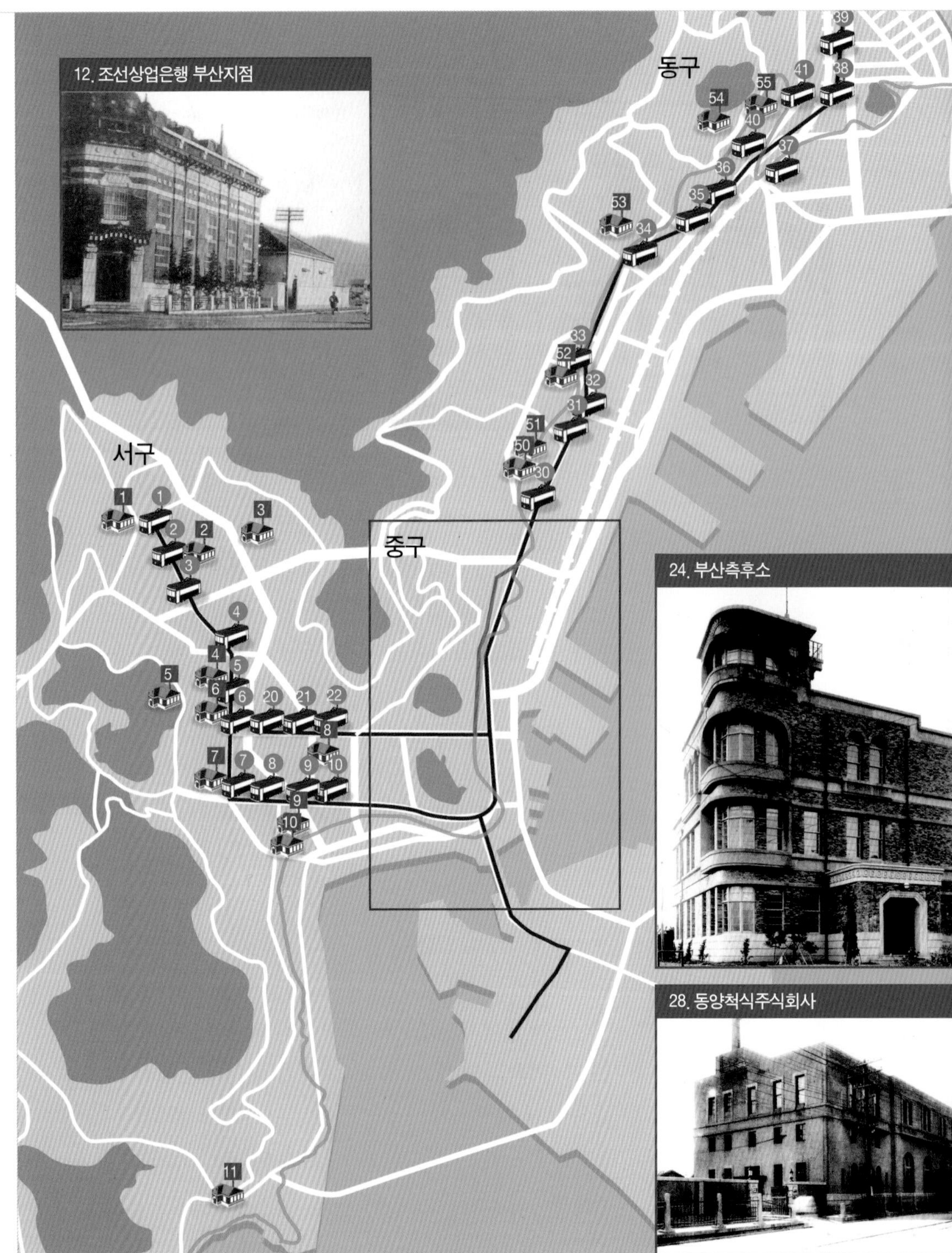
12. 조선상업은행 부산지점
24. 부산측후소
28. 동양척식주식회사
동구
서구
중구
1
2
3
4
5
6
7
8
9
10
11
20
21
22
30
31
32
33
34
35
36
37
38
39
40
41
50
51
52
53
54
55

■ 건물 · 거리
● 전차 정차장
▬ 전차 노선
▬ 1876년 개항 전 해안 경계선

■ 일제강점기, 부산의 근대 건물과 거리
(괄호 안은 현재 위치)

1. 부산제1공립상업학교
(경남상고 · 현 부경고)
2. 부산형무소(동대신동 삼익아파트)
3. 부산수비대(서여고)
4. 경남도청
(동아대 부민캠퍼스 내 박물관)
5. 경남도지사 관사
(서구 부민동 임시수도기념관)
6. 부산지방법원(동아대 부민캠퍼스)
7. 부산부립병원(부산대학교 병원)
8. 부평정공설시장(부평동 부평맨션)
9. 남선전기(토성동 한국전력공사
부산전력관리처)
10. 대정공원(서구청)
11. 송도해수욕장
12. 조선상업은행 부산지점(신한은행
영주동지점, 옛 조흥은행 영주동지점)
13. 봉래소학교, 부산제2공립상업학교
(봉래초등학교, 부산상고 · 현 개성고)
14. 봉래권번(영주동 525번지)
15. 영도다리 건설 희생자 위령탑(동광동
옛 영선고개길 힐사이트 호텔 뒤)
16. 옛 영선고개(동광동 인쇄골목
~영주시장)
17. 관해루(동광동 부원아파트 뒤)
18. 부산경찰서(중부경찰서)
19. 조선키네마주식회사
(중구청 밑 한성각 중국집)
20. 부산공회당(중앙동 외환은행
부산지점)
21. 부산역(중앙동 교보생명보험)
22. 부산세관
23. 제1잔교(국제여객부두)
24. 부산측후소
(부산지방기상청 대청동관측소)
25. 부산공립제1심상소학교
(광일초등학교)
26. 성공회 주교좌 성당(대청동)
27. 부산헌병대(부산근대역사관 맞은편
인디안상설매장)
28. 동양척식주식회사 부산지점
(부산근대역사관)
29. 조선은행 부산지점(한국은행
부산지점)
30. 용두산공원
31. 부산공립유치원(용두산공원 동편
자락 음식점 공원집 옆)
32. 백산상회(동광동 백산기념관)

4. 경남도청(1925년)

13. 봉래소학교(1924년)

22. 부산세관

43. 1930년대 장수통거리

33. 한성은행 부산지점(백산기념관 옆 신우지업사)
34. 조선식산은행(한국산업은행 부산지점)
35. 부산우편국(현 부산우체국 뒤 블록)
36. 부산저금관리소(광복동 새부산타운)
37. 태평관(광복동 주민센터 옆)
38. 보래관(국민은행 광복동점)
39. 송정좌(광복동 시티스폿앞)
40. 부산극장(중구 남포동)
41. 행관(광복동 향촌다방)
42. 부산도서관(옛 부산부청, 광복동 입구 부촌식당 · 아로마모텔)
43. 장수통(광복로)
44. 상생관(광복동 입구 한국투자증권 부산지점)
45. 미나카이백화점(롯데백화점 광복점, 옛 부산시청 별관)
46. 부산부청(롯데호텔 신축현장)
47. 중앙어시장(부산롯데타운 뒤)
48. 자갈치건어물시장
49. 영도다리
50. 봉래각(옛 백제병원 · 초량동 467번지)
51. 남선창고(초량동 393-1번지)
52. 철도병원(초량 한국화장품 부산지사 옆)
53. 철도청 관사(정란각 · 수정1동 1010번지)
54. 부산진일신여학교
55. 정공단

■ 1939년 부산 전차 정차장

1. 종점
2. 구덕
3. 대신정
4. 중도정
5. 도청 앞
6. 재판소 앞
7. 부립병원 앞
8. 토성정
9. 부성교
10. 서정
11. 영정
12. 사안교
13. 변천정2
14. 변천정1
15. 남빈입구
16. 부청전
17. 본정
18. 대교통2
19. 대교통1
20. 보수정3
21. 보수정2
22. 보수정1
23. 대청정2
24. 조선은행 앞
25. 우편국 앞
26. 부산역 앞
27. 경찰서 앞
28. 영정2정목
29. 영주정
30. 초량입구
31. 초량교
32. 초량역 앞
33. 철도관사 앞
34. 고관입구
35. 수정정
36. 부산진역
37. 부산진입구
38. 자성대
39. 부산진
40. 좌천정
41. 범일정

영도다리

전쟁이 일상화되면서 조미료 아지노모도와 캐러멜 모리나가 광고에도 탱크와 군인이 등장할 정도로 상황이 긴박하게 돌아가고 있음을 감안하면 백화점 안은 딴 세상 같았다.

부산부청 옆에는 상판을 들었다 내리는 영도다리가 있었다. 거의 직각에 가까운 80도 정도까지 상판을 들어올렸다. 때마침 범선이 예인선에 의해 끌려가고 있었다. 다리를 드는 15분에 불과한 짧은 시간 동안 배를 통과시키기 위한 방편이라 했다.

영도다리를 실컷 구경하고 난 뒤 장수통으로 발걸음을 옮겼다. 시선을 사로잡는 건물, 부산저금관리소다. 부산상품진열관으로 지은 건물인데, 2층에 닿을 정도로 높은 아치형 입구하며 양쪽에 세워진 3층 높이의 뾰족한 원뿔형 지붕이 멀리서도 이국적인 정취를 뿜어내기에 충분했다. 층마다 외관이 달랐는데, 1층은 화강석으로 여러 개의 폭선을 돌렸고, 2층은 단순한 벽면에 미닫이창을 냈고, 3층에는 아케이드 형식의 연속창을 내 중앙에 석조 난간을 붙였다.

온갖 상점이 몰린 장수통은 일본인들 천지였다. 우리나라 첫 공설시장인 부평정공설시장도 마찬가지였다. 조선인이 운영하는 가게는 이발소와 여관, 이렇게 달랑 둘뿐이었다. 나머지 가게는 죄다 일본 상인들이 운영했더랬다. 1939년 현재 조선에 사는 일본인은 총인구의 2.9%에 불과했지만, 부산에는 총인구 22만 2천690명 가운데 5만 1천802명이 일본인이라 했다. 넷 중 한 명은 일본인이었던 거다.

대청정 쪽으로 길을 잡았는데, 처음 만난 건물이 동양척식주식회사 부산지점이다. 바로 옆 조선은행 한국지점과 함께 대표적인 식민지 경제침탈의 근거지였다. 민간인들에게도 악명이 자자했던 부산헌병대는 동척 바로 맞은편에 있었다. 동대신동에 있던 부산형무소와 함께 조선인들에겐 악몽으로 기억되는 공간이다. 부산형무소는 일본군 수비대의 연병장으로 사용되던 곳이기도 했다.

동척 부산지점 옆길로 해서 용두산공원에 올랐다. 조선에서 가장 높은 일장기 게양대가 있던 곳이라고 했다. '도리'(ㅠ자 형태의 문)를 지나 계단을 밟고 올라서자 용두산 신사가 나타났다. 손 모아 두 번 절하고 손뼉을 치는 일본인들이 제법 보였다. 용두산공원뿐만 아니라 일본 3대 명승지인 마츠시마(松島)를 빼닮은 풍광으로 만든 송도해수욕장이나, 천황의 연호를 딴 대정공원 같은 위락시설도 철저히 일본식으로 계산된 공간이었다. 대정공원에선 연례행사로 전국자전거대회가 열렸다. 일제는 한때 대정공원에 병영을 지어 군사훈련을 하고 군마를 기르기도 했다.

용두산공원과 신사

용두산에서 내려와 영선고개 쪽으로 방향을 잡았다. 붓을 살 일이 있어 청관거리로 갈 작정인데, 영선고개가 지름길이었다(영주동 부산터널 입구 삼거리~코모도 호텔 앞~메리놀병원 앞~가톨릭센터 앞~국제시장 입구 사거리를 흔히 영선고개라고 부르는데, 원래 이 고개는 유엔고개로 불렸다. 6·25전쟁 때 부산에 상륙한 유엔군이 부산에서 처음으로 아스팔트 길을 낸 '부산 아스팔트 도로 제1호'였다. 원래 영선고개는 영주동시장 남쪽 입구~부원아파트 뒤~논치시장~대청로로 이어지는 길을 말한다. 영선고개 착평공사(1909~1912년)로 헐려 없어진 영선산을 가로지르고 있었기 때문에 그 산 이름을 따서 붙인 고개 이름이다).

초량왜관 시절 참수형은 영선고개 숲에서 시행했기 때문에 혼자서는 대낮에도 고개를 넘기엔 소름끼쳤다고 했다. 영주정에 거의 다 내려왔을 무렵, 영도다리건설 희생자 위령탑이 보였다. 다리 공사를 하다 숨진 넋들을 위해 잠시 고개를 숙여 조의를 표했다.

영선고개에서 내려 부산지역 근대학교의 출발이었던 봉래소학교와 조선인이 경영하는 가장 오래된 민간보통은행인 조선상업은행 부산지점을 지나면 청관거리로 이어진다. 청관거리는 온통 붉은색의 홍등이 내걸린 이색적인 거리였다. 괜찮은 먹이며 벼루 같은 문방구류는 청관거리에서 대부분 구해다 썼다.

청관거리에 빼놓을 수 없는 볼거리가 봉래각이다. 5층 벽돌건물인데, 부산에 이만큼 높은 건물이 없었기에 구경하러 온 인파도 만만찮다고 했다. 지금이야 기생과 한량들로 북적거리는 중화요리집으로 변했지만, 한때 이곳은 부산서도 이름난 종합병원인 백제병원이 성황리에 영업 중이었다. 독일, 일본 의료진까지 초빙하고 병상 수도 40개가 넘었는데, 원장이었던 최용해가 행려병자의 사체로 해골표본을 만들어 보관하다 항간의 비난을 못 견뎌 야반도주했다는 풍문도 나돌았다. 영주정에 있던 기생조합인 봉래권번의 기생들도 봉래각 단골이었다. 말이 나왔으니 봉래권번이 요즘 들어 잘나간다고 했다. 현재 조합원 수가 70명을 웃돈다고 했다. 친절(?)하게도 부산관광협회에서 펴낸 부산안내 책자에는 기생들의 화대가 일목요연하게 나와 있었다.

봉래각 바로 옆에는 명태가 산처럼 쌓여 있었다. 명태고방으로 불리던 남선창고다. 1천 평이나 되는 떡논에 붉은 벽돌로 벽을 둘러 만든 부산 최초의 창고였다. 초량객주 사람들이 원산에서 온 명태며 수산물을 부려 삼남지방 일대에까지 공급하던 물류창고였다.

문득 시계를 보니 오후 5시가 넘었다. 경남도청 앞에서 친구와 만나기로 한 시간이 얼마 남지 않았다. 부랴부랴 초량입구에서 전차에 올라탔다. 처음 전차가 다닐 때만 해도 '번갯불 잡아먹고 그 힘으로 달리는 괴물' 이라고 놀라워했지만, 시간이 흐르면서 신비함은 많이 사라졌다. 부산도 근대의 세례를 시나브로 맞고 있는 중이었다.

10 부산의 '최초'

부산의 '처음'을 찾았다. '처음'을 찾다 보면 초심을 발견할 수 있을 테고, 그 초심을 토대로 부산 문화의 방향을 새롭게 설정할 수 있을 것 같았다. 그러나 우려처럼 '처음'은 그다지 견고하지 않았다. 부서지고 무너지고 함몰됐다. 한 줄의 기록도, 한 올의 기억을 찾는 일도 쉽지 않았다. 부산은 그렇게 망각의 도시로 전락하고 있었다.

하지만 더 두고 볼 수는 없는 일이다. 깨어진 기와 조각에서 역사의 실마리를 찾듯 이제라도 기록의 파편들을 하나씩, 또 하나씩 모아야 한다. 허물어진 건물에 기억의 명패를 달고, 그렇게 부산이라는, 거대한 도시 박물관을 다시 세워볼 일이다. 다음은 그 파편들이다.

전차

국립부산국악원

■ 건축/문화재

1. **한국 최초의 수직 도개식(들어 올리는) 다리**=영도다리(1934년 11월 23일). 다리 길이는 214.63m, 폭은 18m다. 1966년 9월 1일 도개 활동을 중단했다.
2. **1km 이상의 장교 중 한국 최초**=낙동장교(1933년 · 1.06km). 속칭 구포다리.
3. **부산 최초의 현수교**=광안대교(2003년). 1994년 12월 착공해 2003년 1월 완전 개통됐다. 평면도로를 제외하면 총 길이는 6천298m. 국내 첫 2층 해상 교량이기도 하다.

1996년 신설된 구포대교와 함께 사용되고 있는 구포장교(오른쪽). 2003년 태풍 매미 때 상판이 무너진 뒤 2008년 완전 철거됐다. 지금은 흔적만 약간 남아 있다.

4. **부산 최초의 서양식 건축물**=(부산)관리관청(1879년). 목조 서양식 건축물이었다. 부산 첫 벽돌 건물은 1904년 건축된 3층짜리 '상품진열관'. 지금은 다 사라진 옛 부산세관, 옛 부산역, 옛 부산우편국은 1910년에 건립됐다. 부산 최초의 근대식 창고는 남선창고(1900년).
5. **부산 최초의 근대식 수원지**=구덕수원지(1902년). 서구 동대신동에 설치됐다. 상수도 시설과 정수장 시설을 갖춘 근대 수원지였다. 성지곡수원지는 1909년 준공됐다.
6. **부산 첫 엘리베이터 설치 건축물**=옛 남선전기 사옥(1932년 · 현 한국전력 부산전력관리처).

옛 남선전기 사옥

7. **부산 첫 지정 국보**=개국원종공신녹권(1962년 지정). 동아대박물관 소장.
8. **부산 첫 지정 보물**=범어사 삼층석탑(1963년 지정).

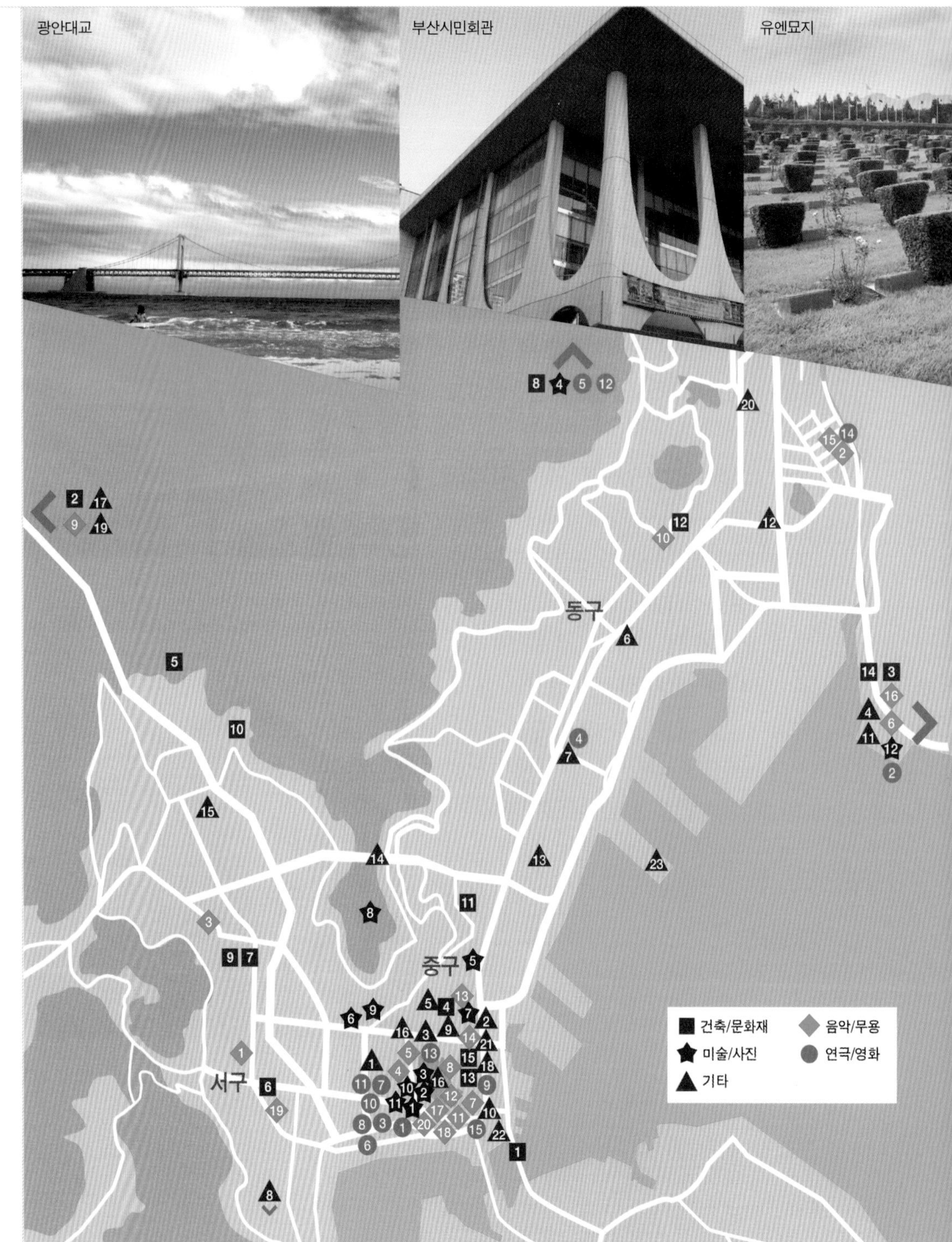
광안대교
부산시민회관
유엔묘지
동구
중구
서구
건축/문화재
미술/사진
기타
음악/무용
연극/영화

9. **부산 첫 등록문화재**=부산임시수도 정부청사(2002년 등록). 이 밖에 송정역(해운대구), 복병산배수지(대청동), 옛 경남상고 본관(서대신동) 등의 등록문화재가 있다.

10. **부산 첫 박물관**=동아대박물관(1959년). 서구 동대신동 구덕캠퍼스 중앙도서관 3층에 개관했다. 부산시립박물관은 1978년 문을 열었다.

옛 동아대박물관

11. **부산 첫 한국인 학교**=사립부산개성학교(현 개성고 · 1895년). 중구 영주동 봉래초등학교 자리에 있었다.

12. **부산 첫 한국인 설립 여학교**=부산진일신여학교(현 동래여고 · 1895년). 동구 좌천동 부산진교회 앞에 있었다. 이후 동래로 옮겼다가 부곡동으로 이사했다.

옛 자유아동극장

13. **부산 첫 도서관**=독서구락부도서실(1901년). 홍도회 부산지부가 1901년 동광동에 설치했다. 이후 1912년 공공도서관인 부산부립도서관이 됐고 해방 직후인 1949년 8월 부산시립도서관으로 이름이 바뀌었다. 1963년 8월 5일 동광동에서 부산진구 부전동으로 이사했고 다시 1982년 8월 초읍동으로 신축 이관했다. 지금의 부산시립시민도서관(초읍동).

14. **부산 첫 대학**=1941년 3월 28일 개교한 부산고등수산학교(4년제). 1946년 9월 1일 국립수산대학이 됐고 지금은 부산

옛 부산진 일신여학교

공업대와 통합해 부경대로 불린다. 부산공업대는 이보다 빠른 1924년에 설립됐으나 당시엔 2년제 고교 과정인 부산공립공업보습학교였다. 부산대는 1946년 5월 15일, 동아대는 같은 해 11월 1일 개교했다. 동아대는 부산 첫 사립대다.

15. **부산 최초의 유치원**=부산공립유치원(1937년). 그러나 이는 일본인 자녀를 위한 시설로만 활용됐다. 당시 중구 동광동 2가에 위치했으나 지금은 공터로 남아 있다.

◆ 음악/무용

1. **한국 최초의 청소년 문화예술교육 전문극장**=자유아동극장(1953년). 설립자 한형석은 같은 해 부산 최초의 야학 교실인 '색동야학원'을 세웠고, 앞서 1950년 부산 최초의 국공립 전문극장인 '문화극장'(1950년)의 초대 극장장을 맡았다. 자유아동극장은 부산 서구 해돋이길 350 아미산복도로의 한국전력 부민변전소 뒤편에 위치했으나 지금은 당시 흔적을 더듬을 푯말도 없이 썰렁하다. 문화극장은 부산 중구 국민은행 광복동지점 자리다.
2. **조명시설이 된 1천 석 이상의 부산 첫 실내 공연장**=부산시민회관(1973년). 부산가톨릭센터(1982년)와 경성대 콘서트홀(1983년), 부산문화회관(1988년)은 그 이후에 문을 열었다.
3. **부산 첫 창작 오페라 공연**=1948년 12월 27일 남조선여자중학교(옛 남성여중) 대강당에서 이주홍 원작, 최술문 작곡의 오페라 '호반의 집'(전4막)이 무대에 올려졌다.
4. **부산 최초의 근대식 음악전문학교**=부산음악학원. 1948년 3월 5일자 부산일보에 개원 광고가 나온다. 부산음악학원은 당시 성악, 바이올린, 피아노 등 3개 학과 30명을 모집했다. 신창동 1가 34에 가교사를 사용하다 같은 해 7월 부평동으로 옮겼다.
5. **부산 최초의 음악전문 출판사**=1951년 작곡가 금수현이 세운 '새로이출판사'.

6. **국내 최초 남북 간 저작권 계약에 의한 공연**=윤이상 칸타타 '나의 땅, 나의 민족이여'(2007년)가 부산문화회관 대극장에서 공연됐다. 전문예술단체 한울림합창단이 총괄기획했고 부산시가 주최했다.

7. **부산 최초의 한국인 성악 독창회**=1941년 5월 부산좌(부산극장)에서 금수현 귀국 독창회가 열렸다. 앞서 1927년 10월 25일 일본 테너 후지와라가 부산고등여학교 강당에서 독창회를 가졌다.

윤이상칸타타

8. **부산 첫 관현악단=부산관현악단**(1관 편성·1947년 4월). 지휘자 김학성이 창단해 동광초등학교 강당에서 창단 공연을 치렀다. 부산시립교향악단은 1962년 11월 1일 창단했다.

9. **부산 첫 노래비=금수현의 노래비**(1992년). 1992년 2월 21일 그의 고향인 강서구 대저1동 전금마을에 자작곡 '그네'를 주제로 세워졌다.

금수현 노래비

10. **전국 최초의 음악 콩쿠르**=금수현이 주도한 부산음악교육연구회의 '전국학생음악경연대회'(1948년). 경남여고 강당에서 열렸다.

11. **부산 최초의 공립 관현악단**=부산시립교향악단(1962년). 제일극장에서 창단 공연을 가졌다. 초대 지휘자는 오대균.

12. **부산 최초의 한국인 기악 독주회**=1942년 김학성의 바이올린 독주회.

13. **부산 최초의 공공 공연장**=1928년 4월 10일 개관한 부산공회당.

14. **국내 첫 국립국악원**=1951년 4월 10일 동광동 1가 옛 부산시립도서관 목조건

물 2층에 국립국악원이 설립됐다. 지난해 부산진구 연지동에 설립된 국립부산국악원은 부산 첫 국악전용관이다.

15. **부산 최초의 가야금 독주회**=부산대 국악학과 김남순 교수가 1983년 6월 11일 부산시민회관 소극장에서 가야금 독주회를 가졌다.
16. **부산 최초의 국악작곡발표회**=부산대 국악학과 황의종 교수가 1984년 경성대 콘서트홀에서 자작곡 발표회를 열었다.
17. **부산 첫 국악관현악단**=1974년 부산국악관현악단이 설립돼 첫 공연을 중구 남포동 왕자극장에서 가졌다. 하지만 3년 뒤 중단됐다가 1979년 재창단됐다. 이를 모체로 1984년 5월 부산시립국악관현악단이 만들어졌다.
18. **부산 최초의 근대 민속무용 발표회**=1951년 '제1회 민속무용연구소 무용발표회' 가 부산극장에서 열렸다.
19. **부산 최초의 국악 교육장**=고 김동민(1910~1999년 · 전 부산시 문화재위원)은 1950년 부산 서구 토성동 자택에 '민속예술학원' 을 개설했다. 이는 권번(기생 교육원) 이외의 첫 국악 교육장이었다.
20. **부산 첫 발레 발표회**=부산 첫 발레리나인 김혜성(1920~1988년)이 1947년 경남애국부인회 주최의 자선공연 '장미와 처녀' 를 부산극장에서 가졌다. 이날 타이즈를 입고 나온 그를 보고 객석에서는 욕설을 퍼부었다.

★ 미술/사진

1. **부산 첫 전문화랑 공모전**=부산양화전람회(1928년). 1928년 5월 16일 부산 거주의 일본인 화가 3명이 심사한 이 전람회 공모전은 옛 일본어판 부산일보사 3층 전시실에서 열렸다고 〈일본어판 부산일보〉가 전한다.
2. **부산 첫 미술 강습회**=양화강습회(1936년). 1936년 7월 유화와 수채화를 중심에 둔 '양화강습회' 가 부산일보 3층 전시실에서 열렸다. 화가 전혁림도 이 강습회를 수료했다고 전한다.
3. **부산 최초의 개인전**=임응구의 개인전(1934년). 일본어판 부산일보사 3층 전시

실에서 1934년 부산 첫 서양화가인 임응구의 개인전이 열렸다. 임응구는 사진작가 임응식의 형인데, 이후 일본으로 귀화했다.

4. **해방 이후 부산 미술인에 의한 부산 최초의 서양미술 개인전**=김종식 유화 개인전(1946년).
5. **부산 첫 다방 전시장**=백양. 1948년 결성된 경남교육미술연구회의 산실이기도 했다.
6. **부산 최초의 미술동인회 '토벽'의 창립전이 열린 곳**=루네쌍스다방(1953년). 이중섭이 은박지 그림을 그린 곳은 다방 '망향'이었다.
7. **부산 첫 미술관**=박물관과 미술관진흥법에 의한 부산 최초의 등록 미술관은 1996년 2월 한국화가인 한광덕이 개설한 '한광미술관'. 1973년 김재범이 용두산공원에 부산타워미술관을 세웠지만 사실은 미술관이 아닌 화랑이었다. 참고로 현재 부산시에 등록된 미술관은 부산시립미술관(1998년), 경성대미술관(2000년), 킴스아트필드미술관(2009년) 등 4개다.

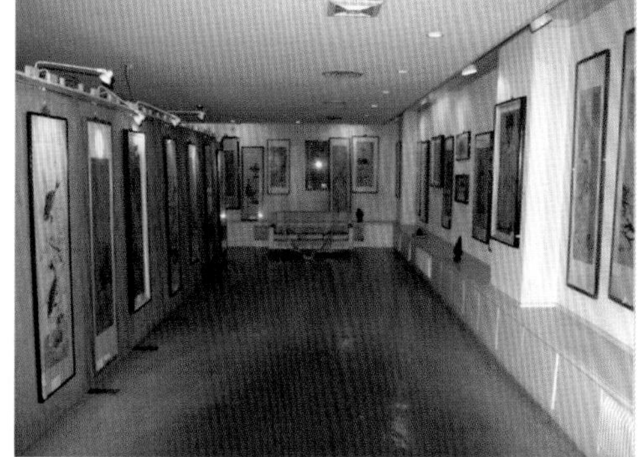
한광미술관

8. **부산 첫 조각공원**=중앙공원조각공원(1984년). 당시 공간회라는 단체가 조각전을 열고 이곳에 미술품을 설치했다. 이 밖에 올림픽동산(1988년), 유엔조각공원(2001년), 아시아드조각광장(2002년)이 조성되면서 모두 8곳에 이르고 있다. 참고로 부산비엔날레는 2002년부터 시작됐다.
9. **부산 최초의 사신관**=노히(土肥)사진관(1917년)으로 추정.
10. **한국 최초의 사진 촬영대회**=1947년 5월 3일 용두산공원에서 열렸다. 130여 명이 참석했고 그날 곧바로 '부산예술사진연구회'가 결성됐다.
11. **부산 최초의 사진 개인전**=1957년 김재문이 54점을 선보인 미화당백화점 전

시실.

12. **부산 최초의 사진 갤러리**=포토갤러리051(1999년 · 해운대 달맞이길). 일본 유학파인 김홍희와 사진기자 문진우가 운영하다 2002년 폐관했다.

● **연극/영화**

1. **부산 최초의 극장**=행좌(1903년(?)).
2. **부산 첫 뮤지컬 전용극장**=MBC롯데아트홀(2009년).
3. **부산 최초의 네이밍극장**=BS부산은행조은극장(2009년).
4. **해방 후 부산 최초의 소극장**=대생좌(1946년).
5. **해방 후 부산 첫 연극**=넋(1946년). 동래중 연극부가 동래극장에서 공연했다.
6. **부산 첫 영화(활동사진) 상설관**=욱관(1914년).
7. **부산 최초의 연속활극 상영관**=보래관(1938년).
8. **조선 최초의 현대식 철근 콘크리트 극장**=소화관(1931년). 조선 첫 토키(유성)영화인 〈춘향전〉이 부산에서 처음 상영된 곳도 이곳이다. 광복과 함께 조선극장으로 바뀌고 1949년 동아극장이 됐다. 1968년 폐관.
9. **조선 최초의 영화제작소**=조선키네마(1924년). 부산 최초의 영화인 〈해의 비곡(海의 悲曲)〉이 이곳에서 제작됐다.

부산극장

부일영화상

10. **조선 최초의 토키영화 상영관**=1929년의 행관. 한국 최초의 토키영화 〈춘향전〉이 제작된 것은 6년 뒤다.
11. **부산 최초의 영화 촬영**=해 뜨는 나라(1916년).
12. **해방 후 민족자본으로 지어진 최초의 영화관**=북성극장(1947년).
13. **부산 첫 영화상**=부산일보 주최의 '부일영화상' (1958년).
14. **부산 첫 국제영화제**=1976년 부산 개항 100주년 기념으로 부산시민회관에서 제22회 아시아영화제가 열렸다.
15. **부산 최초의 복합극장**=부산극장(1993년 · 3관). 지금은 씨너스 부산극장이 됐다.

▲ 기타

1. **해방 후 부산 첫 언론**=중보(衆報 · 1945년). 이는 이후 민주중보, 민주신보로 이름을 바꾸다 5 · 16 쿠데타 이후 폐간됐다.
2. **한국 최초의 민영 상업방송**=부산문화방송(1959년).
3. **부산 최초의 언론**= 일본어 신문 〈조선신보〉 (1881년). 일본 상인단체인 상법회의소가 발간했다. 이후 1907년 10월 1일 또 다른 일본어 신문 〈부산일보〉가 일본인 아쿠타가와 다다시의 개인 소유로 창간됐다. 〈일본어판 부산일보〉는 1941년 6월 〈남선신보〉와 〈남선일보〉를 통합해 경남 유일의 신문이 됐다가 광복과 함께 폐간됐다.
4. **세계 첫 유엔묘지**=유엔기념공원(1951년).
5. **부산 첫 상수도**=보수천 상류~광복로의 대나무통 상수도관(1880년). 당시 배수지는 중구청 뒤편에 있었다.
6. **부산 첫 전차**=1909년 12월 2일 경편궤도주식회사는 부산진~동래 남문을 증기기관차로 운행했다. 1915년 11월 1일에는 부산~온천장 전차가 운행됐다.
7. **부산 첫 철도 개통**=초량~구포 구간의 16.62km 철도(1901년).
8. **부산 첫 케이블카**=송도해수욕장 해상 케이블카(1964년)로 2002년 철거됐다. 금강공원은 1967년.

9. **부산 첫 화력발전소**=부산전등의 용미산발전소(1902년). 감천화력발전소는 1964년 완공.

10. **부산 첫 지하도**=남포동 지하도(1969년 10월 3일). 서면 지하도는 같은 해 11월 1일 개통됐다.

11. **부산 첫 유료도로**=해운대 동백섬 순환유료도로(1969년).

12. **부산 첫 입체 교차로**=동구 자성로 입체교차로(1969년).

13. **부산 첫 공설 분수대**=부산역 앞 분수대(1970년).

14. **부산 첫 터널**=영주터널(현 부산터널 · 1961년). 1945년 착공됐으나 중단됐다가 재시공을 거쳐 1961년 9월 15일 준공됐다. 길이 640m, 너비 8.5m. 대티터널(1970년), 만덕터널(1973년), 구덕터널(1982년) 순.

15. **부산 첫 실내체육관**=구덕실내체육관(1971년).

16. **부산 첫 시민공원**=용두산공원(1916년). 지정은 1944년 조선총독부에 의해 대신공원과 함께 이뤄졌다. 금강공원(1965년), 성지곡수원지유원지(1971년) 순.

17. **국내 첫 지방은행**=구포은행(1912년).

18. **부산 첫 병원**=관립재생병원(1876년 · 부산시립의료원의 전신). 1876년 11월 13일 관립 재생의원이 중구 동광동 2가에 문을 열었다. 이후 부산공립병원, 부

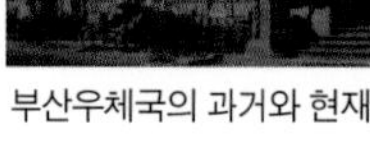

부산우체국의 과거와 현재

산부립병원으로 이름이 바뀌다가 1947년 부산시립병원(현재 부산시립의료원)이 됐다. 부산 첫 공설병원은 1904년 동구 초량동에 세워진 철도병원이다.

19. **부산 첫 고가도로**=구포고가도로(1973년 12월 1일 개통).

20. **부산 첫 지하철 노선**=지하철 1호선(1985년 7월 19일 개통 · 16.2㎞).

21. **부산 첫 우체국**=일본제국우편국사무소(1876년)로 중구 동광동 2가에 창설됐다.

22. **부산 최초의 백화점**=미나카이(三中井) 백화점(1937년). 당시 부산에서 가장 높은 건물이었고 엘리베이터도 운행했다. 이후 부산상공회의소, 부산시청 별관 등으로 활용됐다.

23. **베트남 첫 파병 및 철수군 입국지**=첫 파병은 1965년 11월 16일, 첫 귀국은 1971년 12월 9일 부산항 제3부두를 통해 이뤄졌다.

월남파병

부산의 최초를 찾는 일은 쉽지 않았다. 부산시, 각 구 · 군청 자료를 다 뒤지고 다수의 열정적인 향토사학자의 감수도 받았다. 그러나 이들의 주장이 모두 일치하는 것은 아니었다. 후일 또 다른 작업을 통해 완성도를 높였으면 한다.

그리고 부산의 최초를 상징하는 지역과 위치, 건물 등을 완벽히 복원하지는 못하겠지만 그 위치에 명패나 표지석이라도 남겨 역사를 기억했으면 하는 소망도 가져본다. 도시 전체를 하나의 거대한 박물관으로 만드는 사업은 이처럼 작은 건물과 위치에 명패 하나를 붙이는 것으로 시작될 수 있나고 믿는다. 부산시, 각 구 · 군청, 민간단체의 공동 관심을 기대하고 싶다.

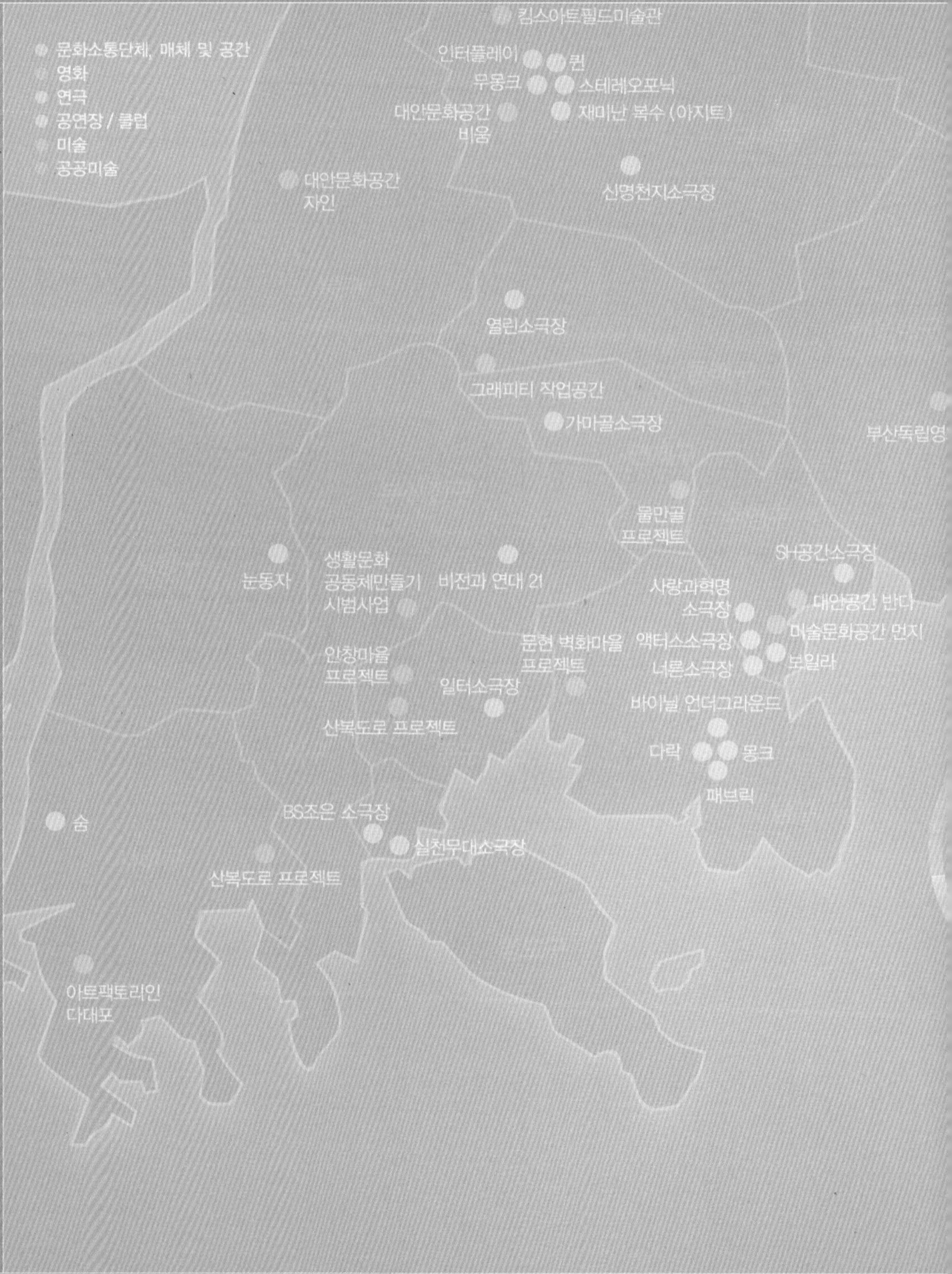

킴스아트필드미술관
문화소통단체, 매체 및 공간
영화
연극
공연장 / 클럽
미술
공공미술
인터플레이
퀸
무몽크
스테레오포닉
대안문화공간 비움
재미난 복수 (아지트)
대안문화공간 자인
신명천지소극장
열린소극장
그래피티 작업공간
가마골소극장
부산독립영
물만골 프로젝트
SH공간소극장
눈동자
생활문화 공동체만들기 시범사업
비전과 연대 21
사랑과혁명 소극장
대안공간 반디
미술문화공간 먼지
문현 벽화마을 프로젝트
액터스소극장
안창마을 프로젝트
너른소극장
보일라
일터소극장
바이닐 언더그라운드
산복도로 프로젝트
다락
몽크
패브릭
숨
BS조은 소극장
실천무대소극장
산복도로 프로젝트
아트팩토리인 다대포

PART 2

오픈스페이스 배

부산의 문화현상에 집중하다

11 시네마 천국, 부산

부산은 영화다. 부산 시민들이 살고, 보고, 걷고, 달리는 곳들이 한국 영화의 배경이 되고 있다. 2009년 12월 말 현재 한 해 동안 부산에서 촬영한 장편영화는 모두 30편. 2009년 대한민국 전체에서 찍은 장편 영화가 70편 안팎(영화진흥위원회의 공식적인 통계는 나오지 않은 상태에서 부산영상위원회의 추정치)임을 비춰볼 때, 부산 로케이션 영화는 한국 영화의 40% 이상을 차지한다.

올해 칸영화제에서 심사위원상을 받은 박찬욱 감독의 〈박쥐〉, 봉준호 감독의 〈마더〉, 1천만 관객을 끌어모은 대박 영화 〈해운대〉(윤제균 감독). 이들 영화는 대부분을 부산에서 촬영했다. 〈박쥐〉, 〈마더〉는 부산에서 후반작업까지 했고 〈해운대〉는 아예 영화의 제목과 소재를 부산에서 찾았다.

이처럼 부산이 영화 로케이션 도시로 성장한 이유는 무엇일까. 산과 바다가 어우러진 자연 환경, 근대와 현대가 공존하는 공간적인 특성, 항구라는 특수성 등 다양한 요소들이 떠오르지만, 딱히 정답이라고 하나를 선택하기는 쉽지 않다.

영화감독 박광수 부산영상위원회 운영위원장은 "부산은 다양한 요소를 지니고 있지만 일조량이 영화를 찍기에는 부족한 편이다. 그리고 산, 바다, 도심 같은 특정 장면을 찍으려고 보면 다른 것들이 함께 카메라에 잡혀 영화를 촬영하는 데 애로가 있다"고 말했다.

그렇다면 영화 찍기 불편한 부산은 어떻게 영화도시로 성장할 수 있었을까. 중심적인 역할을 한 것은 부산국제영화제(PIFF)와 부산영상위원회다. 2009년

제14회를 맞는 부산국제영화제는 해마다 질적, 양적 성장을 거듭해 한국 영화의 중심을 서울 충무로에서 부산으로 옮겨왔다. 부산국제영화제를 통해 한국 영화들이 세계적으로 퍼져나갔고, 전 세계 영화인들이 부산국제영화제를 통해 자신의 작품을 부산에서 아시아로 전파되길 기대하고 있다.

2009년 제14회 부산국제영화제는 사상 최대 규모로 성대하게 열렸다. 전체 예산은 100억 원으로 제1회 때에 비하면 4배에 가까웠다. 참가 국가 수와 작품 수도 사상 최다였고, 전 세계에서 처음으로 개봉하는 월드프리미어와 자국 외 처음 개봉하는 인터내셔널 프리미어를 합쳐 144편으로 역대 최다를 기록했다. 또 개막식은 사상 처음 공중파로 생중계됐다. 이런 PIFF의 위상은 2009년 연말에도 확인됐다. 김동호 집행위원장은 유네스코서울협회가 선정하는 '올해의 인물'로, 부산국제영화제는 한국이미지커뮤니케이션연구원의 '2010년 한국 이미지 디딤돌 상' 수상자로 각각 선정됐다.

2009년 출범 10주년을 맞는 부산영상위원회는 촬영 지원, 스튜디오 운영, 후반작업시설 개소 등으로 부산을 한국 영화 촬영의 메카로, 한국 영상산업의 중심지로 만들고 있다. 지난 1999년 부산영상위 출범 이후 2008년 말까지 부산에서 촬영된 장편 극영화만 228편에 달한다. TV프로그램과 광고(CF)까지 합치면 478편이 부산을 거쳐 갔다.

2008년 한국 영화의 심각한 제작 위축에도 불구하고 한국영상위원회협의회(KFCN) 조사 2008년도 한국 장편극영화제작편수 80여 편 중 28편이 부산에서 촬영됐다. 순수 상업영화(1억 원 미만 영화 제외) 유치는 45편 중 18편이 부산에서 촬영돼 약 40% 수준을 유지했다.

지난 10년간 부산에서 촬영된 장편 영화 228편의 촬영 장소를 구 단위로 나눠보면, 해수욕장과 도심의 모습을 두루 갖춘 해운대구가 촬영일수 198일, 촬영횟수 102건으로 가장 많았다. 그 뒤를 남구(촬영일수 19일, 촬영횟수 25건), 영도구(79일, 13건), 부산진구(51일, 14건), 금정구(27일, 7건), 중구(21일, 16건), 동래구, 동구, 수영구, 강서구 등이 따랐다.

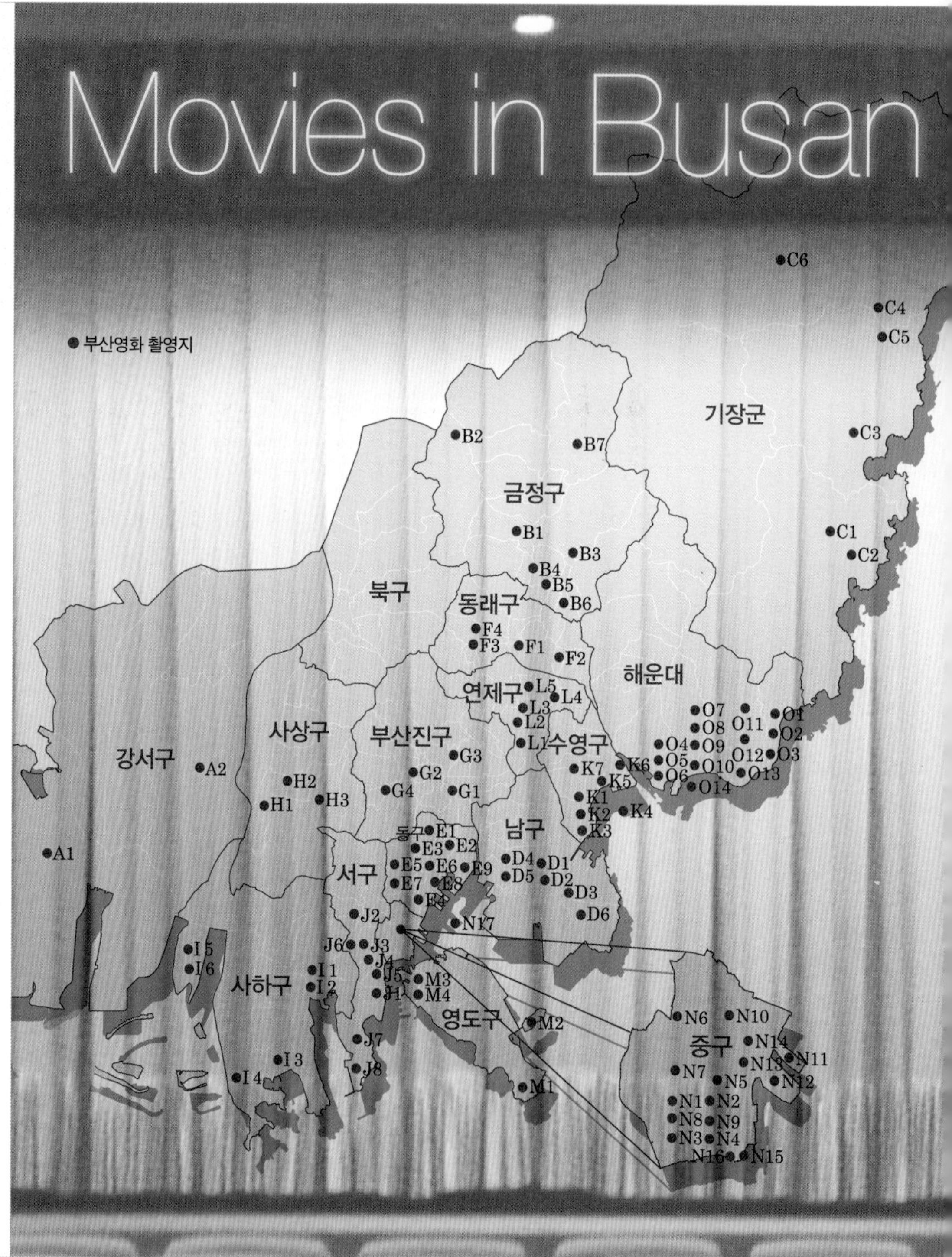
Movies in Busan
● 부산영화 촬영지
기장군
금정구
북구
동래구
해운대
연제구
수영구
사상구
부산진구
강서구
남구
동구
서구
사하구
영도구
중구

| 부산의 영화촬영지 |

*영화 제목만 있는 것은 부산서 촬영했으나 장소 확인 불가.

강서구

A1 **녹산동 일대**
성냥팔이 소녀의 재림(2002 장선우),
싸이보그지만 괜찮아(2006 박찬욱),
정글뉴스(2002 조민호)

A2 **김해국제공항**
눈에는 눈 이에는 이(2008 곽경택 · 안권태),
어린왕자(2008 최종현)

금정구

B1 **금정산 일대**
눈에는 눈 이에는 이, 엽기적인 그녀(2001 곽재용),
예스터데이(2002 정윤수)

B2 **금정체육공원**
눈부신 날에(2007 박광수)

B3 **오륜터널**
가발(2005 원신연), 해부학교실(2007 손태웅)

B4 **금강식물원, 동물원**
싸이보그지만 괜찮아, 청춘만화(2006 이한)

B5 **부산대학교**
쏜다(2007 박정우), 태풍(2005 곽경택),
H(2002 이종혁)

B6 **온천천**
올드보이(2003 박찬욱),
마이 뉴 파트너(2008 김종현),
마음이(2006 박은형 · 오달균),
6월의 일기(2005 임경수),
강력3반(2005 손희창)

B7 **범어사**
착신아리 파이널(2006 아소 마나부),
몽정기(2002 정초신), 말아톤(2005 정윤철),
인디안 썸머(2001 노효정)

기장군

C1 **기장체육관**
돌려차기(2004 남상국)

C2 **기장 대변일대**
친구(2001 곽경택), 뷰티풀 선데이(2007 진광교),
마린보이(2009 윤종석)

C3 **기장 마레**
가문의 위기(2005 정용기), 갯마을(1965 김수용)
마린보이, 페이스(2004 유상곤),

C4 **기장 이천일대**
우리형(2004 안권태), 홍반장(2004 강석범)

C5 **임랑해수욕장**
눈부신 날에, 우리형

C6 **기장 테마임도**
천국(2005 민준기)

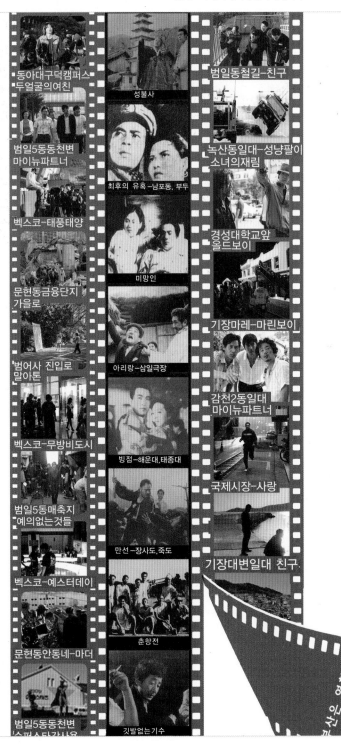

남구

D1 **경성대학교**
우리형

D2 **경성대학교 앞**
올드보이

D3 **UN기념공원**
태풍

D4 **문현동 금융단지**
가을로(2006 김대승), 6월의 일기(2005 김경수)

D5 **문현동 안동네**
마더(2009 봉준호)

D6 **용호2동 일대**
눈부신 날에, 히어로(2007 스즈키 마사유키 · 일본영화), 나비(2003 김현성), 뷰티풀 선데이

동구

E1 **범일5동 동천변**
마이 뉴 파트너(2008 김종현), 성냥팔이 소녀의 재림, 슈퍼스타 감사용(2004 김종현), 친구, 예의없는 것들(2006 박철희), 강적(2006 조민호)

E2 **범일동 철길**
친구, 하류인생(2004 임권택)

E3 **안창마을**
히어로(2007 스즈키 마사유키 · 일본영화)

E4 **수정동 산복도로**
친구, 연애 그 참을 수 없는 가벼움(2006 김해곤), 달콤한 거짓말(2008 정정화)

E5 **수정터널**
친구, 재밌는 영화(2002 장규성)

E6 **자성대 고가도로**
세븐 데이즈(2007 원신연)

E7 **부산역**
마음이, 마들렌(2003 박광춘), 라이터를 켜라(2002 장항준), 성냥팔이 소녀의 재림, 가거라 슬픔이여(1957 조긍하), 이별의 부산 정거장(1961 엄심호)

E8 **초량동 상해거리(외국인상가)**
올드보이, 예스터데이(2002 정윤수), 태풍, 마지막 선물(2008 김영준), 사생결단(2006 최호), 마도로스 박(1964 신경균)

E9 **초량지하차도**
친절한 금자씨(2005 박찬욱)

동래구

F1 **부산사직야구장**
마이 뉴 파트너, 아는여자(2004 장진), 아프리카(2002 신승수)

F2 **수영하수처리장**
마이 뉴 파트너,

성냥팔이 소녀의 재림

F3 **동래별장**
사랑(2007 곽경택),
바람의 파이터(2004 양윤호)

F4 **온천동 일대**
눈에는 눈 이에는 이

부산진구

G1 **범천2동 일대**
싸이보그지만 괜찮아

G2 **서면**
성냥팔이 소녀의 재림,
H(2002 이종혁),
견우직녀(1960 안종화)

G3 **전포2동 일대**
원탁의 천사(2006 권성국)

G4 **초읍동 일대**
달콤한 거짓말(2008 정정화),
페이스(2004 유상곤)

사상구

H1 **부산서부버스터미널**
사랑

H2 **신라대학교**
해부학교실(2007 손태웅),
봄날의 곰을 좋아하세요(2003 용이)

H3 **주례2동 일대**
친절한 금자씨, 예의없는 것들

사하구

I1 **감천2동 일대**
히어로(2007 스즈키 마사유키·일본영화),
마이 뉴 파트너

I2 **감천항 부두**
마이 뉴 파트너, 사생결단,
뷰티풀 선데이, 재밌는 영화(2002 장규성),
2009 로스트 메모리즈(2002 이시명),
KT(2002 사카모토 준지·일본영화)

I3 **다대포 국제여객터미널**
님은 먼곳에(2008 이준익),
그림자 살인(2009 박대민),
예의없는 것들

I4 **다대포 해수욕장**
내츄럴시티(2003 민병천),
태풍, 작업의 정석(2005 오기환),
마음이, 정글쥬스(2002 조민호),
아낌없이 주련다(1962 유현목),
동백아가씨(1964 김기),
그때 그사람(1980 문여송)

I5 **을숙도 갈대밭**
엽기적인 그녀, 청춘만화,
낙동강(1952 전창근),
겨울여자(1977 김호선),
빵간에 산다(1974 이원세),
사랑의 조건(1979 김수용),
은마는 오지 않는다(1991 장길수)

I6 **을숙도 조각공원**
마음이

서구

J1 **부산공동어시장**
사랑, 친구,
첫사랑 사수 궐기대회(2003 오종록)

J2 **동아대학교 구덕캠퍼스**
두 얼굴의 여친(2007 이석훈)

J3 **동아대학교 부민캠퍼스**
실미도(2003 강우석),
범죄의 재구성(2004 최동훈),
하류인생(2004 임권택),
나비(2003 김현성), 재밌는 영화

J4 **부민동 일대**
오버 더 레인보우(2002 안진우),
범죄의 재구성

J5 **임시수도기념관**
하류인생, 나비

J6 **부산구덕운동장**
사랑, 돌려차기,
첫사랑 사수 궐기대회,
슈퍼스타 감사용,
병아리들의 잔칫날(1978 이원세)

J7 **송도 해수욕장**
성냥팔이 소녀의 재림,
낭만열차(1959 박상호),
아낌없이 주련다,
오늘은 왕(1966 김기덕),
꼬방동네사람들(1982 배창호)

J8 **송도 암남공원**
사랑, 성냥팔이 소녀의 재림

수영구

K1 **남천성당**
가발(2005 원신연)

K2 **남천해변시장**
연애 그 참을 수 없는 가벼움

K3 **열린행사장**
더 게임(2008 윤인호),
위험한 형사(2005 토리이 쿠니오),
쏜다(2007 박정우), 태풍

K4 **광안대교**
성냥팔이 소녀의 재림,
가면(2007 양윤호), 가발, 태풍,
마인 뉴 파트너

K5 **광안리 미월드**
마음이, 가발, 공필두(2006 공성식)

K6 **광안리 해안도로**
타짜(2006 최동훈),
기다리다 미쳐(2008 류승진),
예스터데이

K7 **황령산 일대**
히어로, 타짜,
1번가의 기적(2007 윤제균)

연제구

L1 **부산교육대학교**
잠복근무(2005 박광춘),
두 얼굴의 여친

L2 **부산광역시청**
2009 로스트 메모리즈(2002 이시명),
가문의 위기, H

L3 **연산4동 일대**
사생결단,
복면달호(2007 김상찬 · 김현수)

L4 **연산동 물만골**
1번가의 기적

L5 **토곡동 일대**
범죄의 재구성, 오버 더 레인보우

중구

N1 **광복동 일대**
예의없는 것들, 내츄럴시티(2003 민병천),
내 여자친구를 소개합니다(2004 곽재용),
달마야 서울가자(2004 육상효),
하얀 미소(1980 김수용),
불타는 태양(1990 방순덕)

N2 **용두산공원**
착신아리 파이널(2006 아소 마나부 · 일본영화),
사생결단, 친구, 가거라 슬픔이여,
불타는 태양

N3 **지갈치 건어물시장**
친구, 예의없는 것들

N4 **자갈치시장**
정글쥬스, 히어로, 착신아리 파이널,
최후의 유혹(1953 정창화),
굳세어라 금순아(1962 최학곤),
햇빛 쏟아지는 벌판(1960 정창화),
사람의 아들(1980 유현목)

N5 **동광동 인쇄골목**

내 여자친구를 소개합니다,
하류인생
N6 **보수동 책방골목**
국화꽃향기(2003 이정욱),
무방비도시(2008 이상기)
N7 **부평동 일대**
엽기적인 그녀
N8 **광복동 대각사**
달마야 서울가자(2004 육상효)
N9 **국제시장**
히어로, 사랑, 정글쥬스,
무방비도시, 착신아리 파이널
N10 **민주공원**
뷰티풀 선데이(2007 진광교),
너를 잊지 않을거야(2008 하나도우 준지 · 일본영화)
N11 **부산항 국제여객터미널**
착신아리 파이널,
원탁의 천사(2006 권성국)
N12 **부산항 연안여객터미널**
작업의 정석, 눈에는 눈 이에는 이
N13 **중앙동 40계단**
인정사정 볼 것 없다(1999 이명세),
재밌는 영화
N14 **중앙동 일대**
연애 그 참을 수 없는 가벼움,
예스터데이, 2009 로스트 메모리즈,
내 여자친구를 소개합니다, 하류인생,
달콤한 거짓말(2008 정정화)
N15 **부산대교**
눈부신 날에, 사생결단,
리베라메(2000 양윤호),
착신아리 파이널
N16 **영도대교**
가발, 첫사랑 사수 궐기대회, 친구,
화심(1958 신경균),
건너지 못하는 강(1963 조긍하),
눈물의 영도다리(1965 김응천)
N17 **부산항 중앙부두**
눈에는 눈 이에는 이, 마린보이,
강적, 가문의 위기, 최후의 유혹,
지상의 비극(1960 박종호),
아낌없이 주련다,
사의찬미(1991 김호선),
노다지(1961 정창화)

영도구

M1 **태종대**
사랑, 정글쥬스, 빙점(1967 김수용),
아낌없이 주련다,
제3부두 0번지(1966 김시현)
M2 **한국해양대학교**
마이 뉴 파트너, 정글쥬스
M3 **봉래동 보세창고**
사랑, 눈부신 날에,
강적(2006 조민호),
잠복근무, 마린보이,
은하해방전선(2007 윤성호), 마음이
M4 **영도 절영해안산책로**
첫사랑 사수 궐기대회, 태풍,
사생결단, 아낌없이 주련다,
렌의 애가(1969 김기영)

해운대구

O1 **구덕포 마을**
친구, 아파트(2006 안병기)
O2 **송정해수욕장**
플라스틱 트리(2002 어일선),
은하해방전선,
동경비가(1963 홍성기),
목마른 나무들(1964 정진우)
O3 **청사포 일대**
파랑주의보(2005 전윤수), 태풍
O4 **부산전시컨벤션센터(BEXCO)**
태풍태양(2005 정재은),
무방비도시, 예스터데이,
내츄럴시티(2003 민병천)
O5 **수영만요트경기장**
무방비도시, 마이 뉴 파트너,
마린보이, 태풍, 리베라메,
숙명(2008 김해곤)
O6 **시립미술관 앞 도로**
울학교 이티(2008 박광춘),
쏜다(2007 박정우)
O7 **해운대 마린시티**
무방비도시, H, 폰(2002 안병기)
O8 **해운대 센텀시티**
마음이, 쏜다, 강적,
달콤한 거짓말(2008 정정화)
O9 **해운대 시외버스터미널**
타짜
O10 **해운대 해변로**
태풍, 성냥팔이 소녀의 재림
O11 **해운대 장산역 일대**
우아한 세계(2007 한재림), 쏜다
O12 **해운대 미포**
마이 뉴 파트너,
거룩한 계보(2006 장진),
은하해방전선, 마음이
O13 **해운대 초등학교 앞**
1번가의 기적
O14 **해운대 해수욕장**
마들렌(2003 박광춘),
눈부신 날에(2007 박광수),
청춘 쌍곡선(1956 한형모),
불멸의 성좌(1959 유진식),
별의 고향(1961 노필),
상처받은 두 여인(1963 이규환),
빙점, 불사조(1966 전범성),
세 번은 짧게 세 번은 길게(1981 김호선),
어둠의 자식들(1981 이장호),
나의 사랑 나의 신부(1990 이명세)

촬영 장소를 세분화해보면, 공공시설에서 179일 동안 48건, 주거지역에서 109일 동안 26건, 상업 · 번화가에서 78일 동안 51건, 공원 · 야영지에서 57일 동안 24건, 해양시설에서 54일 동안 26건, 자연경관에서 40일 동안 12건이 각각 촬영됐다. 교육시설, 교통시설, 산업시설, 의료시설, 문화시설 등 부산지역의 대부분이 한국 영화의 배경이 된 셈이다.

영화 촬영에 따른 경제적 효과도 상당하다. 부산발전연구원의 분석 결과, 2008년의 경우 제작사 직접지출비용이 62억 원이고 경제적 파급 효과는 321억 원이었다. 최고를 기록했던 2006년에는 제작사 직접지출비용이 144억 원, 파급 효과가 530억여 원에 달했다. 2009년에는 후반작업시설의 개소 등으로 경제적 파급 효과가 2006년을 넘어선 것으로 분석됐다.

부산영상위 설립 이전에도 부산에서 영화가 촬영됐다. 한국영화자료연구원(원장 홍영철)에 따르면 1910년대부터 1940년대까지 15편, 1950년대에는 21편, 1960년대에는 37편, 1970년대에는 17편, 1980년대에는 18편, 1990년대부터 부산영상위 설립 이전까지 26편 등 모두 134편의 영화가 부산에서 촬영됐다.

이 중 촬영장소가 확인된 87편을 살펴보면, 주로 중구의 용두산공원 · 부두 · 남포동 · 광복동 · 영도다리, 사하의 을숙도 · 다대포해수욕장, 서구의 송도해수욕장, 해운대구의 해운대해수욕장에서 촬영했다. 홍 원장은 "다른 지역에서 촬영할 수 없었던 부산의 해수욕장과 갈대밭, 다리 등이 촬영지로 활용됐다"고 분석했다.

부산시와 부산영상위는 2001년과 2004년 스튜디오 1, 2관을 각각 개관했고 2009년 초에는 영화후반작업시설을 개소해 '원스톱 영화도시 부산'의 면모를 갖췄다. 영화 촬영지와 국제영화제 개최지로 확고한 입지를 다진 부산은 이들 촬영지를 문화자산으로 활용하고 한국의 영상산업을 선도할 수 있는 큰 그림을 그려야 할 때이다.

부산영상위 박광수 위원장은 "부산이 영상도시가 되는 데 가장 크게 기여한 것은 다름 아닌 부산 시민들이다. 생활의 불편을 감수하면서도 영화 촬영을 환영해준 시민의 열정과 관심이 지속될 때 '원스톱 영화도시 부산'의 청사진은 밝아질 것이다"고 밝혔다.

⑫ 영화영상산업 일번지

어느 해보다 뜨거웠던 제14회 '부산국제영화제'가 2009년 10월 16일 폐막했다. 열네 돌을 맞은 부산국제영화제는 '영화의 도시' 부산의 이름을 세계에 알렸다. 세계인들은 부산 하면 부산국제영화제를 먼저 떠올릴 정도다. 이는 부산국제영화제가 아시아 최고 영화제를 넘어 세계적 영화제로 발돋움했다는 증거다. 혹자는 부산국제영화제가 칸국제영화제와 베를린국제영화제와 함께 세계 3대 영화제로 우뚝 섰다는 평가를 내리기도 한다.

부산국제영화제는 매년 일정 기간 동안 열리는 축제다. 축제에는 사람이 모이고 이들은 축제가 마련한 다양한 홍밋거리를 즐긴다. 그렇지만 축제는 제한적이고 한시적이다. 특정한 축제가 지역 발전에 기여하기 위해서는 관련 산업이 지역에서 함께 발전해야 한다. 그렇다면 과연 부산국제영화제는 부산의 영화영상산업의 발전에 큰 영향을 미쳤을까.

부산국제영화제

물론 대답은 '예' 이다. 분명 부산국제영화제가 부산의 영화영상산업의 태동을 이끌었다. 1996년 제1회 부산국제영화제가 부산에서 성공적으로 열리고 난 뒤 부산·경남지역 대학들은 영화영상 관련 학과를 앞다퉈 개설해 전공자들을 배출했다. 그리고 1999년 출범한 부산영상위원회는 부산에 다수의 영화 로케이션을 유치하면서 부산지역 영화 관련 산업이 움트기 시작했다.

가장 먼저 산업 쪽으로 나선 것은 뜻밖에도 영화와 크게 관련 없는 게임. '스타크래프트' '리니지' 등 대박 온라인 게임이 사회적 관심을 받으면서 부산에서도 게임 산업이 먼저 활성화됐다. 대학들도 앞다퉈 벤처창업센터 등을 개소해 이들을 유치했다. 2000년을 전후로 부산에서만 100여 개 업체가 창업됐다. 하지만 게임 산업의 거품이 꺼지고 지금 남아 있는 업체는 20여 개에 불과하다.

게임업체에 최근 희소식이 들려오고 있다. 모바일로(대표 백승현)는 최근 배용준 캐릭터를 이용한 한국어 학습 프로그램을 개발, 닌텐도DS에 납품해 수십억대 매출을 올리고 있다. ㈜게임데이(대표 권동혁)도 최근 모바일게임 '황금농장타이쿤' 을 출시해 유저들에게 좋은 반응을 얻고 있다.

(주)모바일로의 프로그램

2000년 이후 부산에서 영화 로케이션이 지속적으로 진행되면서 영화 관련 산업들도 기지개를 펴기 시작했다. 영화 제작에 필요한 촬영장비 대여, 보조출연, 음악, 조명 등 업체가 현재 100여 곳에 이른다.

최근엔 고무적으로 영화제작사도 생겨나고 있다. 이들 제작사가 본격적으로 상업영화를 생산해내면서 부산 영화 산업은 새로운 전환점을 맞고 있는 것이다. 2009년 10월 말 현재 부산지역 영화제작사는 모두 21곳. 국내에서 활동하는 영화제작사가 100여 곳에 불과한 것에 비춰보면, 서울을 포함한 수도권을 제외하곤 부산지역의 영화사 비중이 가장 높다.

● 영상
■ 영화
◆ 게임
▲ 애니
북구
금정구
동래구
해운대구
연제구
사상구
부산진구
수영구
남구
동구
서구
중구
사하구
영도구
동서대뉴밀레니엄관
동서대문화센터
센텀벤처타운
부경대산학협동관
멀티미디어센터

AZworks
ARRI

| 부산의 영화 · 영상 관련업체 |

■ 해운대구

1. (주)iKNN ● 영상
2. (주)룩스커뮤니케이션 ● 영상
3. (주)부산프로덕션 ● 영상
4. 밀리디 ● 영상
5. (주)이렌컴서비스 ● 영상
6. (주)CH9TV ● 영상
7. (주)클루엔터테이먼트 ● 영상
8. (주)KNP엔터테이먼트 ● 영상
9. (주)지엑스 ● 영상
10. 필름치어스 ■ 영화
11. (주)VR코리아 ● 영상
12. 엔돌핀엔터테이먼트 ● 영화, 영상
13. 마법사필름 ■ 영화
14. 영화사 제니스픽쳐스 ■ 영화
15. (주)씨엔케이소프트 ▲ 애니, 영화
16. 영화사발콘 ■ 영화
17. (주)유성기획 ● 영상, 영화
18. (주)코아섬 ● 영상
19. 코리아타임즈 S&P ● 영상
20. (주)윈커뮤니케이션 ● 영상, 영화
21. Visual Factory ● 영상
22. 디앤브이 프로덕션 ● 영상
23. 창프로덕션 ● 영상
24. (주)파라룩스 ● 영상
25. (주)필름나루 ■ 영화
26. 하늬영상 ● 영상
27. (주)아쿠아캠 ● 영상
28. 게임데이 ◆ 게임
29. (주)모바일로 ◆ 게임
30. 에이지웍스 ■ 영화, 영상
31. 영화사 활동사진 ■ 영화

■ 영도구

32. (주)비엠씨이노텍 ● 영상
33. 이노큐브 ● 영상
34. 만세픽처스 ■ 영화
35. 제니스디지텍 ● 영상
36. (주)네오테크놀러지 ▲ 애니
37. (주)골든데이 ● 영상
38. MF필름 ■ 영화
39. ITMA ● 영상
40. 프로덕션 뷰 ● 영상
41. 표현프로덕션 ● 영상
42. (주)골든데이 ◆ 게임
43. 인티브 소프트 ◆ 게임

■ 수영구

44. 프로엠테크놀러지 ● 영상
45. 필름문 ■ 영화
46. TWE ■ 영화
47. 동녘필름 ■ 영화
48. SR COMPANY ● 영상
49. (주)승삼 ● 영상
50. 넥스모빌 ◆ 게임
51. 파크이에스엠 ◆ 게임

■ 연제구

52. 애드비젼 ● 영상
53. (주)엑스원프로덕션 ● 영상
54. 티티마기획 ● 영상
55. (주)화이트프로덕션 ● 영상
56. 참한디자인 ● 영상

■ 동구

57. 나무필름 ■ 영화
58. 이스크아21 ● 영상
59. 유니온영상 ● 영상

■ 서구

60. 국제미디어(주) ● 영상
61. (주)헤드컴 ● 영상

■ 북구

62. 바다 ● 영상
63. 필름브릿지 ■ 영화
64. 양양필름 ■ 영화

■ 남구

65. (주)제노 ● 영상
66. (주)누리칸 ● 영상
67. 주언미디어 ● 영상
68. 동그라미그리기 ● 영상
69. 진진엔터테이먼트필름 ■ 영화
70. (주)아이엠아이 ● 영상
71. 다임팜 미디어 ● 영상
72. (주)디알 ● 영상
73. 드림미디어 ◆ 게임
74. 라츠 엔터테인먼트 ◆ 게임
75. 블루솜 ◆ 게임
76. 조아라 ● 영상
77. (주)토미시스템 ◆ 게임

■ 중구

78. 애드립 ● 영상

■ 부산진구

79. 영화제작사몽필름 ■ 영화
80. 오렌지시네마 ■ 영화
81. 무비파트너 ■ 영화, 영상
82. 필디지털영상 ● 영상
83. 프로덕션 붕 ● 영상
84. 인터콤어소시에이션 ● 영상
85. 더프리즘 ● 영상
86. 지움픽처스 ● 영상
87. 두송종합광고산업 ● 영상
88. ㈜주영테크 ● 영상
89. 제이투뮤직 ● 영상
90. 아이워즈 ● 영상
91. nano ● 영상
92. 네온소프트 ◆ 게임

■ 금정구

93. 루트엔루트 ● 영상
94. (주)임팩 ● 영상
95. (주)국풍 ■ 영화, 영상
96. (주)케이지엔 ● 영상
97. 동호전자 ◆ 게임
98. 비케이미디어 ◆ 게임

■ 동래구

99. 동우유니아트 ▲ 애니
100. 씨네폭스 ● 영상
101. 러프컷 ■ 영화
102. 고스트라이터필름 ■ 영화

■ 사상구

103. 동서대학교 디지털 콘텐츠 센터 ◆ 게임
104. 매직큐브 ◆ 게임
105. 엔탑 ◆ 게임
106. SH SOFT ◆ 게임
107. 펀에이드 ◆ 게임

※연락이 되지 않거나 주소지가 확인되지 않은 업체는 명단에서 제외하였습니다.

2009년 상반기 부산에서 제작된 한국 영화 16편 가운데 7편이 부산지역 제작사가 만든 작품. 최근 개봉한 〈부산〉은 영화제작사 몽이 만들었고, 〈집행자〉는 제작사 발콘이 만들었다. 〈영도다리〉(동녘필름), 〈이파네마 소년〉(고스트라이터), 〈심장이 뛰네〉(오렌지시네마), 〈옆집여자〉(세발자전거) 등도 부산제작사가 만든 작품이다.

2009년 2월 문을 연 영화영상후반작업 시설인 ㈜에이지웍스는 부산지역에 또 다른 영화산업의 기틀을 마련하고 있다. 최근 거장 쉬커(서극) 감독의 신작을 유치한 것을 시작으로 중화권 물량 확보에 본격적으로 나서고 있다. 또 영화촬영스튜디오가 추가로 건립되고 2011년까지 부산영상센터(두레라움)가 준공되면 부산지역의 영화산업의 인프라는 거의 완성단계에 들어선다.

(주)에이지웍스

특히 영화진흥위원회와 영상물등급위원회, 게임물등급위원회 등 영화 관련 정부기관들도 공공기관 지방이전 계획에 따라 오는 2012년까지 부산으로 옮겨온다. 이들 기관의 이전은 그 자체만으로도 의미가 있지만 이들과 업무 연계

부산영상센터(두레라움)

를 맺고 있는 많은 영화 관련 업체가 부산으로 함께 온다는 점에서 부산의 영화 관련 산업의 획기적인 도약이 기대된다.

현재 부산지역 영화영상사업의 40% 이상은 영상물 제작업체들이 차지하고 있다. 이들은 기업의 홍보와 광고, 방송사의 영상물을 제작하는 프로덕션의 성격을 띠고 있다. 기업의 수가 절대적으로 부족하고 지역 방송의 자체 제작 프로그램이 적어 물량 확보에 어려움을 겪고 있는 것이 사실이다.

하지만 10년 가까이 내적 역량을 키운 업체들이 최근 서서히 두각을 나타내고 있다. KNN의 자체 편성 프로그램 외주를 맡고 있는 프로덕션 붕(대표 박성우)은 드라마뿐 아니라 단편 영화를 자체적으로 만들 정도의 역량을 확보한 것으로 알려졌다. 애니메이션 업체인 ㈜네오테크놀러지(대표 공기정)는 자체 생산한 애니 〈도라독스〉를 지상파인 KBS와 케이블방송인 투니버스, 재능방송 등에 납품하고 있다.

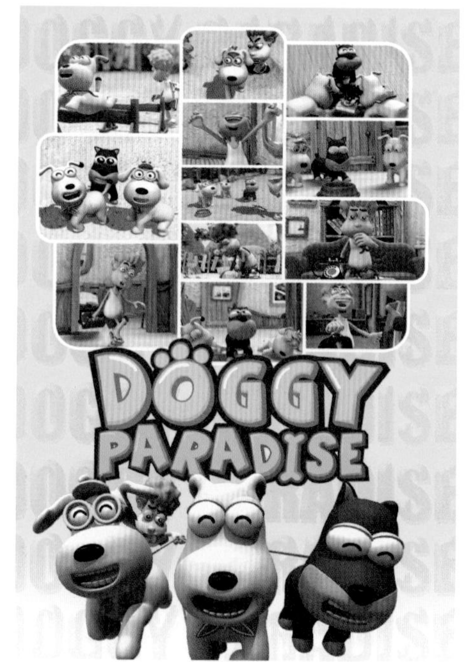

(주)네오테크놀러지의 도라독스

장기적인 미래를 준비하는 업체도 있다. ㈜룩스커뮤니케이션(대표 박학문)은 ㈜VR KOREA를 설립해 동의대, 영산대, 미국의 이온 리알리티사와 힘을 합쳐 가상현실체험 연구소인 IDC센터를 건립해 본격적인 연구에 돌입했다.

VR KOREA 대표이자 부산영화영상산업협회 회장인 박학문 씨는 "PIFF의 성공과 부산영상위의 출범으로 움트기 시작한 부산지역 영화영상산업이 두레라움 건립과 공공기관의 이전 등으로 새로운 도약의 발판을 마련했

센텀벤처타운

부산영화촬영스튜디오

다" 며 "부산시와 시민들의 애정과 지원이 뒷받침된다면 향후 10년 안에 영화영상사업은 부산 GDP의 20%를 차지하는 지역 최대의 산업 분야로 떠오를 것이다" 고 기대했다.

한편, 부산지역 영화영상업체들은 벤처타운이 있는 부산 해운대구와 멀티미디어센터가 있는 영도구, 도심인 부산진구 등에 밀집한 것으로 나타났다.

13 연극에 살다, 소극장지도

부산지역에 2009년 말 현재 연극 전문 소극장은 15개이다. 서울 대학로를 제외하고 연극 전문 소극장 수가 10개를 넘어서는 도시는 전국에서 부산이 유일하다.

부산에선 '연극 하면 소극장' '소극장 하면 연극'이라는 등식이 오랫동안 통용돼왔다. 이 등식은 부산의 도시성과 관련 있다. 야성이 강한 도시, 부산은 기존의 연극과 자본, 권력에 저항하는 연극을 무대에 올렸다. 이들 작품들은 저예산으로 제작돼 소극장 무대에서 공연됐다. 또 극단들이 작품을 자유롭게 무대에 올리기 위해 자체 소극장을 만들기도 했다.

부산의 소극장은 1970년대 중앙동과 남포동, 서면 등 구도심에서 생겼다가 지하철 1호선 개통과 함께 동래, 명륜동 지역으로 확산됐다. 현재 소극장이 밀집된 곳은 지하철 2호선이 대학가와 만나는 남구와 수영구. 극장들은 지하철 2호선 경성대역, 남천역, 금련산역을 중심으로 형성돼 있다.

부산 연극의 정신이자 뿌리인 소극장을 다시 되짚어보는 것은 최근 부활의 조짐을 보이는 부산 연극에 던지는 격려 메시지이자 희망가이다.

남구 · 수영구의 소극장

7곳이 여기에 몰려 있다. 이 지역에 가장 먼저 터를 잡은 극장은 부두연극단(대표 이성규)이 운영하는 '엑터스소극장'(수영구 남천동 12-19 지하). 이 극장은 극단 처용의 이동재가 1986년 지인에게 건물의 지하를 빌려 '처용소극장'을 세운 것이 시초다. 1991년 극단 맥으로 넘어가면서 '장우소극장'으로 이름이 바뀐 뒤 1999년 극단 엑터스가 인수하면서 현재의 '엑터스소극장' 이라는 이름을 갖게 됐다. 2005년부터 부두연극단이 이곳을 전용극장으로 사용하고 있다.

극단 사계(대표 김만중)는 '공간소극장' 을 2009년 2월 수영구 남천동 성보빌딩에서 한나라당 부산시당 지하로 옮겼다. 극단 전 대표 허영길은 2004년 성보빌딩 지하에 '공간소극장' 을 열었었다.

극단 에저또(대표 최재민)는 2008년 남구 대연3동 경성대 상대 입구에 '에저또소극장' 을 개관했다. 극단 에저또는 1996년 당시 부산예술대학 교수였던 방태수를 중심으로 결성된 동인 극단으로 '에저또바다소극장' (1997~1999년), '인파크소극장' (2000~2001년 · 동래구 온천동) 등을 운영했었다.

'사랑과혁명소극장' (수영구 남천동 부산KBS 옆)은 극단 꽈꾸가 1999년 '꽈꾸소극장' 으로 문을 열어 어린이극을 주로 공연해오다 2007년 현재 이름으로 바꿨다. 극단 브레히트 앙상블(대표 정태윤)이 운영하고 있다.

2009년 3월 문을 연 '소극장 6번 출구' (수영구 남천동 금련산역 6번 출구 앞)는 가장 최근에 개관한 극장이다. 운영을 맡은 극단 맥은 1999년 장우소극장을 처분한 뒤 10년 만에 전용극장을 마련했다.

'용천지랄소극장' 은 2008년 남구 대연3동 문화골목에 개관했다. 전용 극단 없이 대관을 주로 한다. '초콜릿팩토리' (남구 대연3동 산암빌딩 지하)는 서울에서 내려온 극장 자본의 첫 사례.

엑터스소극장

사랑과혁명소극장

에저또소극장

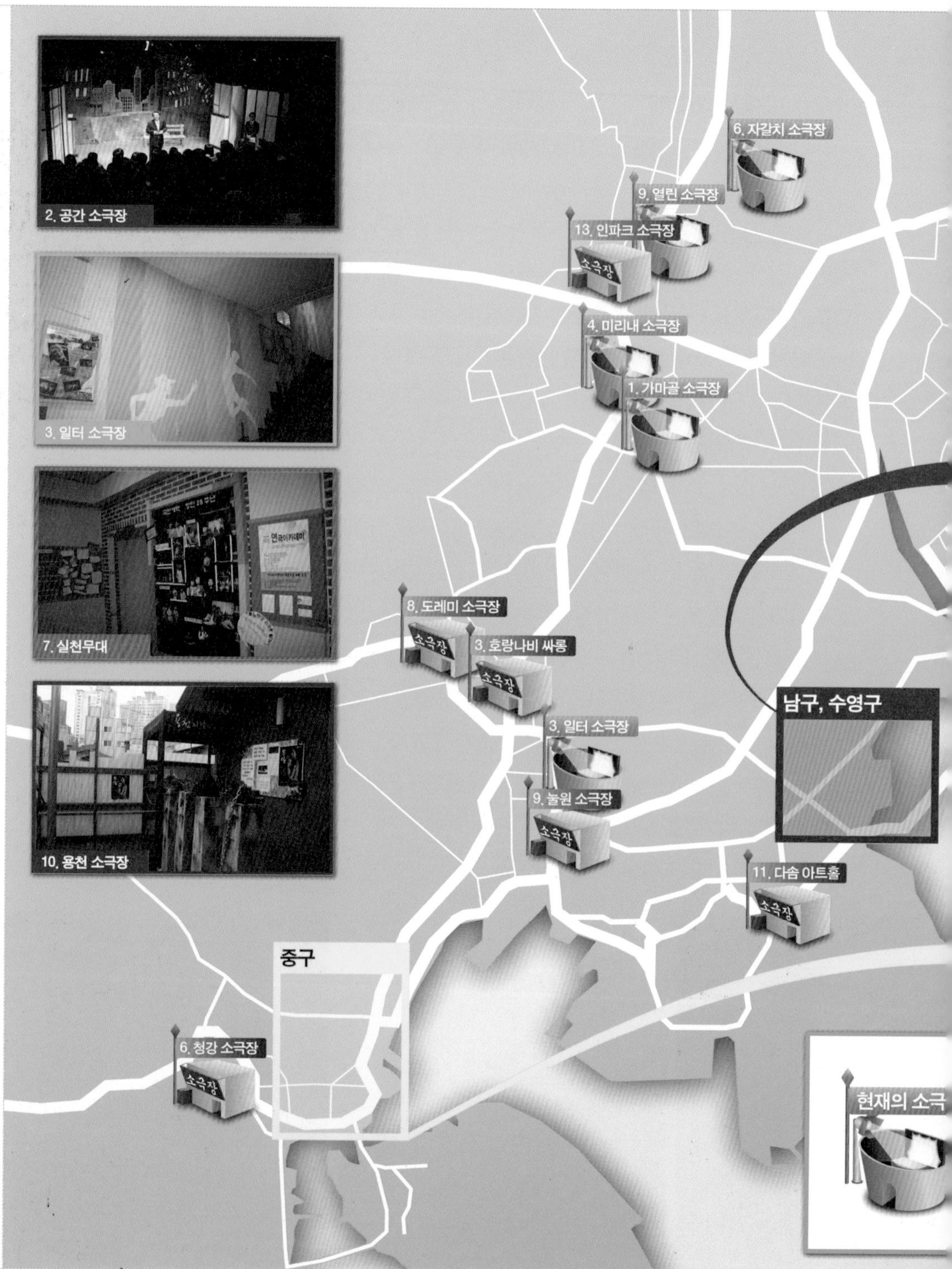

2. 공간 소극장
3. 일터 소극장
7. 실천무대
10. 용천 소극장
6. 자갈치 소극장
9. 열린 소극장
13. 인파크 소극장
4. 미리내 소극장
1. 가마골 소극장
8. 도레미 소극장
3. 호랑나비 싸롱
3. 일터 소극장
9. 눌원 소극장
남구, 수영구
11. 다솜 아트홀
중구
6. 청강 소극장
현재의 소극

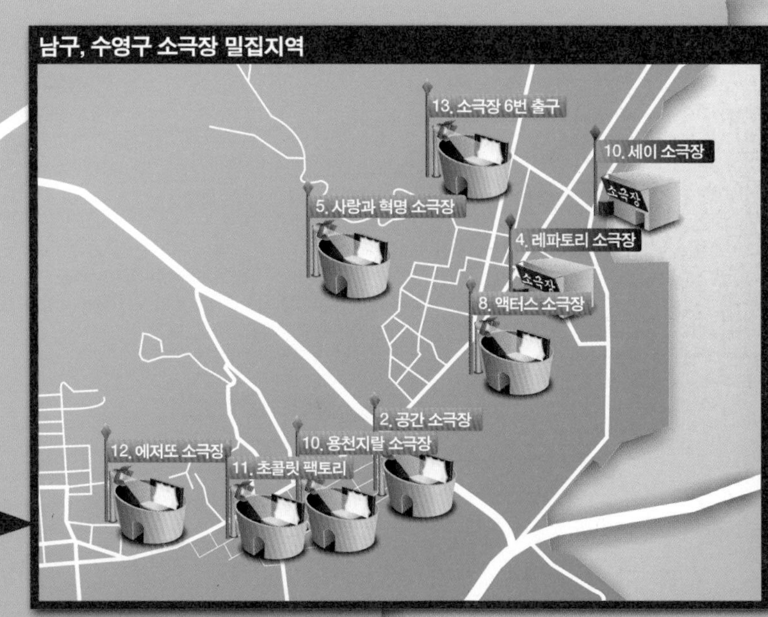

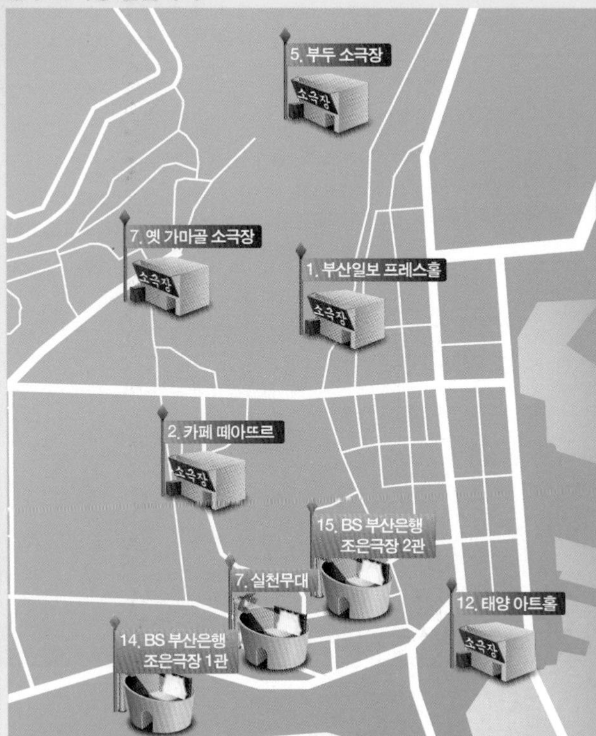

■ 현재의 소극장

1. **가마골소극장**
   (051-868-5955)
   연제구 거제동 18-22 B1
2. **공간소극장**
   (051-611-8518)
   수영구 남천1동 556-23
   한나라당 부산시당 지하
3. **일터소극장**
   (051-635-5370)
   동구 범일동 830-240
4. **미리내소극장**
   (051-504-2544)
   동래구 사직3동 129-14
5. **사랑과혁명소극장**
   (011-9395-3099)
   수영구 남천동 69-9번지
6. **자갈치소극장**
   (051-515-7314)
   금정구 부곡1동 333-3
7. **실천무대**
   (051-245-5919)
   중구 광복동 2가 2-97 6F
8. **엑터스소극장**
   (051-611-6616)
   수영구 남천동 12-19 지하
9. **열린소극장**
   (051-555-5025)
   동래구 명륜동 553
10. **용천지랄소극장**
    (051-612-4312) 남구 대연3동
    52-4번지 문화골목 안
11. **초콜릿팩토리**
    (051-621-4005) 남구 대연3동
    72-7번지 산암빌딩 지하
12. **에저또소극장**
    (051-852-9161)
    남구 대연3동 314-24
    경성대학교 상대/신학대 입구
13. **소극장 6번 출구**
    (051-625-2117)
    수영구 남천동 40번지
    금련산역 6번 출구
14. **BS부산은행 조은극장 1관**
    (1588-2757) 중구 남포동
    4가 7번지 동명빌딩 3층
15. **BS부산은행 조은극장 2관**
    (1588-2757) 중구 광복동
    1가 59번지 삼성패션 4층

■ **추억의 소극장**

1. **부산일보 프레스홀** (1963~1973) 중구 중앙동 부산일보 옛 사옥
2. **카페 떼아뜨르** (1975~1981) 중구 창선동 대각사 뒤편
3. **호랑나비 싸롱** (1978) 부산진구 부전동 서면시장
4. **레파토리소극장** (1984) 수영구 남천동 수영구청 밑
5. **부두소극장** (1984~1985) 중구 중앙동 중부경찰서 옆
6. **청강소극장** (1985) 서구 서대신동 옛 서구청 길 건너편
7. **옛 가마골소극장** (1986~)
   a. 중구 중앙동 용두산공원 밑 한국고등기술학교 지하(1986~1988)
   b. 중구 중앙동 광혜병원 옆(1988~1997)
   c. 수영구 광안동 광안리해수욕장 삼거리 입구(1997~1999)
   d. 중구 광복동 삼성패션 4층(2001~2009, 박태남 공동 운영)
8. **도레미소극장** (1987~1997) 부산진구 부전동 옛 포토피아 맞은편
9. **눌원소극장** (1990~2008) 동구 범일동 눌원빌딩
10. **세이소극장** (1992~1997) 수영구 남천동 광남초등학교 옆
    a. 1997~2000 에저또바다소극장
    b. 2001~2005 자유바다소극장
    c. 2005~2009 너른소극장
11. **다솜아트홀** (1998~) 남구 대연동 대천유치원 지하
12. **태양아트홀** (1996~2000) 중구 중앙동 현 롯데백화점 건설부지
13. **인파크소극장** (2000~2001) 동래구 온천동
14. **마리나소극장 해운대구 우동 마리나센터**
    a. 2001
    b. 2002~2003 코드소극장

다른 지역의 소극장

'가마골소극장'(연제구 거제동 치과의사신협 지하 1층)은 2009년 5월 재개관했다. 부산의 연극을 전국에 알린 연희단거리패 예술감독 이윤택이 부산을 떠나면서 박태남에게 넘겨줬던 극장 이름을 되찾은 것이다.

박태남은 올해 옛 '가마골소극장'(중구 광복동 삼성패션 4층)을 '조은극장'으로 이름을 바꾸고 새로 극장(중구 남포동 4가 동명빌딩 3층)을 신축했다. 새 극장이 '조은극장 1관', 옛 가마골소극장이 '2관'이다.

'실천무대소극장'(중구 광복동 2가 2-97번지 6층)은 올해로 창단 25주년을 맞는 극단 새벽의 전용극장으로 2006년 현

가마골소극장

조은극장1관

열린소극장

미리내소극장

재 위치에 개관했다.

'일터소극장' (동구 범일동 노동회관 지하 1층)은 노동 연극 단체 일터의 전용극장으로 2004년 개관했다.

'미리내소극장' (동래구 사직3동)은 2006년 고(故) 박범식이 개관했으나 2007년부터 극단 아센(대표 호민)의 구민주가 운영을 맡아오고 있다.

'열린소극장' (동래구 명륜동 553)은 1989년 극단 열린무대가 개관한 전용극장이었지만, 2007년부터 극단 시나위, 극단 차이 등 10개 극단들이 참여해 공동 운영을 시험하고 있다.

극단 자갈치는 1993년 '자갈치소극장' (금정구 부곡1동)을 현재의 위치에 개관했다. 극단 자갈치는 1986년 동구 범일동에 소극장을 마련한 뒤 7번이나 극장을 옮겨다녔다.

추억의 소극상

1963년 신축된 부산일보 옛 사옥(중구 중앙동)에 마련된 '프레스홀' 은 원래 예식장이었으나 연극이 주로 열리면서 부산 소극장의 효시가 됐다. 1973년 부산시민회관이 개관하면서 '프레스홀 10년 시대'는 막을 내린다.

소극장 형태를 처음으로 갖춘 것은 '카페 떼아뜨르'(중구 창선동 대각사 뒤편). 1975년 서울 연극학교 출신의 이수용이 연극 전용 카페를 만들어 김의석, 김경화와 함께 극단 상황을 만들어 공연을 올렸다. 1981년 〈멋꾼〉(연출 김경화)을 마지막으로 공연을 중단했다.

1978년 창단된 극단 부산 레파토리시스템은 극장 운영을 처음 시작했다. 부산 레파토리시스템은 서면에 1978년 '호랑나비 싸롱'(부산진구 부전동 서면시장통)으로 처음 문을 열었다. 1984년 레파토리소극장(수영구 남천동 수영구청 밑)을 잠깐 운영했고, 1985년 사업가 윤광부의 건물(서구 서대신동 옛 서구청 길 건너편)에서 '청강소극장'을 운영하기도 했다.

이성규는 1984년 부두연극단을 창단하면서 중구 중앙동에 '부두소극장'을 개관해 2년간 운영했다. 부두연극단은 1995년 동래 전철역 건너편에 '연당소극장'을 열어 운영하기도 했다.

이윤택은 1986년 중구 중앙동 용두산공원 밑 한국고등기술학교 지하에 '가마골소극장'을 마련하고 1988년 중구 중앙동 광혜병원 옆으로 옮겼다. '가마골소극장'은 1997년 수영구 광안리해수욕장 삼거리 입구에 옮겼다가 1999년 문을 닫는다. 박태남은 2001년 중앙동에 '가마골소극장'을 재개관하고 연희단거리패와 공동 운영했다.

연출가 손기룡이 이끌던 극단 예사당은 1987년 부산진구 부전동 옛 포토피아 맞은편에 '도레미소극장'의 문을 열었다. '도레미소극장'은 1991년부터 극단 도깨비(대표 김익현)가 운영했고 1995년 '사라토카소극장'으로 개명했다가 1997년 문을 닫았다.

1990년 동구 범일동 눌원빌딩에 개관한 '눌원소극장'은 다양한 공연을 소화해오다 2008년 한국거래소가 입주하면서 문을 닫았다.

1992년 연기자 최시영은 수영구 남천동에 '세이소극장'을 개관했다. 이후 세이소극장은 '에저또바다소극장'(1997년), '자유바다소극장'(2001년), '너른소극장'(2005년)으로 이름을 바꿔 올 5월까지 운영됐다.

'다솜아트홀'은 남구 대연동 대천유치원 원장 송순임이 유치원 지하에 1998년 마련한 극장으로, 개관 초 연극 공연이 열리기도 했으나 이후 교육용으로 사용되고 있다.

'태양아트홀'은 중구 중앙동 냉동창고를 개조해 1996년 문을 열어 대관과 기획공연을 주로 해오다 2000년 롯데호텔 신축 공사가 시작되면서 철거됐다.

사업가 문모씨는 2001년 해운대구 우동 마리나센터에 '마리나소극장'의 문을 열었다. 이 극장은 2002년 '코드소극장'으로 바꾼 뒤 극단 예사당이 운영해 오다 2003년 운영난으로 문을 닫았다.

소극장 6번출구

초콜릿팩토리

자갈치소극장

14 인디의 영원한 고향

'인디문화' 에서 '인디(Indi)' 는 '독립적' 이라는 뜻의 영어 'Independent' 의 약자다. '인디' 는 자본이나 상업적 경향으로부터 자유롭다. 예술세계를 간섭받지 않고 온전한 자신의 힘으로 드러내려는 문화적 태도 혹은 현상이다. 그것은 '안주하거나 부패해가는 주류에 대한 대안 · 비판적 움직임' 이기도 하다.

부산에서는 이미 오래전 독립문화적 운동의 맹아들이 자생했다. 지역이라는 마이너리티 정신과도 겹치고, 부산의 역동성과도 결합하면서 새로운 문화동력의 가능성이 되고 있다. 부산에서 나타나는 자칭 · 타칭의 인디적 현상과 활동들을 짚어본다.

열정이 빛나는 음악도시

부산은 유구한 전통을 지닌 음악도시다. 1990년대 중반 서울 홍대 앞 클럽 · 인디문화가 폭발했을 때, 부산은 그 못지않은 열기와 음악적 다양성으로 포효했다. 현재 부산에서 이름을 알리고 있는 인디밴드는 모두 50여 개 정도. 대학밴드는 학교별로 적게는 2~3개 팀, 많게는 7~8개 팀이 활동하고 있다. 그러나 이들의 라이브 무대인 클럽들은 많이 줄었다. 지금은 부산대 앞 인터플레이나 무몽크, 경성대 앞 몇 곳에 불과하다.

힙합팀은 현재 5~6개 팀이 활동 중이다. 대학이나 청소년수련관, 각 중 · 고등학교별로 상당수의 아마추어팀이 있다. 온라인을 중심으로 자작곡을 제작해 커뮤니티 동호회 활동을 하는 MC(마이크 체커 혹은 마이크 컨트롤러의 약자로 랩을 하는 사람)도 많다. 스트리트댄스팀은 7개 팀 정도. 아마추어팀의 경우 각종 대회에 출전하는 팀을 보건대 최소 50개 팀 이상이 활동 중인 것으로 보인다.

1 인디밴드 'nightshade'
2 인디밴드 '나초푸파'
3 인디밴드 '쥬드'
4 인디밴드 '데릭'
5 인디밴드 '마이너리티그루브'
6 비보이 공연 모습

⊙ 연극
– 부산 민간설립 연극전용 소극장
가마골소극장 (연희단 거리패, 연제구 거제동)
SH공간소극장 (극단 사계, 수영구 남천동)
열린소극장 (10개 공동체, 동래구 명륜동)
너른소극장 (극단 자유바다, 수영구 남천동)
액터스소극장 (극단 부두연극단, 수영구 남천동)
실천무대소극장 (극단 새벽, 중구 광복동)
신명천지소극장 (극단 자갈치, 금정구 부곡동)
일터소극장 (노동문화예술단 일터, 동구 범일동)
BS조은소극장 (중구 광복동)
사랑과혁명소극장 (수영구 남천동)
– **청소년극단 눈동자** (사상구 주례동)

부산 대안/독립문화 관련 단체 및 공간

⊙ 문화소통단체, 매체 및 공간

비영리 문화운동단체 '재미난 복수'
(대표 김건우 구헌주)

부산 독립문화예술인들 공간 '아지트' 조성
(금정구 장전동)

문화소통단체 '숨'(대표 차재근, 사하구 괴정동)

비전과 연대 21(대표 김종민, 서면)

문화잡지 〈보일라〉(편집장 강선제, 광안리)

⊙ 영화

부산독립영화협회 (해운대구 우2동 센텀시티)
강소원 / 계운경 / 김대황 / 김동진 / 김상화 / 김선희
김성헌 / 김영조 / 김은아 / 김이석 / 김이수 / 김희진
남인영 / 류위훈 / 박미경 / 박상훈 / 박인호 / 박준범
박지원 / 박창현 / 박찬형 / 배소현 / 서용덕 / 송나라
송진열 / 양명숙 / 양영철 / 오승일 / 이경완 / 이승진
이정애 / 이정훈 / 이정희 / 이태구 / 이향철 / 장희철
전인룡 / 정 면 / 정성욱 / 정영호 / 정희철 / 조성봉
조완준 / 주유신 / 진승현 / 최민규 / 케이지넷
홍영주 / 허은희

시네마테크 부산 (해운대구 우1동)

⊙ 음악

– 부산지역 활동 인디밴드

노트래쉬 / 마라 / 언체인드 / 컨텐더스 / 헬디스타임 니플하임 / 덱스트로델타9 / 묵혼 / 루키도그스타즈 식보이 / 나쵸푸파 / 21scott / 마이너리티그루브 럼피즈 / 에버그린풀보이즈 / 탱크 / 미로 / 해령 A self made hero / 잇츠나인 / 이븐폴 / 로빈 그린토마토후라이드 / 쥬드 / 버진클레이 / 망각화 블루아일랜드 / 더 리트머스 / 휴먼테일 / 아이델릭 나이트 쉐이드 / 셀린셀리셀린느 / 보니파이 / 필 빅앤슈펌 / P.K / 퍼필 / 바크하우스 / 레퀴엠 라이브액트 / 윤여규밴드 / 이병훈밴드 / 라온 커피온더부시 / 아이델릭 / 서스펜스 / 라투나 스탬프 / 나비맛 / 스트리트파이트맨 / 판다즈 사우스배이 / 미스터박 / Ascorbic Acid / 24크루 데릭 / 난봉꾼들 / 맘마선 / 문사출 / 아우라지 쾌락 / 웨이컵 / 화요일 / 키네틱스타일러스

– 힙합팀

MHIS / 하이-토닉 / 캐미-로 / 소울리듬시티 타브리스 / MCP박

– 스트리트 댄스팀

킬라몽키즈 / 스텝 / 킵더페이스 / 나타라자 맥스 / XTC / 무궁화 꽃이 피었습니다

– 밴드, 힙합팀 공연클럽

인터플레이 / 무몽크 / 퀸 / 스테레오포닉 (부산대앞) 바이닐 언더그라운드 / 다락 / 몽크 / 패브릭 (경성대앞)

⊙ 미술

대안공간 반디 (수영구 광안2동)
오픈스페이스 배 (기장군 일광면)
아트팩토리인다대포 (사하구 다대동 무지개공단)
대안문화공간 자인 (북구 화명동)
대안문화공간 비움 (부산대 앞)
미술문화공간 먼지 (광안리)
킴스아트필드미술관
(조각가 김정명, 금정구 산성마을)

– 공공미술

안창마을 프로젝트 (동구 범일4동)
물만골 프로젝트 (연제구 연산2동)
산복도로 프로젝트 (수정동, 감천2동)
생활문화 공동체만들기 시범사업 (개금3동)
문현 벽화마을 프로젝트 (문현동)

– 젊은 미술그룹

(현시대미술발전모임 / '종합선물세트' 팀)

–퍼포먼스 아티스트 '성백'

–그래피티 작가군

구헌주 / 정종훈 / 케이-투 / 네버 / Jial / 피카소 비현 / 박병호

–그래피티 작업공간 (온천천 등)

영화 · 연극, 전통의 독립문화

일제강점기 나운규 등으로부터 시작한 독립영화프로덕션의 전통을 갖고 있는 곳이 부산이다. 부산에는 그런 전통을 이은 부산독립영화협회가 있다. 1999년부터 시작한 독립영화제 '메이드 인 부산' 의 역사가 거기서 시작한다. 여기에는 부산을 기반으로 한 거의 모든 독립영화인들이 참여한다.

최근 영화 관련 학과 개설, 영상장비의 대중화로 디지털 영화의 제작이 대중화되는 것은 주목할 만하다. 부산시청자미디어센터를 통해 시민들은 직접 영상을 제작할 수도 있다. 실험적인 영상들은 이미 온라인에서 활발하게 움직이고 있다.

연극에서는 부산에서 소극장운동을 본격 전개한 연희단거리패의 가마골소극장이 언급되어야 한다. 1986년 창단해 광복동, 중앙동, 광안리 등을 오가며 실험적 연극의 대안적 활동을 펼친 바 있다. 현재 연극 관련 독립문화활동의 대표적 단체는 청소년극단 '눈동자' . 전국 순회공연도 하고 부산의 자발적 청소년축제인 '반' 과 유기적으로 결합하는 등 활동이 두드러진다.

시네마테크부산

여러 장르에서 들불처럼

미술에서는 대안공간의 효시인 사인화랑의 바통을 이어 대안공간 반디와 오픈스페이스배가 대표적으로 활동 중이다. 대안문화행동 '재미난 복수' 도 재미있는 팀이다. 2005년부터 제1회 부산지하철공공미술제를 기획하더니 2006년 부산대 앞에서 문화점거 공공미술프로젝트를 진행했다. 아예 2008년 5월 부산대 인근에 다원예술활동이 가능한 독립문화공간 '아지트' 를 열었다.

작업실에 갇힌 미술을 대중에게 소통시키는 공공미술 프로젝트도 일종의 대안예술이다. 안창마을과 물만골을 비롯해 수정동이나 감천 2동 등지의 산복도로에서 공공미술이 시도되는 모습이다.

록음악과 함께 부산을 대표하는 독립문화가 바로 그래피티다. 부산대 지하철역 아래 공간은 국내에서 가장 스케일이 크고 수준 높은 작품으로 유명하다. 한국을 대표하는 그래피티 작가들의 수는 대략 20여 명 정도인데, 이 중 부산 출신 작가가 절반에 달할 만큼 부산의 위상은 높다.

이 밖에 벡스코에서 매월 열리는 부산코스프레, 부산대 앞에서 진행되는 프리마켓, X Game 관련 동호회의 급증, 탈장르적 크로스오버 음악의 등장, 퓨전국악의 트렌드화, 타투 및 헤나 작가군 등의 현상들이 문화골목 곳곳에서 목격되고 있다.

아지트(장전동 독립문화예술인들의 거점)

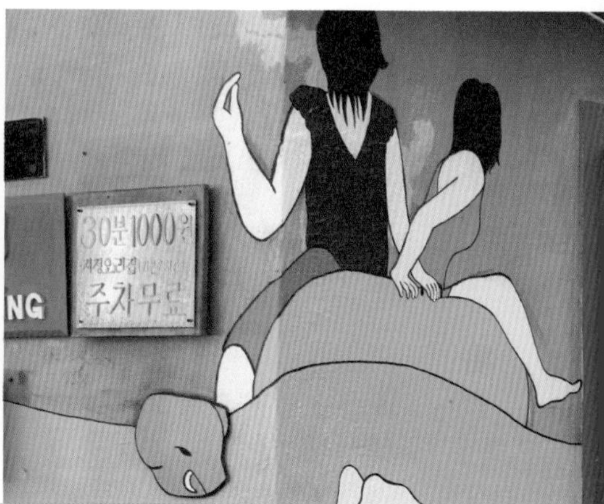

안창마을 공공미술 프로젝트

새로운 문화동력, 인디

부산예술대학의 김상화 교수팀은 2009년 초 부산발전연구원의 부산학 과제 공모에 당선됐다. '부산 독립문화의 현황과 활성화 방안' 이 연구 주제. 이 연구팀에는 부산 독립문화계에서 잔뼈가 굵은 젊은 열정들이 다 모여 있다. 이들은 지금의 부산 독립문화를 이렇게 본다.

"그동안 부산대 앞 거리문화축제, 부산독립영화제, 지하철예술제, 국제행위예술제, 클럽문화의 변화, 독립만화 · 애니메이션의 새로운 창작활동, 문화잡지 보일러 등의 출판활동, 소극장운동협의회, 지하철예술연대, 무대공감 등 각종 문화적 흐름과 도시재생과 예술촌 건립 등의 굵직한 기획들이 있었다. 부산 독립문화는 지난 10여 년간 인적, 물적, 미적 토대를 구축하는 데 나름의 성과를 얻었다. 그러나 이제부터가 시작이다."

요컨대 부산의 독립문화는 대안적 자기시장을 형성하느냐 마느냐의 기로에 섰다는 것, 나아가 문화적 공공성과 다양성의 발전 측면에서 부산시 등 적극적인 문화지원 정책의 이행이 뒤따라야 한다는 것. 10년 세월을 이겨낸 독립문화계의 목소리가 어느 때보다 크게 들린다.

온천천 그래피티

15 갈·봄·여름 없이 축제는 이어진다

축제는 지역성을 먹고 자란다. 아무리 국제화, 세계화를 지향하는 큰 축제라도 지역성을 잃는 순간 소멸의 길을 걷는다. 그것이 축제의 속성이다. 그렇다면 부산의 축제는 지역성을 얼마나 수렴하고 있을까? 그리고 경쟁력은? 또 언제 어디서 어떤 성격으로 축제가 열리고, 또 어느 정도의 규모로 사람들을 끌어모으는 것일까? 혹은, 지역문화의 블루오션으로 제 기능을 다하고 있을까? 그렇지 않다면 공무원과 기획사가 '통제' 하는 소모성 관광축제로 끊임없이 전락하고 있는 것은 아닐까?

월 · 계절로 본 부산 축제

2009년도에 부산시에 등록된 축제는 모두 57개다. 이 중 17개가 10월에 열린다. 다른 달과 비교할 때 압도적으로 많은 횟수다. 만추와 수확이라는 계절적 요인에 부산시민의 날(10월 5일)이 연계됐기 때문으로 분석된다. 부산국제영화제, 부산불꽃축제, 부산자갈치축제 등 대형 축제도 10월에 많다.

4월(8개)과 8월(7개)은 그 다음 순서다. 4월은 대저토마토축제(강서구), 기장멸치축제(기장군) 등 지역형 봄맞이 축제가 대세를 이루고, 8월은 부산바다축제, 부산국제매직페스티벌, 부산국제록페스티벌 등 피서인파를 겨냥한 관광성 축제가 많다. 6월과 11월은 어정쩡한 계절 탓인지 축제가 하나도 없다.

따뜻한 부산, 그러나 겨울 축제도 풍성하다. 12월부터 2월까지를 겨울로 봤을 때 모두 12개의 축제가 올해 부산에서 열린다. 물론 대부분이 송년 혹은 새해 축제다. 광복로 빛의 축제(중구), 희망의 빛 축제(영도), 해운대달맞이온천축제(해운대) 등 온기를 전하는 축제도 겨울에 집중돼 있다.

부산불꽃축제

예산 유형별로 본 부산 축제

예산 규모별로 보면 1억 원 이상의 축제가 24개이고 그 이하가 22개다. 하지만 1억 원 이상의 축제도 그 속내를 더듬어보면 차등이 심하다. 부산국제영화제가 99억 5천만 원(부산시의 사전집계 기준 · 민간 협찬에 따라 더 커질 수 있음)으로 압도적인 최대 규모를 자랑했고, 그 다음으로 부산불꽃축제(11억 원), 조선통신사한일교류문화축제(8억 원), 부산바다축제(7억 원) 등이 뒤를 이었다. 하지만 조선통신사축제는 해외(일본)와 서울(인사동) 축제를 포함했고 부산바다축제는 시내 6개 해수욕장에서 열리는 여름축제를 포괄해 개별단위 축제의 예산 규모는 그다지 크지 않다.

조선통신사한일교류문화축제

나머지는 죄다 5억 원 이하다. 철마한우불고기축제와 부산자갈치축제는 4억 원대, 부산록페스티벌, 부산항축제, 동래읍성역사축제, 차성문화제 등은 3억 원대다.

부산바다축제

가장 적은 예산을 들인 축제는 장산제(해운대구)로 2009년 470만 원을 썼다. 보수동 책방골목문화축제(중구), 영도풍어제(영도구), 40계단축제(중구) 등도 2천만 원 이하다.

유형별(부산시 분류법 기준)로는 문화예술 축제 19개, 관광특산 12개, 문화산업 3개, 전통민속 11개, 지역특산 8개, 주민화합 4개 등으로 나타났다.

영도풍어제

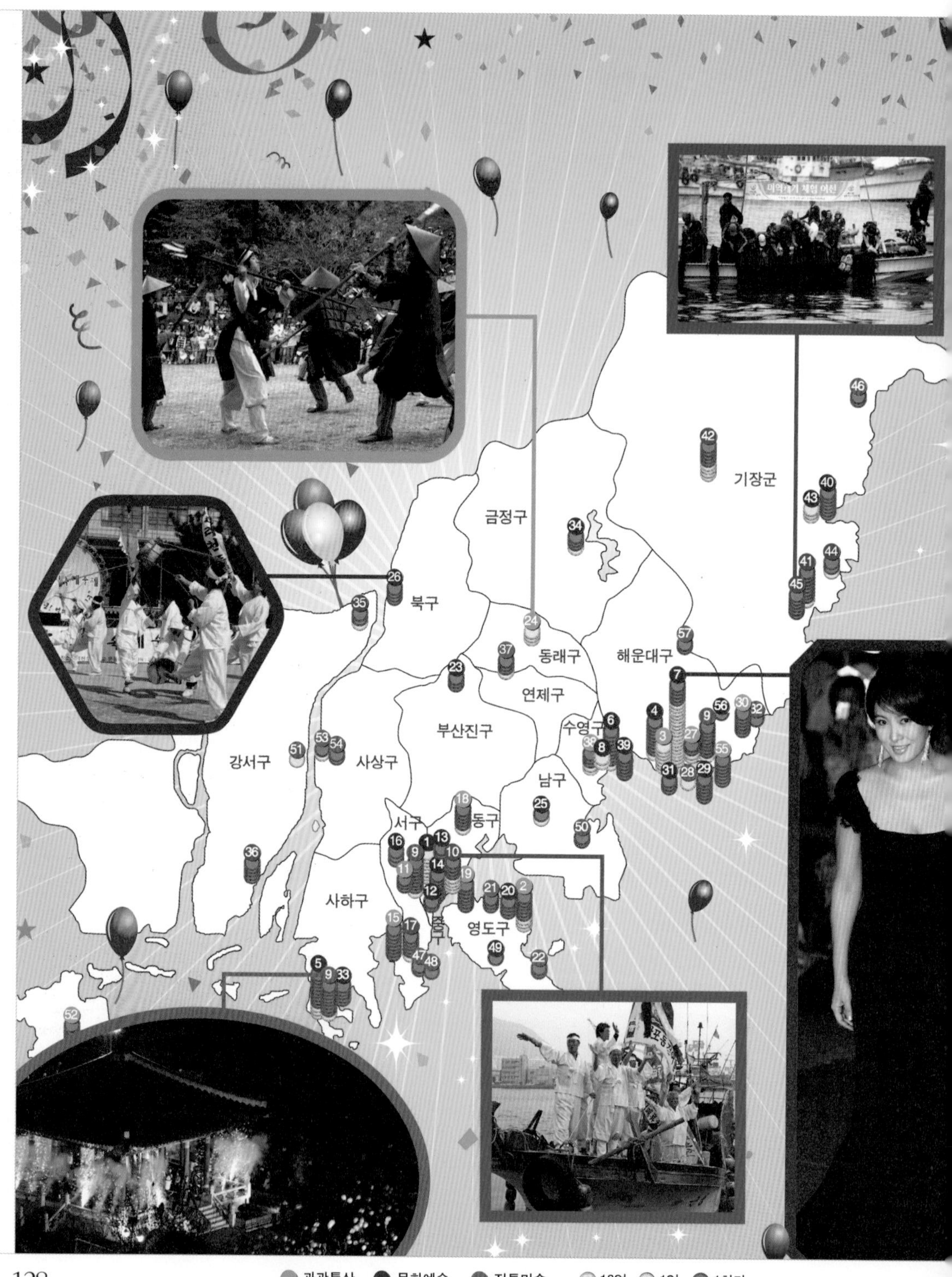
금정구
기장군
북구
동래구
해운대구
연제구
부산진구
수영구
강서구
사상구
남구
서구
동구
사하구
중구
영도구
관광특산
문화예술
전통민속
문화산업
지역특산
주민화합
10억
1억
1천만
(단위 : 원)

| 2009년 지역축제 현황 |

(단위: 백만 원)

연번	관리주체	축제명	시기	축제예산(지원액 구성)
1	부산시	조선통신사 한일문화교류축제	5월	8억 원(시8억 원)
2	부산시	부산항축제	5월	3억 6천만 원(시1억 8천만 원, 자체1억 8천만 원)
3	부산시	부산바다축제	8월	7억 원(시7억 원)
4	부산시	부산국제매직페스티벌	8월	4억 원(시1억 9천만 원, 자체2억 원, 기타1천만 원)
5	부산시	부산국제록페스티벌	8월	3억 9천만 원(시3억 9천만 원)
6	부산시	부산국제어린이영화제	8월	1억 8천500만 원(시1억 원, 자체8천500만 원)
7	부산시	부산국제영화제	10월	99억 5천만 원(국18억 원, 시56억 4천만 원, 자체25억 1천만 원)
8	부산시	부산불꽃축제	10월	11억 원(시6억 원, 협찬 5억 원)
9	부산시	부산 해넘이.해맞이축제	12월	1억 8천만 원(시1억 8천만 원)
10	중구	부산자갈치축제	10월	4억 4천100만 원(국7억 원, 시1억 5천만 원, 구1억 2천200만 원, 자체6천300만 원, 기타3천600만 원)
11	중구	광복로문화축제	12월	3천300만 원(시1천만 원, 구300만 원, 자체1천700만 원)
12	중구	보수동책방골목문화행사	9월	1천500만 원(시500만 원, 구500만 원, 자체500만 원)
13	중구	40계단문화축제	10월	2천만 원(자체2천만 원)
14	중구	광복로 빛의축제	12월	7천만 원(자체7천만 원)
15	서구	송도바다축제	7월	7천800만 원(구7천800만 원)
16	서구	구덕골문화예술제	9월	2천500만 원(구2천500만 원)
17	서구	부산고등어축제	10월	1억 5천만 원(구3천만 원, 자체6천만 원, 기타6천만 원)
18	동구	차이나타운특구축제	5월	1억 5천100만 원(시3천만 원, 구1억 원, 자비/협찬2천100만 원)
19	영도구	부산영도다리축제 (옛 절영축제)	9월	7천만 원(구5천만 원, 자체2천만 원)
20	영도구	행복영도만들기 희망의 빛 축제	12월	4천만 원(구3천500만 원, 자체500만 원)
21	영도구	청학2동 벚꽃축제	3월	3천만 원(구1천만 원, 자체2천만 원)
22	영도구	풍어제	3월	1천950만 원(구300만 원, 자체1천650만 원)
23	부산진구	우리문화체험축제마당	4월	2천480만 원(구2천 480만 원)
24	동래구	동래읍성역사축제	10월	3억 원(시3천만 원, 구2억 2천만 원, 기타5천만 원)
25	남구	제13회 오륙도 축제	10월	1억 1천만 원(시1천만 원, 구8천500만 원, 자체1천500만 원)
26	북구	낙동민속예술제	10월	4천만 원(시1천만 원, 구 3천만 원)
27	해운대구	해운대모래축제	5월	2억 2천만 원(국3천만 원, 시3천만 원, 구1억 3천만 원, 협찬3천만 원)

28	해운대구	해운대달맞이 온천축제	2월	9천800만 원(시1천만 원, 구800만 원, 자체3천만 원, 기타5천만 원)
29	해운대구	달맞이언덕축제	10월	5천900만 원(구900만 원, 자체2천만 원, 기타3천만 원)
30	해운대구	송정해변축제	8월	5천700만 원(구700만 원, 자체2천만 원, 기타3천만 원)
31	해운대구	동백섬문화관광축제	10월	3천200만 원(구200만 원, 자체1천500만 원, 기타1천500만 원)
32	해운대구	송정해맞이축제	1월	1천만 원(구1천만 원)
33	사하구	낙조분수사계절 꺼리운영	3월	5천만 원(구비5천만 원)
34	금정구	금정예술제	10월	1억 2천500만 원(시2천만 원, 구1억 500만 원)
35	강서구	대저토마토축제	4월	1억 1천500만 원(구1천500만 원, 자체1억 원)
36	강서구	명지전어축제	8월	5천만 원(국500만 원, 구1천500만 원, 자체3천만 원)
37	연제구	연제한마당축제	4월	1억 3천만 원(시1천500만 원, 구1억 500만 원, 자체1천만 원)
38	수영구	제9회 광안리어방축제	4월	2억 3천만 원(국3천만 원, 시3천만 원, 구1억 7천만 원)
39	수영구	광대연극제	8월	6천100만 원(구1천100만 원, 자체5천만 원)
40	기장군	기장갯마을마당극축제	7월	6천5백만 원(시1천500만 원, 군5천만 원)
41	기장군	기장멸치축제	4월	1억 7천500만 원(시2천만 원, 군8천500만 원, 자체7천만 원)
42	기장군	철마한우불고기축제	10월	4억 5천만 원(군9천만 원, 자체3억 6천만 원(미정))
43	기장군	제10회차성문화제	5월	3억 원(군3억 원)
44	기장군	기장붕장어축제	10월	1억 1천500만 원(군5천500만 원, 자체6천만 원)
45	기장군	기장미역 · 다시마축제	4월	5천500만 원(군2천500만 원, 자체3천만 원)
46	기장군	기장해맞이축제	1월	2천만 원(군2천만 원)
47	서구	송도달집축제	1월	2천100만 원(구800만 원, 자체1천300만 원)
48	서구	해맞이축제	1월	700만 원(구700만 원)
49	영도구	함지골문화축제	10월	600만 원(구150만 원, 자체450만 원)
50	남구	이기대 달맞이축제	2월	1천500만 원(구1천500만 원)
51	강서	강서한마음축제	10월	1억 100만 원(구1억 100만 원)
52	강서	숭어축제	4월	4천700만 원(시500만 원,구2천200만 원, 자체2천만 원)
53	사상	사상강변축제	4월	1억 500만 원(구8천500만 원, 자체2천만 원)
54	사상	사상전통달집놀이	2월	2천300만 원(구2천만 원, 자체300만 원)
55	해운대구	북극곰 수영대회	2월	7천100만 원(시1천만 원, 구1천만 원, 자체5천100만 원)
56	해운대구	장산제	10월	470만 원(구270만 원, 자체200만 원)
57	해운대구	담안골문화축제	10월	2천100만 원(구700만 원, 자체1천400만 원)

국= 국가예산, 시=부산시예산, 구(군)=구(군)청예산
2009년 기준 (일부 예정 혹은 미개최)

축제는 관(官)이 좌지우지한다

전국적인 현상이지만 부산 축제도 관(官) 의존도가 높다. 국가나 부산시, 구 · 군청의 예산 지원이 없으면 축제도 소멸되기 쉬운 구조를 가졌다는 얘기다. 그만큼 자체 예산의 비중이 약하다.

덩치가 작은 축제도 예외가 아니다. 고작 1천500만 원이 투입된 보수동책방골목문화행사도 전체 예산의 3분의 1인 500만 원만 자체 충당하며, 그나마 40계단문화축제(2천만 원)와 광복로 빛의 축제(7천만 원)가 전체 경비를 스스로 해결하는 구조다.

보수동 책방골목 문화행사

40계단축제

광복로축제

그 밖의 축제

최근에는 외국인 거주자를 위한 축제도 늘고 있다. 주로 외국인 노동자와 결혼 이주민을 위한 위로성 축제인데 대동제의 성격도 함께 띤다. 지난 4월 부산진구 외국인노동자인권모임 주최의 '미얀마 띤잔축제'가 열렸고 앞서 1월에는 '네팔 공동체 신년행사'가 개최됐다.

프랑스문화원이 매년 5월 주최하는 프랑스문화축제 '랑데부 드 부산'도 시나브로 부산의 대표적인 외국문화 축제로 자리잡았다.

2008년 4월부터 시작된 '낙동강 구포 전국 민속놀이 굿 한마당 축제'(낙동문화원 · 대한경신연합회부산본부 공동 주최)도 굿 복원이라는 이색 아이템으로 잔잔한 호응을 얻고 있다.

부산 축제의 원형과 계승

현존하는 부산 축제 중 가장 오래된 것은 영도풍어제다. 1964년 시작된 뒤 올해로 46회를 맞았다. 영도풍어제는 해안지역의 공동체 축제인 별신굿의 전통을 계승한 축제로 매년 음력 3월 2일 영도구 동삼동 하리항 방파제 입구에서 열린다. 해운대달맞이온천축제(1983년)는 올해 27년째고, 자갈치축제(1992년), 영도다리축제(1993년), 낙동민속예술제(1994년), 동래읍성역사축제(1995년), 송도바다축제(1995년), 부산바다축제(1996년), 부산국제영화제(1996년), 함지골문화축제(1998년) 등도 겨우 10년을 넘겼다. 이처럼 부산 축제는 그다지 오래되지 않았거나 제대로 복원되지 못한 상태다.

이런 상황에서 부산 축제의 원형은 어디서 구하고, 또 어떻게 계승할 수 있을까?

민병욱(부산대 국어국문학과) 교수는 "신라 연등회, 조선 동래들놀음과 수영들놀음, 부산진탈춤 등에서 부산 축제의 원형을 찾을 수 있겠으나 현대화와 연속성은 크게 떨어진다"며 "축제 참여자의 지역 · 문화적 공감대 형성과 공동체 의식의 강화, 마을문화의 복원, 남(관광자원화)을 위한 것이 아니라 스스로의 표현을 돕는 축제로 방향을 틀 때 부산 축제의 내적 원형 회복도 어느 정도 가능하지 않을까 싶다"고 말했다.

1	2
3	

4	5	6

1. 영도풍어제
2. 해운대달맞이온천축제
3. 해운대모래축제
4. 대저토마토축제
5. 자갈치축제
6. 명지전어축제

16 책은 어디에, 도서지도

무려 960여 곳. 부산 16개 구·군에 등록된 출판사 숫자다. 이렇게 많은가 싶어 각 구·군의 등록현황을 몇 번씩 확인했다. 맞다. 그런데 의문이 든다. 부산에서 그렇게 많은 책들이 만들어지는가? 여기에는 시선의 꽤 큰 굴절이 필요하다.

현재 부산지역에서 책이 얼마나 만들어지는지 정확히 알 수 있는 곳은 없다. 문화관광부, 국립중앙도서관, 대한출판문화협회를 비롯해 구·군청 등 각종 기관을 통해 봐도 지역별·출판사별 출판 집계는 이뤄지지 않는다는 답변만 듣게 된다.

부산지역 출판계 몇몇 인사에게 문의한 결과 부산에서 그나마 지속적으로 책을 만들어내는 곳은 손가락으로 꼽을 정도란다. 해성, 작가마을, 전망, 열린시, 말씀, 세종출판사, 푸른별, 산지니, 비온후, 빛남쯤이 그들이 추천한 출판사들. 사실 국내에서 매일 쏟아지는 수백 종의 책 가운데 부산 출판사의 것은 찾아보기 어렵다. 참고로 대한출판문화협회는 전국 2만 7천여(문화관광부 2007년 12월 기준 자료) 출판사 중 90% 이상이 1년에 책을 한 종도 내지 않은 것으로 추정하고 있다.

출판사 숫자가 많은 것은 출판업이 신고 업종이라 특별한 시설이나 규모에 대한 검증 없이 사업자 등록이 가능하기 때문이며, 특히 인쇄업을 하는 이들이 출판업을 함께 신고하는 경우가 상당수인 것이 현실이다. 당연히 대부분 출판사들은 영세성을 면치 못하고 출판에 대한 뚜렷한 목적의식도 없다 보니 무실적의 출판사가 난립하게 되는 것이다. 인구 360만 명의 대도시에 출판사다운 출판사가 고작 10여 곳이라는 게 부산 출판의 현주소인 것이다. 지역 출판계는 "한마디로 위기"라고 한탄한다.

부산 출판이 위기인 것은 먼저 독서문화의 전반적인 퇴행에 따른 시장 침체가 근본 원인이다. 부산 시장만으로는 비전이 없는 것이다. 전국을 대상으로 해야 하는데 그러기에는 유통에 따른 비용 부담이 만만치 않다. 부산의 산지니 출판사 강수걸 대표의 말이다.

"가령 정가 1만 원의 책을 발간할 경우, 서울의 총판업체에 6천 원에 넘긴다. 총판업체는 그 책을 6천500원에서 7천 원 사이에 각 서점에 넘긴다. 정가의 5~10% 정도 금액이 총판에 주는 유통대행 수수료인 셈이다. 거기다 재고를 보관할 창고도 운영해야 한다. 그런 물류비가 또 정가의 5~10%를 차지한다. 결국 전국을 대상으로 할 경우 지역 출판사는 정가의 10~20%를 추가로 치러야 하는 것이다."

사정이 그렇다 보니 지역의 영세한 출판사들은 전국의 대형 서점 진출은 엄두를 내지 못하게 되고, 어쩔 수 없이 지역 서점과의 직거래를 선호하게 되는 것이다. 지역 출판사가 전국을 대상으로 하는 큰 출판사로 나서지 못하는 것은 그런 이유가 크다.

시민도서관

영광도서

| 공공·대학·전문 도서관 |

1 구덕도서관
2 구포도서관
3 금정도서관
4 기장도서관
5 남구도서관
6 느티나무도서관
7 동구도서관
8 명장도서관
9 반송도서관
10 반여도서관
11 부산강서도서관
12 부산디지털도서관
13 부산시민도서관
14 부산중앙도서관
15 부산중앙도서관 수정분관
16 부전도서관
17 사상도서관
18 사하도서관
19 서동도서관
20 수영구도서관
21 연산도서관
22 영도도서관
23 재송어린이도서관
24 해운대도서관

25 부경대학교 대연캠퍼스 중앙도서관
26 부경대학교 용당캠퍼스 공학도서관
27 부산교육대학교 학술정보관
28 부산대학교 중앙도서관
29 부산대학교 의학도서관
30 한국해양대학교 도서관
31 경성대학교도서관
32 고신대학교 문헌정보관
33 고신대학교 의학도서관
34 동명정보대학교 중앙도서관
35 동명대학도서관
36 동서대학교 중앙도서관
37 동아대학교 승학캠퍼스 한림도서관
38 동아대학교 부민캠퍼스 법학도서관
39 동아대학교 구덕캠퍼스 의학도서관

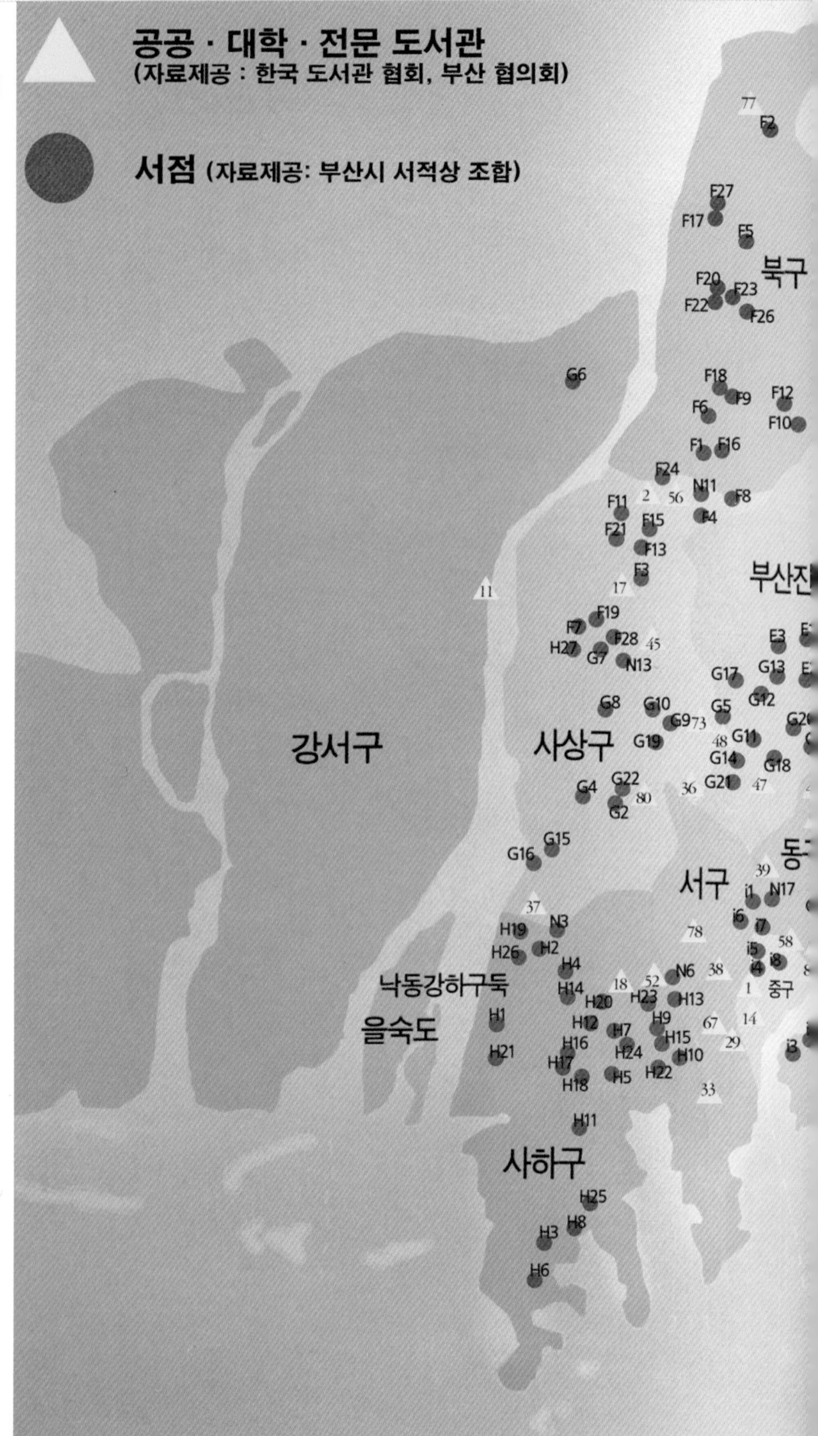

금정구
기장군
회동저수지
해운대구
수영구
남구
영도구
출판사 수
금정구
89개
회동저수지
기장군
3개
북구
33개
동래구
37개
해운대구
77개
연제구
49개
수영구
40개
부산진구
사상구
40개
강서구
4개
동구
42개
남구
55개
서구
41개
중구
낙동강하구둑
을숙도
사하구
29개
영도구
16개
부산진구
187개
중구
223개

40 동의대학교 중앙도서관
41 동의대학교 한의학도서관
42 부산카톨릭대학교 중앙도서관
43 부산카톨릭대학교 신학대학도서관
44 부산외국어대학교 중앙도서관
45 신라대학교 도서관
46 영산대학교 연봉도서관
47 인제대학교 의학도서관
48 경남정보대학 도서관
49 대동대학 도서관
50 동부산대학 도서관
51 동의과학대학 도서관
52 동주대학 석파문학관 중앙도서관
53 부산경상대학 중앙도서관
54 부산여자대학 중앙도서관
55 부산예술대학 도서관
56 부산정보대학 도서관

57 국립수산과학원 도서실
58 기술보증기금 도서실
59 김원묵기념봉생병원 도서실
60 동래봉생병원 의학도서실
61 메리놀병원 의학도서실
62 부산고등법원 도서실
63 부산광역시 과학교육원 과학도서실
64 부산광역시 교육연구정보원 도서실
65 부산광역시 교육연수원 도서실
66 부산광역시 교육청 행정자료실
67 부산광역시 아동보호종합센터 도서실
68 부산광역시의회 의정자료실
69 부산광역시 지방공무원교육원 도서실
70 부산광역시청 시정정보 자료실
71 부산발전연구원 정보자료센터
72 부산지방변호사회 도서실
73 부산보훈병원 도서실
74 부산상공회의소 도서실
75 부산성모병원 의학도서관
76 부산시립미술관 도서자료실
77 부산여성가족개발원 자료실
78 부산위생병원 도서실
79 부산항만공사 자료실
80 여성문화회관 도서실
81 한진중공업기술연구소 자료실

| 서점 |

금정지구

A1 남산서점
A2 남산고서점
A3 내성미디어
A4 대광서점
A5 브니엘문고
A6 부곡서점
A7 목민서관
A8 애광서점
A9 연학도서
A10 장전서점
A11 푸른서점
A12 학우사
A13 한솔서점
A14 현대서점
A15 효원도서
A16 북스리브로
A17 영풍문고
A18 교보문고

남구지구

B1 광안도서
B2 남일서점
B3 남천서점
B4 대성서점
B5 대영서점
B6 덕문서점
B7 도산서원
B8 동아서적
B9 동천서점
B10 메트로서점
B11 면학도서
B12 명문서점
B13 문현도서
B14 박영도서
B15 브이데이
B16 비치서점
B17 샛별서점
B18 성국서점
B19 성문서점
B20 성지서점
B21 세신당
B22 양지서점
B23 영남서점
B24 예문도서
B25 중앙서점
B26 책사랑문고
B27 청백서점
B28 하나로도서
B29 한림서점
B30 신한빛서점
B31 흰돌서점

동구지구

C1 꽃샘도서
C2 대원서점
C3 동양서림
C4 백운서점
C5 상록도서
C6 상서당서점
C7 신동원서점
C8 청송도서
C9 청파서점
C10 한샘도서
C11 향우서점

동래지구

D1 글샘서점
D2 금정서점
D3 다사랑문고(명장점)
D4 다사랑문고(본점)
D5 대명서점
D6 동광서적
D7 망월서적
D8 삼보서적
D9 여고서점
D10 용인서점
D11 월드서점
D12 지욱서점
D13 책사랑문고
D14 천자도서
D15 청맥서점
D16 충렬서점
D17 하나도서
D18 학산서림
D19 학산서점2호
D20 학원서점
D21 아트박스(동래점)

부산진지구

E1 개성고서점
E2 경원서점
E3 국제서점
E4 금탑서점
E5 동보서적
E6 동성서점

E7 뿌리서점
E8 영광도서
E9 우리서점
E10 웅비서점
E11 종도서
E12 진양서점
E13 진학서점
E14 청솔서점
E15 학원도서
E16 한석봉서점
E17 한진서점
E18 현대서점(양정)
E19 홍익도서
E20 교보문고

북구지구

F1 광명서점
F2 글벗도서
F3 대덕서점
F4 대성도서
F5 대천서점
F6 대한도서
F7 덕포서점
F8 명성서점(성도고)
F9 명성서점(낙동고)
F10 보배서점
F11 부영서점
F12 삼성서점
F13 송림서점
F14 영광도서(신만덕)
F15 영진도서
F16 우리또래서점
F17 율리서점
F18 장학서점
F19 정록서점
F20 한국도서
F21 한일서점
F22 화명대림서점
F23 화명서점
F24 효성서점
F25 효원서점
F26 희성서적
F27 KG하나로서점
F28 사상고서점

사상지구

G1 국민도서
G2 늘벗서점
G3 동국서점
G4 동아서점
G5 문광서점
G6 문성서림
G7 문화서점
G8 문화서점
G9 복음도서
G10 백양서점
G11 새학문서점
G12 선향재서점
G13 세평서점
G14 아기곰서점
G15 엄궁서점
G16 오렌지북스
G17 율곡서점
G18 인재서점
G19 주례서점
G20 KG북플러스(가야점)
G21 크로바서점
G22 현대도서

사하지구

H1 가락서점
H2 건국서점
H3 다대서점
H4 당리서점
H5 대동서점
H6 대림서점
H7 동아서점
H8 맘모스서적
H9 문장서점
H10 백경서점
H11 보라서점
H12 보성서점
H13 빨간펜
H14 사하서점
H15 삼성서점
H16 상록서점
H17 서울서점
H18 성일도서
H19 승학서점
H20 예림서적
H21 청솔서점
H22 푸른서점
H23 학사서점
H24 해동서점
H25 해든서점
H26 향학서점
H27 현대서점

서구지구

I1 경남서점
I2 남포문고
I3 문우당서점
I4 비타민서점
I5 상학당서점
I6 진명서점
I7 칼라박스
I8 코모도서점

연제지구

J1 다사랑문고(교대점)
J2 다사랑문고(연산점)
J3 동림서점
J4 동아서점
J5 동양문고
J6 동화서점
J7 삼진서점
J8 연제서점
J9 영신서점
J10 우리서점
J11 유성서점
J12 태양서점
J13 토곡서점

영도지구

K1 광명서점
K2 교양당서점
K3 글샘서점
K4 동남서점
K5 예림서점

온천지구

L1 가람서점
L2 가람도서
L3 나나서점
L4 대성서적
L5 가나서점
L6 동래서적
L7 동인서점
L8 동화서점
L9 사직서점
L10 진영서점
L11 청록서점
L12 터서점
L13 햇빛서점

해운대지구

M1 국제서점
M2 글사랑문고
M3 금강서점
M4 동보서적(센텀시티)
M5 대승서점
M6 대우서점
M7 대원서점
M8 명성서점
M9 세계문고
M10 사계절서점
M11 신도서점
M12 양운서점
M13 영광서점
M14 우석서점
M15 세명도서
M16 원희서점
M17 제일서점
M18 주문도서
M19 진성서점
M20 태양서점
M21 한양서적
M22 한양서적(반여)
M23 센텀서점
M24 센텀서점
M25 KG북플러스
M26 교보문고
M27 영풍문고

대학분과

N1 경성대 구내서점
N2 동명대학서점
N3 동아대 구내서점(하단)
N4 동의과학대학 구내서점
N5 동의대 구내서점
N6 동주대 구내서점
N7 명인서점(부산교대)
N8 부경대 대연캠퍼스
N9 부경대 용당캠퍼스
N10 부산외대 구내서점
N11 부산성보대 구내서점
N12 영산도서
N13 아람서점
N14 잔메서점(부산경상대학)
N15 지산서점(부산카톨릭 대학교)
N16 해양대학교
N17햇불서점(동아대 대신)

문제는 지역 서점의 상황도 어렵기는 마찬가지라는 것. 현재 부산시서적상조합에 가입해 있는 부산지역 서점은 250여 곳. 하지만 교보문고 등 서울의 대형 서점들이 잇따라 부산에 진출하면서 부산의 향토서점들은 점점 설 곳을 잃어가고 있고, 그 영향은 지역 출판사들에게도 그대로 옮겨지는 현실이다.

해결책은 없는 것일까? 지역 출판계에서는 다양한 방안이 제시되고 있다. 출판사들의 오랜 염원인 도서정가제야 국가적 차원에서 해결할 문제고, 지역에서는 최근 새롭게 제기되는 것이 부산출판기금 조성이다. 일정한 기금을 모아 그것으로 지역 우수도서를 선정, 지원하는 제도를 수립하자는 것이다. 우수도서 선정에 따른 논란의 여지가 있지만 충분히 검토해볼 문제다.

도서출판 해성의 김성배 대표는 "부산문화재단의 설립으로 좋은 조건은 만들어진 셈이다. 관 주도의 소액다건의 나눠주기식 관행이나 단체 위주의 지원금 할당보다는 지역 출판과 독서 활성화를 위해 집중적이고 지속적인 기금 조성이 이뤄져야 한다"고 목소리를 높였다. 김 대표는 그 밖에도 '노인 독서 운동', '1사(社) 1책 읽기 운동' 등도 전개할 것을 제안했다.

산지니출판사

미디어줌

부산의 공공도서관들이 자료 구매 시 지역 출판사의 책을 일정 정도 의무적으로 구매케 하는 방안도 조심스레 나오고 있다. 한국도서관협회 부산협의회에 따르면 부산에는 현재 공공 · 대학 · 전문 도서관이 모두 80여 곳 있는데, 이들 도서관이 지역에서 나오는 책들을 소화해준다면 지역 출판계에 큰 활력이 될 수 있을 것이라는 이야기다.

산지니 강수걸 대표는 "일본에는 지자체 공공도서관들이 해당 지역 출판사의 초기 출판분 중 일정 부분을 의무적으로 구입하는 규정을 도입한 후 지역 출판사가 급증한 것으로 알고 있다"며 "부산에서도 시나 교육청에서 그와 같은 규정을 만들어 지역 출판을 활성화시킬 필요가 있다"고 밝혔다.

상황은 열악하지만 그 속에서도 묵묵히 책을 만들어내는 출판사가 부산에도 분명 있다. 2001년에 설립된 미디어줌. 직원이 모두 10명인 작은 회사지만 해마다 5~10종의 책을 내고 있다. 이 출판사의 박미화 대표는 "열악한 여건에서 악전고투하고 있다. 출판사도 제대로 된 책을 만들어내야 하겠지만, 잘못된 현재의 출판 유통 관행이 먼저 상당부분 개선돼야 한다"고 말한다. 힘겨운 상황이지만 제도적 지원이 이뤄진다면 출판업도 충분히 가능성이 있다는 믿음에서다.

여하튼 부산에서도 책은 만들어지고 유통되고 읽힌다.

17 시 · 소설 속 부산

한국 근대사의 부침과 함께 운명이 출렁거렸던 부산은 가장 아프면서도 가장 매력적인 문학 공간일 것이다. 일제강점기와 해방, 전쟁, 산업화로 숨 가쁘게 이어진 역사의 굴곡이 거기 굵은 주름으로 패여 있다. 다행히 부산에는 아픔을 쓰다듬는 산과 강 · 바다 같은 타고난 자연경관도 있었다. 문학 속에서 부산은 언제부터 어떤 모습으로 얼굴을 드러냈을까. 대표적 장르인 소설과 시에서 배경이 된 부산의 공간을 좇는다.

부산 공간은 신소설에서부터

조갑상 경성대 교수는 "1876년 개항장이었던 부산은 문명개화라는 신소설의 이념이 구체적으로 수용되는 공간"으로 본다. 당대 문명이기의 상징인 철도와 부두가 주요 배경이 되는 것은 그런 이유다.

이인직의 「혈의 누」에 벌써 부산이 보인다. 부산 최초의 근대식 물류창고로 1900년경 객주들이 세운 초량명태고방인 남선창고가 눈에 띈다. 1920년대 소설로서 부산을 자세하게 포착한 작품은 염상섭의 「만세전」. 부두와 부산에서 경찰과 헌병이 검문과 감시를 하는 수탈의 현장도 엿보이는데, 소설의 1/4이 부산을 배경으로 하고 있다. 1920년대 소설로 철도와 부두를 넘어 저 멀리 낙동강 하류와 구포까지를 아우른 작품이 조명희의 「낙동강」이고, 영도가 처음으로 나오는 소설은 1930년대 방인근의 장편 『마도의 향불』이다.

6 · 25 때는 김동리, 황순원, 안수길, 손창섭을 비롯한 숱한 작가들이 집중적

으로 피란 수도 부산을 썼다. 광복동 선술집이나 남포동의 선창가가 열정의 거처였다. 김동리의 「밀다원시대」가 광복동에 실재했던 다방을 무대로 예술가들의 고뇌를 담고 있다.

1960년대 들어서는 김정한, 이주홍 같은 부산의 작가들이 자신들이 딛고 선 부산의 공간을 짙은 지역성을 담아 본격으로 소설화하기 시작했다. 서정인의 「물결이 높던 날」은 외지인으로 특별하게 송도를 잘 묘사한 작품. 부산의 장소가 명확한 대표적인 작품으로 이호철의 「소시민」을 꼽을 수 있다. 완월동 제면소에서 자갈치, 광복동, 부두, 범일동 조방 앞까지 피란시절 부산 공간이 가장 구체적으로 묘사된다.

남선창고부지

송도해수욕장

공간 하나하나를 불러보다

부산의 명소들을 호명하면서 정을 붙여 노래하는 일은 시 쪽에서 더 살갑다. 이주홍의 시 「내 고장 부산자랑」이 그렇다. 김석규의 시 「부산」이 진취적인 희망의 노래라면, 김종해의 시 「부산에서」는 꺾일 수 없는 삶의 의지다. 부산 사람의 마음속에 새겨진 상징물, 김규태의 시 「오륙도」는 부산의 역사이자 한반도의 역사이며 지구의 역사인 오륙도를 보듬는다.

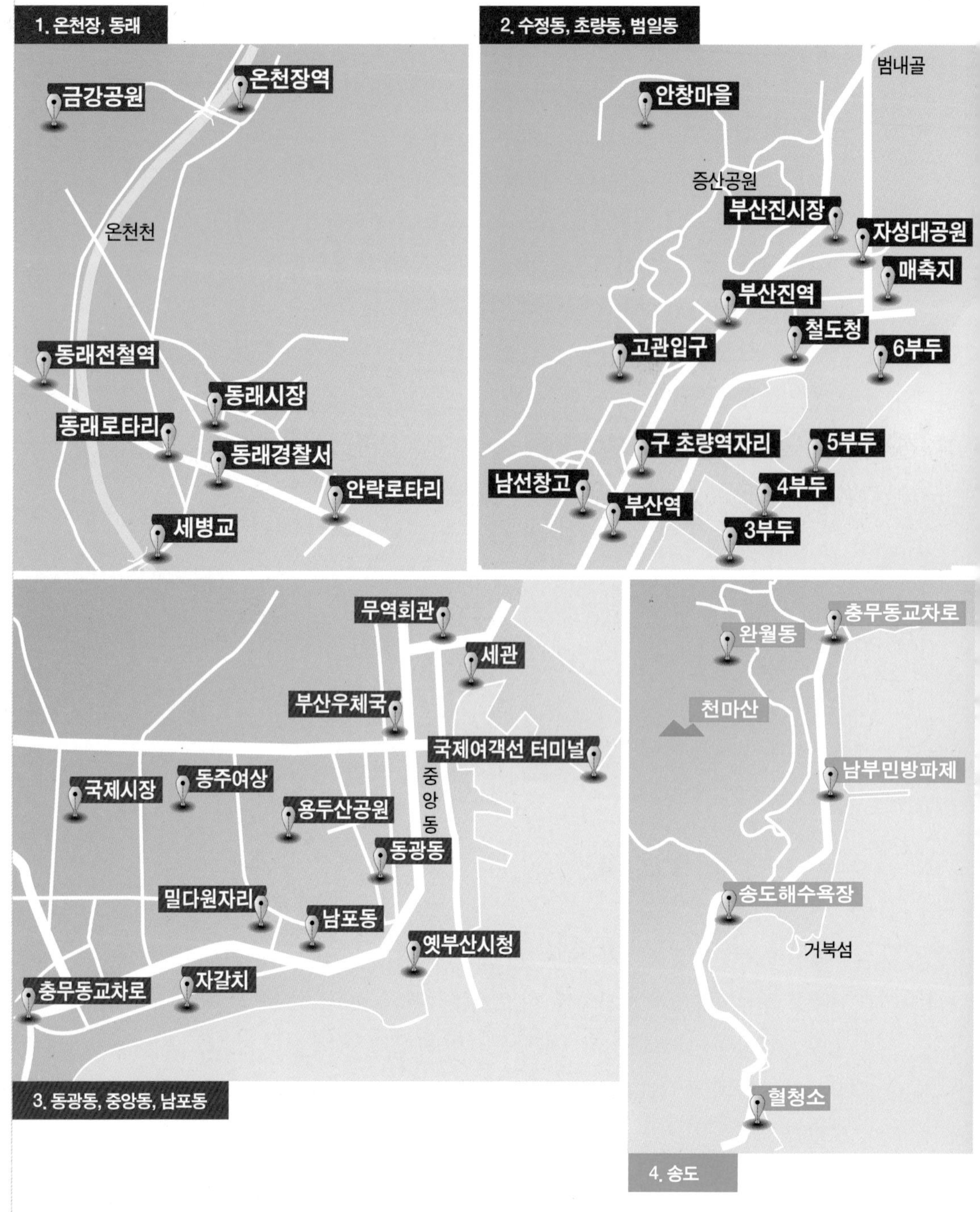
1. 온천장, 동래
금강공원
온천장역
온천천
동래전철역
동래시장
동래로타리
동래경찰서
안락로타리
세병교
2. 수정동, 초량동, 범일동
범내골
안창마을
증산공원
부산진시장
자성대공원
매축지
부산진역
철도청
고관입구
6부두
구 초량역자리
5부두
남선창고
4부두
부산역
3부두
3. 동광동, 중앙동, 남포동
무역회관
세관
부산우체국
국제여객선 터미널
중앙동
국제시장
동주여상
용두산공원
동광동
밀다원자리
남포동
옛부산시청
충무동교차로
자갈치
4. 송도
충무동교차로
완월동
천마산
남부민방파제
송도해수욕장
거북섬
혈청소

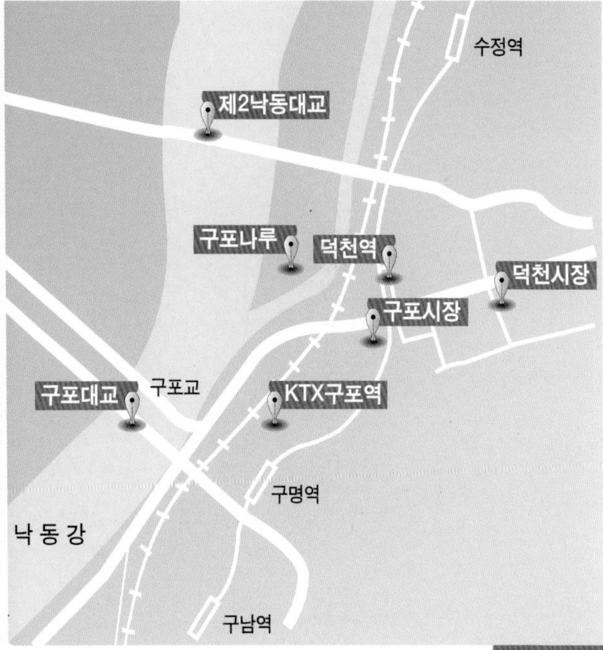

1. 온천장, 동래, 금정산, 남산동

김정한 소설 「사하촌」(1936) : 절 논을 부치는 가난한 소작인 이야기. 범어사 아래 남산동 무대.
손창섭 소설 「비오는 날」(1953) : 원구가 동욱 남매를 찾아가기 위해 내린 동래전차 종점. 지금의 동래경찰서 맞은편에 있었다.
이주홍 소설 「지저깨비들」(1966) : 지게꾼들이 정미소를 일터 삼아 삶을 영위했다. 지금의 동래 전신전화국 위쪽에 정미소가 있었다.
이주홍 소설 「동래 금강원」(1969): 온천장 '토끼탕' 풍속도 묘사.
김정한 소설 「굴살이」(1969) : 금강공원 동물원 때문에 굴에서 쫓겨난 젊은 여자 이야기.
김정한 소설 「사밧재」(1971) : 노포동 전철역 가기 전 양산 넘어가는 고갯길이 무대.
이주홍 소설 「선도원일지」(1975) : 금강공원 입구 장사업종 묘사.
윤후명 소설 「모든 별들은 음악 소리를 낸다」(1982) : 세병교 넘어 동래역 가기 전 연밭에서 연뿌리 캐기 구경하는 장면.
이규정 소설 「입」(1984) : 옛 부산여대 학보사 간사의 비애.
유병근 시 「금정산-산성마을 며칠, 그 넷」
이해웅 시 「금정산」
엄국현 시 「금정산」

2. 수정동, 초량동, 범일동

이인직 소설 「혈의 누」(1907) : 초량 명태고방인 부산 최초 근대식 물류창고 남선창고 건물 등장.
이인직 소설 「귀의 성」(1907) : 옛 초량역, 초량의 쓰러져가는 외딴집 등장.
리동구 소설 「도항노동자」(1933) : 일본에 건너가기 위해 수상경찰서에서 도항증명서를 받는 장면. 제1부두 배경.
이호철 소설 「탈향」(1955) : 부두, 철도 배경 부두노동.
최해군 소설 「사랑의 폐허」(1960) : 초량동 배경.
유익서 소설 「우리들의 축제」(1978) : 매축지에 지은 건물 붕괴 이야기. 부두 쪽 좌천3동 범일5동 일대.
조갑상 소설 「누군들 잊히지 못하는 곳이 없으랴」(2009) : 초량 철도관사. 사라진 장소에 대한 상실감이 만든 작품.
손택수 시 「범일동 블루스」
강영환 시 「산복도로」

3. 동광동, 중앙동, 남포동

염상섭 소설 「만세전」(1924) : 관부연락선. 국제여객선터미널 배경.
최찬식 소설 「추월색」(1912) : 경부선 시발역 초량역 내려 관부연락선 타는 주인공.
황순원 소설 「곡예사」(1952) : 경남중학 뒤편 일본식 주택에 세를 얻은 주인공.
김동리 소설 「밀다원 시대」(1955) 광복동 다방 밀다원이 무대.

이호철 소설 「소시민」(1964~1965) : 완월동 제면소에서 자갈치, 광복동, 부두, 조방 앞까지 피란시절 부산 공간 가장 구체적 묘사.
이병주 소설 「관부연락선」(1968~1970) : 일제 말 부산항 풍경. 동광동 중앙동 산언덕 모습 묘사.
윤정규 소설 「한수전」(1971) : 부두노동자 깡패 두목 된 뒤 밀항하다 죽음.
이병주 소설 「예낭풍물지」(1974) : 부평시장 부평동 배경.
박철석 시 「자갈치」

4. 송도

안수길 소설 「제삼인간형」(1953) : 전쟁 속 삶의 가치지향의 몇 가지 유형을 주제로 한 작품. 송도 아랫길(현 대림아파트) 묘사.
서정인 소설 「물결이 높던 날」(1963) : 송도 바다 묘사. 혈청소 넘어가는 길 왼쪽 언덕 친구 집 찾아가는 장면.
최인훈 소설 「하늘의 다리」(1970) : 송도 앞바다 묘사.

5. 영도

방인근 소설 「마도의 향불」(1932~1933) : 영도다리 왼쪽 나룻배 타고 봉래동 건너감. 영도 판자촌 묘사. 영도가 나오는 첫 소설.
김은국 소설 「순교자」(1964) : 영도 피란민 판자촌. 천막교회. 봉래동 혹은 청학동.
박경리 소설 「파시」(1965) : 여수뱃머리(남포동 뱃머리). 영도 맞은편 남포동 바닷가. 여주인공 표 사는 장면 세밀하게 묘사.
윤진상 소설 「누항도」(1973) : 영도다리 밑 이야기.
조해일 소설 「내 친구 해적」(1973) : 영도다리 배경.
이성희 시 「철거 예정된 영도다리 난간에서」
김수우 시 「영도다리」

6. 구포

조명희 소설 「낙동강」(1927) : 주인공 사는 곳 대저. 나룻배로 구포서 대저로 건너감. 구포역은 여주인공이 북행열차를 타고 떠나는 장면으로 기념비적인 공간.
김정한 소설 「독메」(1970) : 구포장 묘사.
홍정숙 시 「구포둑」
서규정 시 「구포 둑에 올라」
조성래 시 「카인별곡-구포에서」

7. 을숙도, 낙동강 하구, 하단, 다대포

김정한 소설 「모래톱이야기」(1966) : 낙동강 하구의 외진 모래톱 이야기.
소설 「수라도」(1969) : 낙동강 자락 양산 원동면 화제리가 무대.
이문열 소설 「젊은날의 초상」(1981) : 낙동강 하구, 하단이 작품의 무대.
양왕용 시 「에덴공원의 젊은이들-하단사람들6」
허만하 시 「낙동강 하구에서」
강은교 시 「낙동강-심연에 비추는 풍경 넷」
임수생 시 「낙동강」
최영철 시 「다대포 일몰」

8. 해운대, 기장, 오륙도

최서해 소설 「누이동생을 따라」(1930) : 해운대 배경.
김정한 소설 「그러한 남편」(1939) : 해운대서 해수욕하는 장면
이태준 소설 「석양」(1942) : 겨울바다 해운대 등장.
오영수 소설 「갯마을」(1955) : 기장 일광 어촌사람들의 삶.
김성종 소설 「백색인간」(1981) : 해운대 배경.
김규태 시 「오륙도」

부산 전체

이주홍 시 「내 고장 부산자랑」
김석규 시 「부산」
최해군 소설 「부산포」

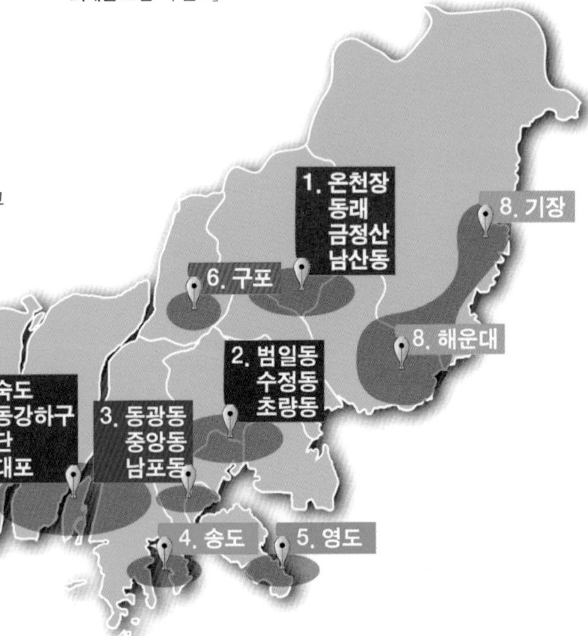

1970년대 서부 경남이나 호남의 농촌에서 부산으로 들어오던 이들의 첫 관문은 구포였다. 갓난아이 업고 보따리 등짐 지고 구포다리 건너 구포둑을 지났을 것이다. 서규정의 시 「구포 둑에 올라」나 조성래의 시 「카인별곡-구포에서」가 비린 현실로서 구포둑을 품고 있다.

엄혹한 7,80년대, 들판 멀리 갈대가 서걱대던 하단은 도시에서 떨어진 피안과 같았다. 최영철 시인의 말을 빌리면 "온갖 투정과 엄살을 받아준 푸근한 어머니의 품"이었다. 그때 토해낸 막막함과 울분이 양왕용의 시 「에덴공원의 젊은이들-하단사람들」이 되었다.

근대화의 뒷골목 범일동을 기억하는 손택수의 시 「범일동 블루스」나, 부산의 운명처럼 구불구불한 산복도로를 품에 안은 강영환의 연작시 「산복도로」는 산업화의 그늘 속에 핀 삶의 진경이다. 이 밖에도 바다의 불뚝 성질을 삭여내는 금정산의 힘을 노래한 유병근 · 이해웅 · 엄국현의 시가 있고, 다대포와 호포, 대변항 등 부산의 곳곳에 발길 내민 최영철의 시도 있다.

낙동강하구언

잃어버린 그러나 기억되어야 할

사라진 장소에 대한 상실감이 스스로 소설이 될 수 있을까. 최근 부산의 지역성을 담기 위한 작가들의 노력이 가열되고 있음은 고무적이다. 2008년 요산 김정한 선생 100주년을 기념해 엮은 책 『부산을 쓴다』에는 그것이 한 결실을 이루었다. 부산 소설가들이 동래읍성, 서면, 범어사, 사직야구장, 삼락공원, 용두산공원, 태종대, 수영사적공원 등 부산의 구체적 장소들을 풍성하게 담아낸 것이다.

부산을 이루었던 공간들은 지워지고 있다. 거대 구조물들이 들어서고 기존의 공간들이 개발과 철거를 반복하면서 부산 사람들을 품어낸 아기자기한 품들이 사라진다. 2009년 5월 100년 역사를 가진 남선창고가 철거될 수밖에 없는 운명이 또한 그렇다. 이런 현실 앞에서 문학이 해야 할 일이 많을 것이다. 그건 지나간 흔적과 삶의 묻힌 부분을 기억하고 또 드러내는 일 아닐까.

영도다리

자갈치시장

구포둑

18 부산을 기록하다, 정기간행물과 방송

언론!

가장 거룩하면서도, 가장 천박한 단어가 혹 아닐는지. 그 자체가 아니라 그 속에 담긴 '의지'에 따라 극과 극을 달릴 수 있는…. 글과 말이 생산과 소비의 대상이고, 그렇게 모든 것을 잉태해내는, 그래서 언론은 자유와 가장 잘 어울리는 친구일 듯하다.

그런 언론 자유의 모토만큼이나 시선과 그릇은 다양하다. 2009년 11월 현재 부산시와 각 구·군에 등록된 목록상의 정기간행물은 모두 229종. 일간지 2종, 인터넷신문 24종, 특수주간지 38종, 잡지 93종, 기타간행물 72종이었다. 방송은 지상파 9개 방송국(TV 4개·라디오 14개 채널), 케이블방송 10개 SO(유선방송 사업자)로 조사됐다.

380여만 명의 시민들이 매일 살을 부딪치며 살아가는 해양 메트로폴리탄시티, 부산에는 그렇게 크고 작은 신문과 잡지, TV, 라디오 등이 숨 쉬고 있다. 그러나 이들 간행물이 모두 정상적으로 발행되고 있는 것은 아니다. 경제적, 콘텐츠 한계 등을 이유로 상당수의 간행물들이 발간과 배포에 어려움을 겪고 있다. 특히 일부 간행물은 창간호 발간과 동시에 폐간된 사례도 있었다. 또 장기 휴간 중이거나 정간된 경우도 적지 않다.

이에 따라 부산시와 각 구·군 자료를 토대로 하되, 해당 기관과 단체에 직접 전화를 걸어 발행 여부를 일일이 확인했다. 그 결과 등록된 229종 중 130종의 발간을 최종 확인했다(130종에는 연락이 닿지 않아 부산시가 대신 발간 여부를 확인해준 사례도 포함됐다). 지도는 이들 확인된 정기간행물 현황만을 기준으로 했다. 그러니 실제와는 다소 차이가 날 수 있다.

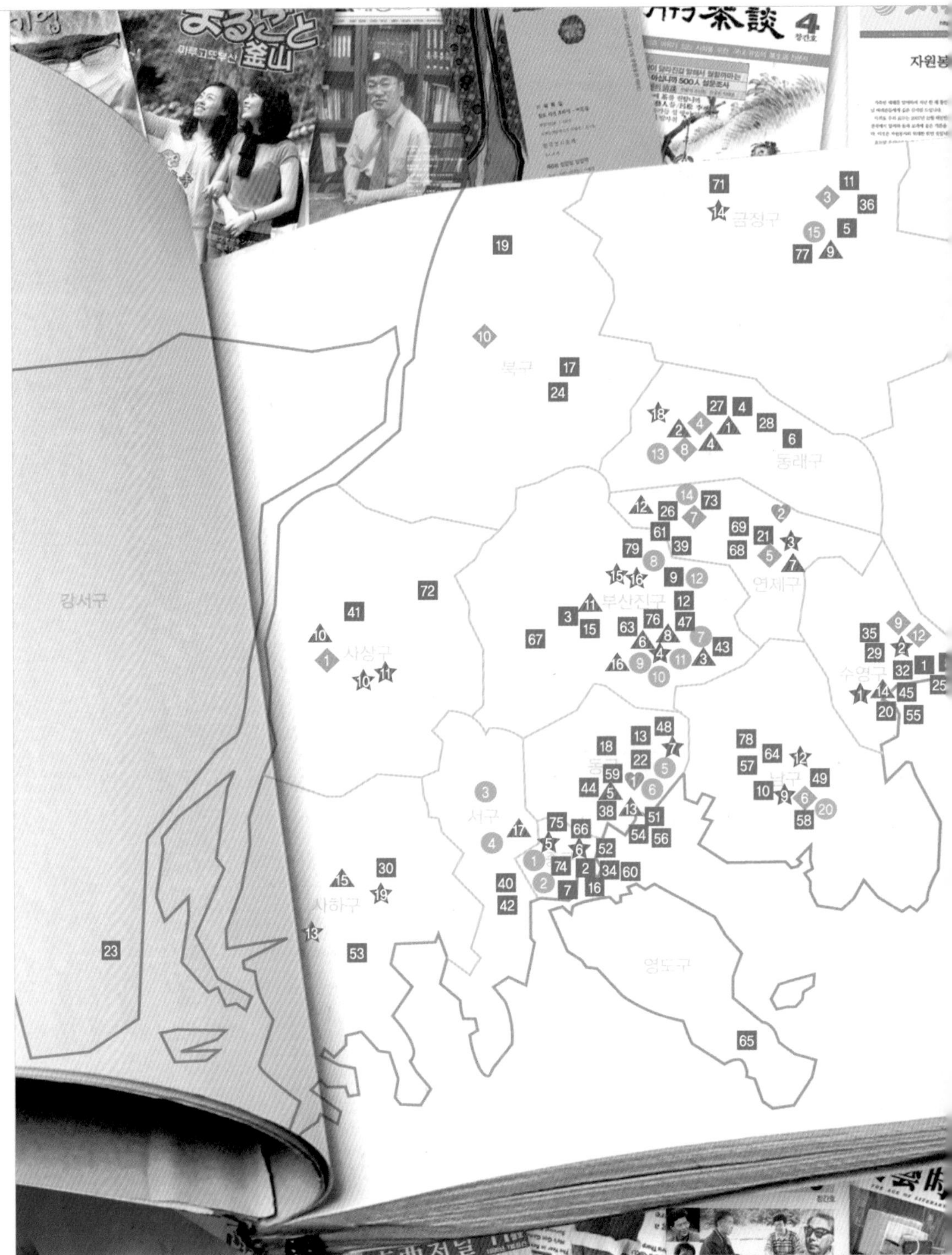
금정구
북구
동래구
연제구
강서구
사상구
부산진구
수영구
동구
남구
서구
중구
사하구
영도구

문성이 필요하다
우리 결혼했어요
自治硏究
第1卷 第1號/1991年 創刊號
1991/春
부산생
교회
희망의 빛, 부산 환히 비춘다
제4회 기독교 문화대상 시
아랫물길
신생
어린이문예
문예시대
9·10
거창군
19
17
37
50
8
16
2
33
46
17
14
♥ 일간지
★ 방송언론
■ 잡지
▲ 특수주간신문
◆ 인터넷신문
● 기타간행물

〈부산의 정기간행물과 미디어〉

♥ 일간지
1. 부산일보
2. 국제신문

★ 방송언론

- 지상파 방송국
1. KBS부산
2. 부산MBC
3. KNN
4. 부산기독교방송
5. 원음방송
6. 부산평화방송
7. 부산불교방송
8. 부산극동방송
9. 부산교통방송

- 케이블방송국
10. 티브로드낙동방송
11. 티브로드북부산방송
12. 티브로드동남방송
13. 티브로드서부산방송
14. CJ헬로비전금정방송
15. CJ헬로비전중앙방송
16. CJ헬로비전중부산방송
17. CJ헬로비전해운대기장방송
18. HCN부산방송
19. 동서디지털방송

■ 잡지

1. 아이디어 그리고 디자인
2. 釜山流(부산류)
3. 小設文學
4. 수필
5. the INDIAN(더 인디언)
6. 아랫물길
7. 오늘의 문예비평
8. 열린아동문학
9. 월간 바다낚시 and 씨루어
10. 문장21
11. 사회적기업
12. 부산시인
13. 케이알엑스(KRX)
14. DIO Magazine
15. 열린마음
16. 푸른글터
17. 부산생협
18. 시민세상
19. 원효문화
20. 부산경제정의
21. 당뇨와 생활
22. 문학도시
23. BJFEZ NEWS(경제자유구역청보)
24. 에세이문예
25. 여기
26. 코코펀부산
27. 삶과 교육
28. 까치에 실은 자동차 이야기
29. 좋은 만남
30. 푸드매니저
31. 맑은소리 맑은나라
32. 어린이문예
33. 열린시대
34. 시 전문 계간지 신생
35. 동서저널
36. 상가안내
37. 디지털도서관
38. 인쇄마당
39. 월간 부산
40. 문예시대
41. 도심가
42. 임상이비인후과
43. 자치연구
44. 시민시대
45. 인디고잉
46. 사람을 만나고 싶다
47. 함께가는 예술인
48. 예술부산
49. 예술에의 초대
50. 부산문화재단 뉴스레터
51. 행복다이제스트
52. 포세이돈 리뷰
53. 부산문학사계
54. 일상생활연구(Seize Life)
55. 부산상가로
56. 더 드림
57. 부산경제정의
58. 월간등산
59. 월간 씨엔
60. 좋은소설
61. 부산시조
62. 부산MBC창
63. 실상문학
64. 나눔천사
65. 계간 물류혁신
66. 민주공원
67. 우리주택
68. 새시대문학
69. 투어리즘 스코프
70. 시와 수필
71. 어린이 글수레
72. 주변인과 시
73. 부산문학
74. 해양과 문학
75. 작가와 사회
76. 연꽃
77. 시와 사상
78. 좋은 세상
79. 도우

▲ 특수주간신문

1. 부산복지&장애인신문
2. 한국사회복지신문
3. 교회복음신문
4. 국제기독신문
5. e뉴스한국
6. 건축사신문
7. 인포케어경매신문
8. 제일부동산경제신문
9. 주간인물
10. 녹색환경신문
11. 한국요양복지신문
12. 매일환경신문
13. 낙동강환경신문
14. 크리스찬타임
15. 부산트래블저널
16. 주택경제신문
17. 주간한국기독신문

◆ 인터넷신문

1. 한국디지털뉴스
2. 웰피아뉴스
3. 금정신문
4. 한톨 식품안전신문
5. 부산경제일보닷컴
6. 굿데이
7. 매일환경뉴스
8. 동래평생문화신문
9. 로컬투데이
10. 부산북부평생문화신문
11. 의보신문
12. 투데이코리아부산

●기타간행물

1. 괄사요법소식
2. 십대의벗
3. 부산노인신문
4. 청소년복지회보
5. 전통인술
6. 증권파생신문
7. 무궁화삼천리
8. 부산자원봉사
9. 해안명가
10. 마루고또 부산
11. 채널가이드
12. 다담
13. 천호News
14. 위서브
15. 모둠사랑
16. 부산햅스(Busan H멘)
17. 아름다운 인연
18. 예능교육신문
19. 곰곰이
20. 자원봉사신문

* 위 표는 부산시 등록 현황과 차이가 있음

정기간행물의 지역별 현황

확인한 130종의 정기간행물은 의외로 원도심을 중심으로 분산돼 있었다. 사람과 재력은 이미 신도심으로 옮겨갔음에도 간행물은 여전히 원도심을 지킨 것이다. 물론 이런 배경에는 원도심에 대한 애정이 아니라 사무실 임대료 따위의 경제적인 이유가 더 컸던 것으로 분석된다.

장르별로는 잡지가 전체의 60.76%인 79개로 가장 많았고 다음으로 기타간행물 20종, 특수주간신문 17종, 인터넷신문 12종, 일간지 2종 순이었다. 일간지는 부산일보와 국제신문이 유이했다. 특수주간신문은 종교, 경제, 환경, 복지 관련성이 깊었고 일부는 기관지 성격이 짙었다.

지역별로는 잡지의 경우 부산진구가 가장 많은 11종, 동 · 수영구 각 10종, 중구 9종, 연제 7종, 남 · 해운대구 각 6종, 금정구 5종, 동래구 4종, 북구 3종, 서 · 사상 · 사하구 각 2종, 영도 · 강서구 각 1종 순이었다. 인터넷신문은 동 · 연제 · 수영 · 해운대구 각 2종, 사상 · 금정 · 남 · 북구 각 1종 등으로 비교적 지역적으로 골고루 분포하는 경향을 보였다.

특수주간신문은 총 17종 중 5종이 부산진구에 위치했고, 다음으로 동래구 3종, 동 · 연제구 각 2종, 금정 · 사상 · 사하 · 수영 · 서구 각 1종 순이었다. 기타간행물도 부산진구가 6종으로 가장 많았고 그다음으로 해운대 4종, 동 · 서 · 중구 각 2종, 동래 · 연제 · 금정 · 남구 각 1종이었다.

부산시 대변인실 김은영 씨는 "등록과 달리 폐간이나 정간, 휴간할 때는 신고하지 않는 경우가 많아 정확한 통계를 만들기가 힘들다"며 "정당한 사유 없이 1년 이상(계간지 2년) 발행을 중단한 경우에는 직권으로 등록을 취소할 수 있다"고 말했다.

현재 신문과 잡지 등은 2005년 시행된 '신문 등의 자유와 기능보장에 관한 법률'과 2008년 시행된 '잡지 등 정기간행물의 진흥에 관한 법률'에 근거해 요건이나 등록절차가 많이 간소화됐다. 누구나 언론을 만들고 언론인이 될 수 있다는 얘기다. 문제는 형식이 아니라 내용일 테지만.

부산의 방송

부산의 방송매체는 크게 지상파와 케이블TV로 대별된다. 지상파 방송은 부산MBC, KBS부산, KNN, 기독교부산방송, 원음방송, 부산평화방송, 부산불교방송, TBN교통방송 등이 있다.

부산MBC는 TV 채널 1개와 라디오 채널 2개가 있다. 라디오는 표준FM(95.9MHz)과 함께 송출하는 AM라디오(1,161KHz), 음악을 전문으로 하는 FM4U(88.9MHz)다. KBS부산은 1·2 TV 두 개 채널과 제1라디오(AM891KHz), 제2라디오(FM97.1MHz), 표준FM(103.7MHz), 음악FM(92.7MHz) 등 라디오 4개 채널. 부산과 경남을 권역으로 하는 민영방송 KNN은 TV 채널 1개와 라디오 FM(99.9MHz) 채널이 있다.

이 밖에도 FM라디오 전문채널로 기독교 계열의 기독교부산방송(CBS·102.9 MHz)과 부산극동방송(93.3MHz), 원불교 계열의 원음방송(WBS·104.9MHz),

가톨릭계의 부산평화방송(101.1MHz), 부산불교방송(89.9MHz), TBN교통방송(94.9MHz), 부산영어방송(102.9MHz) 등이 있다.

케이블TV는 SO(유선방송 사업자)들이 부산을 몇 개 권역으로 나눠 방송한다. 태광그룹 계열의 국내 최대 MSO(복수 종합유선방송 사업자)인 티브로드(Tbroad)는 권역별로 4개의 SO를 보유하고 있다. 강서 · 사상 · 북구를 포괄하는 낙동방송과 북부산방송, 남구 · 수영구를 아우르는 동남방송, 서 · 사하구의 서부산방송이 그것이다.

전국 주요 지역에서 케이블방송을 하고 있는 CJ그룹의 MSO인 CJ헬로비전 역시 부산 4개 권역에 SO가 있다. 금정구의 금정방송, 부산진구의 중앙방송, 중 · 동 · 영도구의 중부산방송, 해운대 · 기장군의 해운대기장방송이다. 이 밖에 현대백화점 계열의 HCN부산방송이 동래 · 연제구를, 동서디지털방송이 서 · 사하구를 수신대상으로 하고 있다.

CBS

불교방송

평화방송

낙동케이블

동남케이블

CJ케이블

19 문화가 흐르는 거리

서양 대중문화의 뿌리가 광장이라면, 우리의 대중문화는 어쩌면 거리에 그 뿌리를 두고 있는지도 모른다. 길과는 또 다른 의미의 거리는, 사람들이 목적지로 향하는 통로로서의 기능뿐만 아니라 머뭇거리고 기웃거리는, 하나의 소통의 공간이다. 사람이 머물고 소통하는 공간에는 사람의 흔적, 그러니까 문화가 축적된다.

360만의 사람이 사는 부산에는 그런 문화의 거리가 곳곳에 산재해 있다. 역사가 농익은 곳, 젊음이 뜨거운 곳, 예술이 향기로운 곳, 이국 향취가 물씬한 곳…. 부산시와 각 구 · 군은 요즘 한창 그런 곳을 정비해 사람들이 더 찾을 수 있도록 꾸미고 있다. 성과의 유무에 관계없이, 거리의 가치를 제대로 알게 됐다는 점만으로도 충분히 치하할 일이다.

중구. 지금은 '구도심'이라는 퇴락의 느낌이 짙은 수식어가 따라붙지만, 과거에는 이름 그대로 부산의 중심(中)이었다. 중심이었던 만큼 사람의 왕래는 오래됐고 깊었다.

명물 '40계단' 주변의 거리는 특히 그러했다. 이곳은 지금 역사테마거리로 조성 중이다. 국 · 시 · 구비를 포함해 총 95억 원의 예산을 들여오는 2017년까지 '40계단'을 중심으로 중앙동과 동광동, 광복동 일대를 새롭게 단장한다. 사람들이 걸어다니며 부산의 옛 정취를 느낄 수 있도록, 애환과 향수의 거리, 화폐 · 우표의 거리, 인쇄 · 출판의 거리 등 다양한 테마로 꾸며진다. "부산의 응축된 역사문화자원을 관광과 연계시키겠다"는 게 중구청의 생각이다.

부산우체국에서 국제시장 입구에 이르는 대청로도 주목되는 거리다. 부산의 근대역사물이 산재해 있을 뿐만 아니라 종교시설이 집중돼 있고, 인근 광복동과 가까워 젊은 층이 많이 찾는 곳. 그래서 중구청은 이른바 '젊음의 거리'를 구상 중이다. 기한을 길게 잡아 2018년까지 49억 원의 예산을 투입해 문화거리로 조성한다는 계획이다.

중구청은 이 밖에도 전통의 보수동 책방거리도 2010년까지 17억 원을 들여 가로정비사업을 벌이는 등 책을 테마로 한 전통문화거리로 거듭나게 할 방침이다. 전통의 광복로는 2009년 초 가로정비사업이 완료돼 특히 미술 조형물 등이 중심이 된 거리갤러리로 꾸며졌다.

중구와 함께 부산의 구도심을 형성하는 서구는 임시수도 기념거리를 추진하고 있다. 6·25전쟁 당시 임시수도 정부청사(현 동아대박물관)와 대통령관저(현 임시수도기념관)가 있었던 역사적 사실을 배경으로 한다. 동아대 부민캠퍼스 입구에서 임시수도기념관까지 500m 거리를 '역사의 거리'로 명명하고 전차 등 역사조형물 설치, 역사테마파크 조성, 임시수도기념 전시·교육관 건립 등의 사업을 2010년 완공을 목표로 진행하고 있다. 장기적으로는 임시수도기념관에서 시작해, 부민초등학교에 이르는 거리와 부산대병원에 이르는 거리를 각각 '젊음의 거리'와 '소통의 거리'로 개발한다는 방침이다.

서구 임시수도기념관

중구 부산근대역사관

①중구 대청로 젊음의 거리

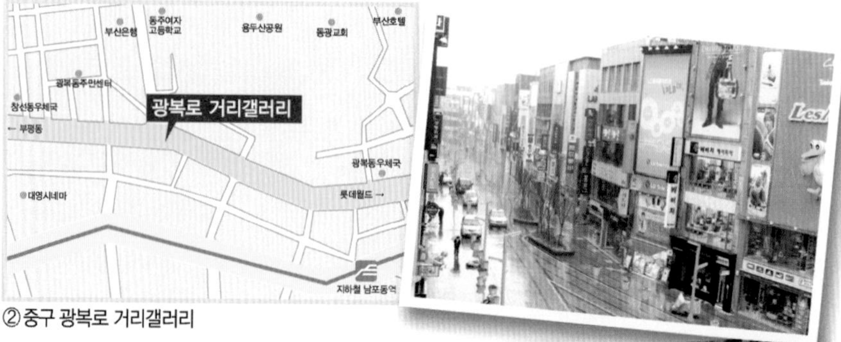

②중구 광복로 거리갤러리

③중구 책방골목 전통문화거리

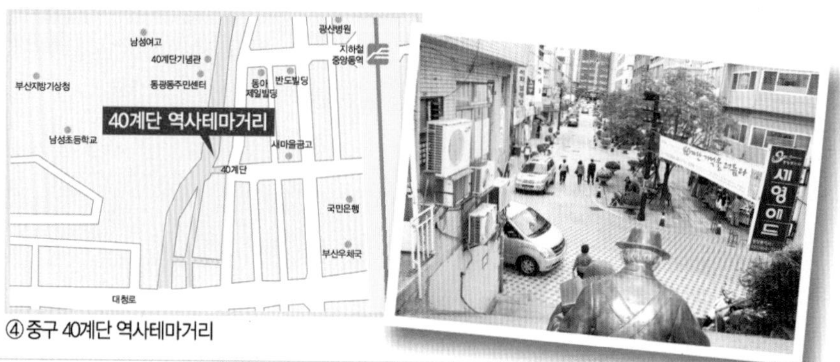

④중구 40계단 역사테마거리

⑤ 동구 차이나타운

⑥ 서구 임시수도기념거리

⑦ 영도구 문화의 거리

⑧ 부산진구 서면 특화거리

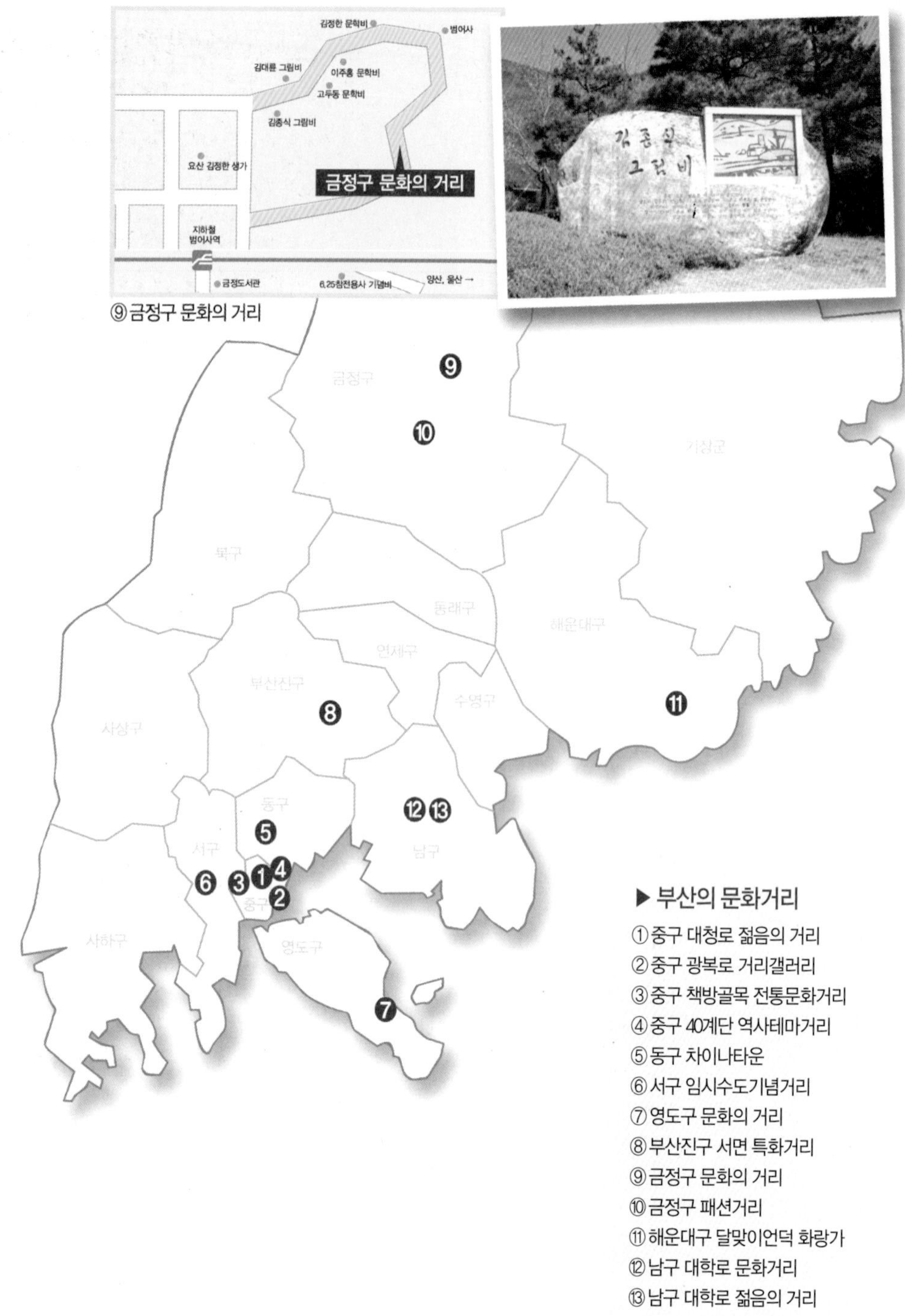
김정한 문학비
범어사
김대륜 그림비
이주홍 문학비
고두동 문학비
김종식 그림비
요산 김정한 생가
금정구 문화의 거리
지하철 범어사역
금정도서관
6.25참전용사 기념비
양산, 울산 →
금정구
기장군
북구
동래구
해운대구
연제구
부산진구
수영구
사상구
동구
서구
남구
중구
사하구
영도구
▶ 부산의 문화거리
① 중구 대청로 젊음의 거리
② 중구 광복로 거리갤러리
③ 중구 책방골목 전통문화거리
④ 중구 40계단 역사테마거리
⑤ 동구 차이나타운
⑥ 서구 임시수도기념거리
⑦ 영도구 문화의 거리
⑧ 부산진구 서면 특화거리
⑨ 금정구 문화의 거리
⑩ 금정구 패션거리
⑪ 해운대구 달맞이언덕 화랑가
⑫ 남구 대학로 문화거리
⑬ 남구 대학로 젊음의 거리

⑨금정구 문화의 거리

⑩ 금정구 패션거리

⑪ 해운대구 달맞이언덕 화랑가

⑫ 남구 대학로 문화거리

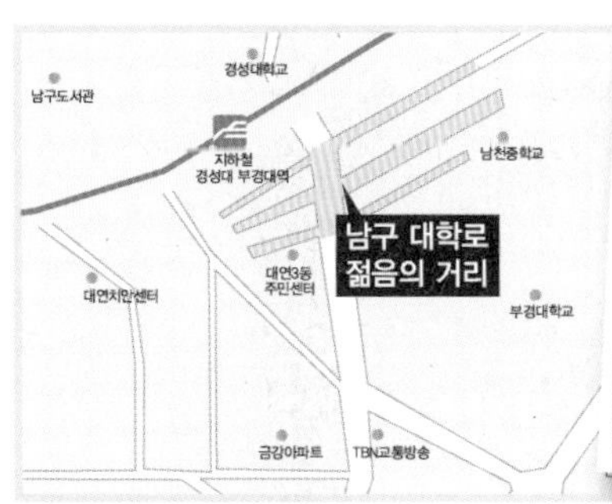

⑬ 남구 대학로 젊음의 거리

1993년 부산시가 중국 상하이 시와 자매결연을 맺은 뒤 동구 초량동 상하이 거리 일원은 차이나타운 특구 사업이 진행 중이다. 2012년까지 118억 원의 예산이 필요한데, 한 · 중문화관광센터, 중국전통체험마을 등이 건립되면 부산과 중국 문화교류의 거점이 될 전망이다.

구도심이 '역사' 를 거점으로 한 문화의 거리를 목적으로 두고 있는 반면 남구와 부산진구는 '젊음' 의 문화거리를 구상 중이다. 서면, 부경대 · 경성대 일원에서 뿜어져 나오는 젊음의 열정을 극대화시켜 보여주겠다는 것이다.

부산진구청은 69억 원의 사업비를 들여 2012년까지 이른바 '서면 특화거리' 를 만든다. 부산진구 서면 동보프라자~부전도서관, 부산은행~쥬디스태화 일원 2천110m 거리를 젊음(라온) · 음식(소담) · 학원(늘품) 등 3가지 테마에 맞춰 정비한다는 내용. 조각 등 지역 작가들의 예술작품과 특징적인 조형물 등을 설치해 단순히 노는 공간이 아닌 즐거움과 풍족함, 학문적 품성이 예술과 함께 어우러지는 공간으로 조성할 계획이다.

남구청은 부경대 · 경성대 일원을 대학로 문화거리 및 젊음의 거리로 개발하고 있다. 문화거리는 용소삼거리에서 부경대, 부산예술회관 건립지를 잇는 2㎞ 구간. '걷고 싶은 거리' 를 지향해 가로수를 새로 심는 한편 부경대 담장을 철거하고 그 자리에 데크와 벤치, 야외공연장 등을 설치했다. 161개의 야간경관조명도 설치돼 아름다운 야경을 연출토록 했다. 덕분에 서울의 홍대 앞과 비교될 정도로 클럽문화가 활발한 이곳 대학가 분위기가 훨씬 밝아졌다. 단순히 먹고 즐기는 것에 그치지 않고 지성의 산실인 대학 특유의 문화가 자라날 근기가 형성된 것이다.

금정구에는 별도의 수식어가 없는 '문화의 거리' 가 있다. 범어사 입구에서 범어로 하행선 약 2.2㎞ 일원인데, 요산 김정한의 문학비와 생가, 향파 이주홍 문학비, 김종식 그림비, 황산 고두동 문학비, 김대륜 그림비 등이 범어로를 따라 조성돼 있어, 산행을 겸해 여유를 갖고 둘러본다면 부산 예술을 이끈 거장들의 문화적 향기를 몸으로 느낄 수 있다.

이와는 별도로 부산대 앞 의류가게가 밀집해 있는 장전3동 일대는 특별히 패션거리로 명명된 곳이 있다. 1998년부터 의류매장이 들어서기 시작해 지금은 60개 가까운 점포가 들어섰다. 지난 5월 부산에선 최초로 길거리(로드)패션쇼가 열려 볼거리를 제공했다. 금정구청은 이곳을 부산 패션의 중심거리로 활성화시킨다는 방침이다.

오랜 역사유적을 바탕으로 한 문화거리도 있다. 영도구의 '문화의 거리'가 한 예인데, 동삼동 패총 유적에서 태종대 입구에 이르는 1.4㎞ 구간인데, 지난 2006년 1차로 정비가 됐다. 신석기 유적인 동삼동 패총의 역사성과 명승지 태종대의 이미지를 활용했다. 이외에도 해운대 달맞이언덕의 화랑가는 부산의 대표적 미술 거리로 꼽힌다.

사실 그동안 부산에서 거리를 문화의 대상으로 본 것은 그리 오래지 않다. 민간 부문의 전문가들 사이에서 부분적으로 이야기돼왔고, 이제 시나 각 구·군의 관심이 시작되고 있는 단계인 것이다.

이와 관련 민간 도시탐사모임 '아름다운 도시를 꿈꾸는 사람들' 회장을 맡고 있는 부산건축가협회 김승남 부회장은 "시민들의 문화 욕구가 이제 조금씩 반영되고 있는 단계로, 방향성은 긍정적이다. 하지만 부산 전체로서 종합적이고 체계적인 고민과 계획이 있어야 한다. 현재 진행되고 있는 문화의 거리 조성 양상은 지나치게 자의적이고 산발적이다. 묶어야 한다"고 충고했다. 부산시나 구·군 당국이 참고해야 할 말이다.

동삼동 패총전시관

PART 3

다양한 문화자원을 재구성하다

20 명품 문화자산, 조각공원

부산의 명품 문화자산, 조각공원

부산의 조각공원 현황을 취재하면서 크게 세 가지 사실을 깨달았다. '부산에도 조각공원(혹은 조각광장)으로 명명된 곳이 생각보다 많구나' 하는 놀라움과 '많은 것치고는 제대로 관리가 안 돼 공간과 작품이 아깝다는 핀잔을 듣고 있구나' 하는 안타까움, 그리고 '체계적으로 관리만 된다면 좋은 문화관광 자산이 될 수 있을 텐데…' 라는 기대감이었다.

부산에도 조각공원은 '있다'

2009년 5월 현재 부산에는 모두 8개의 (조각)공원 혹은 광장에 총 228점(부산시립미술관 야외조각, 파라다이스호텔부산 야외조각, 광안리 바다빛미술관 작품 28점 미포함)의 야외조각 작품이 설치돼 있다. 물론 이 수치는 도심에서 흔히 볼 수 있는 '1% 미술장식품' 은 제외한 것이다. 가장 최근에 조성된 APEC나

'평화의 탁자' (찰스 필키 · 미국 · 사진 오른쪽) '동반자' (미카엘 베테 세라씨 · 이디오피아) 등이 보이는 UN조각공원 전경

루공원(2006 · 2008년)을 비롯, 천마산조각공원(2004년), 암남공원(2004년), 을숙도조각공원(2004년), 아시아드조각광장(2002년), UN조각공원(2001년), 부산올림픽공원(1988년), 중앙공원(1984년) 등에선 적게는 14점, 많게는 45점의 조각작품을 한꺼번에 만날 수 있다.

이들 조각작품을 관리하는 기관은 남구청 문화체육과(UN조각공원) 서구청 문화관광과(천마산조각공원 · 암남공원) 등 구청, 을숙도문화회관(을숙도조각공원) 해운대관광시설관리사업소(부산 올림픽공원) 등 구청 산하기관, 부산비엔날레조직위원회(APEC나루공원), 부산시 체육시설관리사업소(아시아드조각광장), 부산시설관리공단 중앙공원사업소(중앙공원) 등으로 나뉘어 있다.

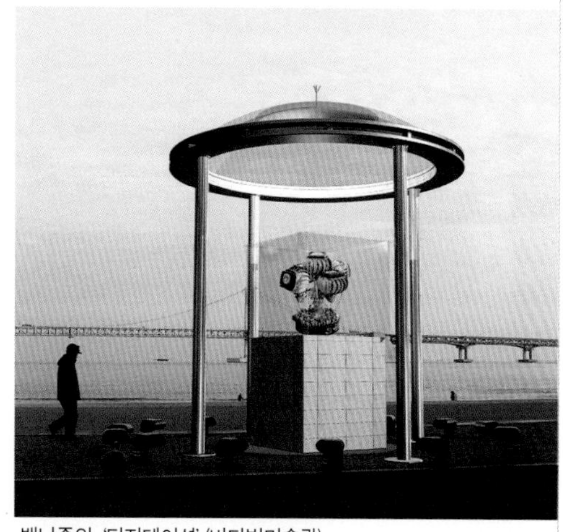

백남준의 '디지테이션'(바다빛미술관)

관리주체라고 하지만 실상은 조각작품 관리카드나 배치도를 소장하고 있는 수준의 담당자만 정해져 있을 뿐 체계적인 관리 시스템이나 전문인력은 전무했다. 사정이 이렇다 보니 미술인들 사이에선 '작품도 아깝고 장소도 아깝다'는 탄식이 터져 나오고 있는 형편이다. 그럼에도 불구하고 우리가 이들 조각공원을 외면할 수 없는 이유는, 팍팍한 우리 삶에 여유를 던져주는 생활공간이자 윤기를 더해주는 예술공간이라는 사실이다.

알그리다스 보사스(리투아니아)의 '천국의 열쇠'(암남공원)

리앙 슈오(중국)의 '이주 노동자'(을숙도조각공원)

조각도 유지 · 보수가 필요하다

부산의 조각공원에서 아쉬웠던 점이라면 역시 관리 부실 문제. 가장 최근에 조성되었을 뿐만 아니라 기대도 컸던 APEC나루공원의 몇 가지 사례를 들어본다. APEC나루공원은 지난 2005년 APEC 정상회의를 기념하기 위하여 조성된 공원으로 2006년과 2008년 두 차례에 걸쳐 실시된 부산비엔날레 조각프로젝트 출품작 18개국 40점이 설치돼 있다.

박봉기 · 안시형 · 문병탁의 '동시상영' (2006년)이란 작품을 보자. 센텀시티 맞은편에, 그것도 벡스코 센텀파크 등 실물 건축물을 똑같이 본뜬 조형물을 세워 화제가 되었는데 지금은 잡목이 시야를 가리면서 거기에 그 조각작품이 있다는 문맥 자체를 잃어버렸다.

김광우의 작품 '숨 쉬는 대지' (2006년)는 제목이 무색하다. 숨을 쉬어야 할 초록빛의 대지(잔디)는, 관리 부실 탓인지 군데군데 죽어버려 맨살(맨땅)이 보기 흉하게 드러나 있다.

안케 멜린(독일)의 '하늘 만나기' 는 또 어떤가. 지난 2006년 설치 당시의 자료사진과 현재를 비교해보았다. 조각작품 주위를 벤치가 에워싸고 있다. 시민들의 쉼터를 늘리는 것도 좋지만 조각작품에 대한 몰이해가 아닐 수 없다.

부산 올림픽공원에 설치돼 있는 소스노(그리스)의 '비너스와 신전의 기둥' 옆에는 작품 표석 외에도 작품 옆에 바싹 붙어 있는 또 하나의 표지석이 있다. 가까이 가서 보니 'ooo기념식수' 라고 돼 있다. 또 화강석을 재료로 한 몇몇 작품들은 시커멓게 그을린 듯한 '검은 땀' 을 줄줄 흘리고 있다. 올림픽공원의 경우 조성연도가 가장 오래된 탓도 있지만 조각작품에 대한 유지 보수 마인드 부족에 이어 관리 부실의 책임도 면키 어려울 것 같다.

그나마 을숙도조각공원과 함께 관리가 잘 되고 있다는 아시아드조각광장에서도 빈틈은 발견된다.

이곳 조각공원의 최대 화제작 노부오 세키네(일본)의 '하늘과 땅의 대화' 도

APEC나루공원의 조각들

그나마 보존이 잘 된 경우

케니 헌터(스코틀랜드)의 '처칠의 개'

데니스 오펜하임(미국)의 '반짝이는 초콜릿'

잘못 관리된 사례

김광우(한국)의 '숨 쉬는 대지'. 초록의 대지여야 할 작품이 관리 부실로 맨살(맨땅)을 흉하게 드러내고 있다.

안케 멜린(독일)의 '하늘 만나기'. 설치 당시에는 없던 탁자와 벤치가 작품 주위를 에워싸고 있다.

박봉기 · 안시형 · 문병탁(한국)의 '동시상영'. 설치 당시에는 없던 나무와 잡목이 자라 작품 감상을 방해하고 있다.

설치 당시 사진을 찾아보면 기중기 앞에 거대한 돌이 매달려 있고 거기서 뿜어 나오는 물줄기가 생생한 감동을 전해주었지만 지금 그 돌은 '부재 중' 이었다. 베르트랑 네이(룩셈부르크)의 '불과 공기 사이' 역시 기둥을 타고 유유히 흘러내려야 할 물은 온데간데없고, 큰 스케일에 어울리지 않게 설치 장소를 제대로 잡지 못해 옹색하기 짝이 없는 형상을 하고 있었다.

노부오 세키네(일본)의 '하늘과 땅의 대화'. 작품 설치 당시와 현재 모습은 확연히 다르다.
기중기에 매달린 돌도 사라지고 없거니와 물도 내뿜지 않고 있다.

개선 방안은 없을까-마인드가 바뀌어야 한다!

기본적으로 조각공원은 조경과 조각이 어우러져야 한다. 어느 한쪽만 강조되어선 곤란하지만 대부분의 경우는 조각보다 조경이 강조된 느낌이다. 지금도 APEC나루공원에 가면 끊임없이 새로운 나무가 이식되고 있으며, 또 한쪽에선 나무들이 무럭무럭 자라나고 있다. 심지어 조경 차원에서 가져다놓은 커다란 정원석과 한껏 멋을 부린 중대형 식수대, 경계석과 석축은 조각작품과의 구분조차 어렵게 했다. 조각예술 자체에 대한 인식 부족과 행정 관료들의 마인드가 의심스러웠다. 그 외에도 조각공원에 대한 접근성과 동선, 야간 조명, 조각의 힘을 느낄 수 있는 스케일의 문제 등도 짚고 넘어가야 할 것이다.

조각가 김정명(부산대 교수)은 "작가에게 양해를 구하더라도 전체적인 안목으로 작품 배치를 새로 해야 한다"고 주장한다. 그게 작가도 살고, (조각)공원도 사는 길이란다. 조각가 박태원은 "우리는 왜 일본 하코네의 '조각의 숲' 처럼 관람료를 받더라도 제대로 된 조각공원 하나쯤 갖출 수 없을까"라고 반문하면서 "조각공원 그 자체로도 좋은 문화관광 콘텐츠가 될 수 있음을 인식하고, 2년마다 열리는 부산비엔날레 조각프로젝트를 제대로 활용할 수 있어야 할 것"이라고 지적했다.

미술평론가 김준기(부산시립미술관 학예사)는 "조각공원이라는 패러다임이 조금은 변하고 있지만 굳이 해야겠다면 서울의 노을생태공원 사례에서 볼 수 있듯 명확한 테마와 장소성으로 승부해야 할 것"이라고 말했다.

한편 공공미술이 발달한 미국 시카고의 경우는 시카고 시 문화국이 700여 점에 달하는 공공미술품을 직접 관리하고 있다. 연간 15만 달러에 이르는 유지·보수 예산을 고정적으로 편성하고 전담 큐레이터를 두는 것 등은 우리가 눈여겨볼 일이다.

이 밖에 서울 올림픽조각공원은 부산의 경우처럼 수차례의 국제야외조각 심포지엄과 국제야외조각초대전을 통해 200여 점이 넘는 조형물을 조성했는데 서울올림픽미술관의 영문 이니셜을 딴 소마(SOMA)미술관에서 관리하고 있다.

부산 올림픽공원 전경

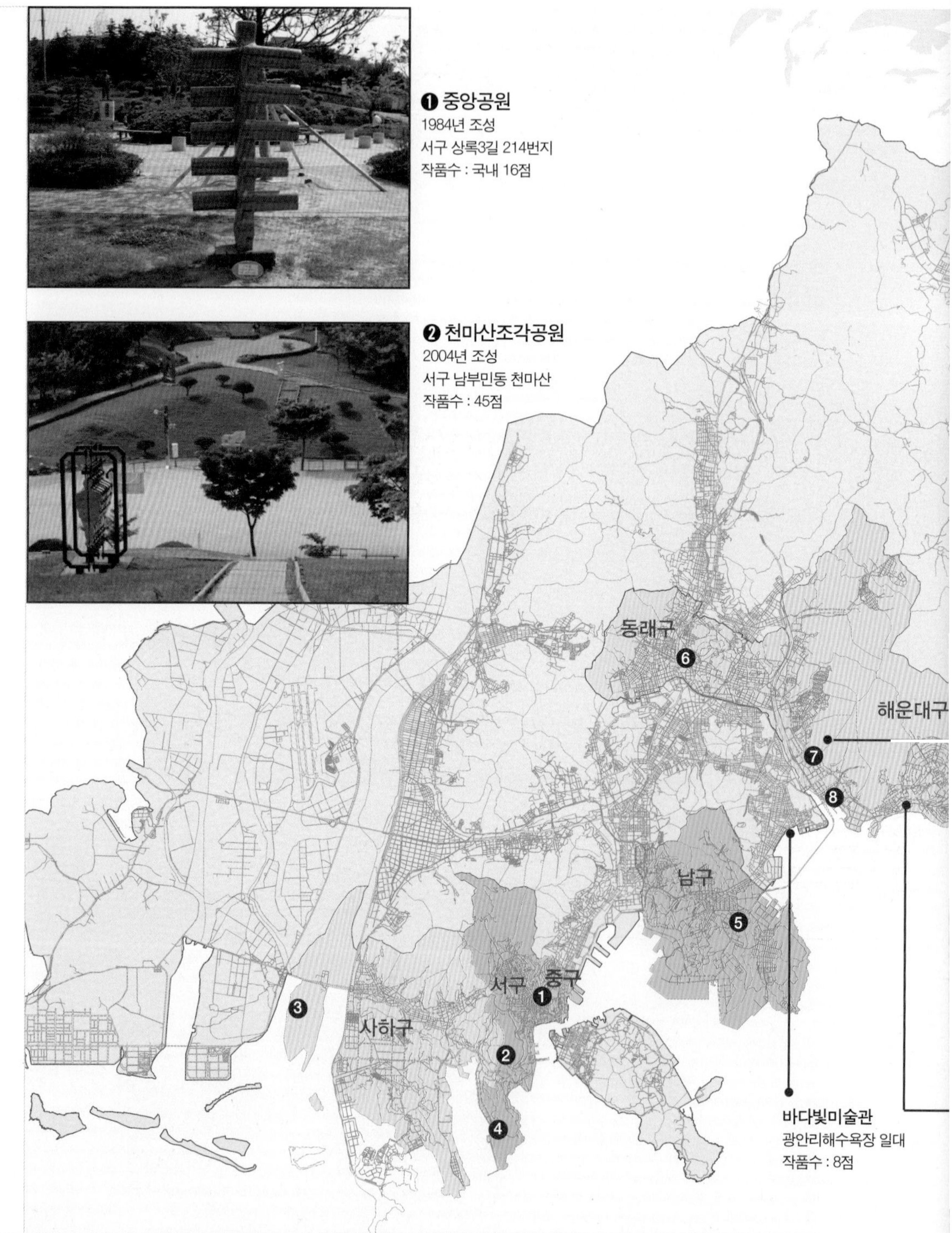

❶ 중앙공원
1984년 조성
서구 상록3길 214번지
작품수 : 국내 16점
❷ 천마산조각공원
2004년 조성
서구 남부민동 천마산
작품수 : 45점
동래구
해운대구
남구
서구
중구
사하구
바다빛미술관
광안리해수욕장 일대
작품수 : 8점

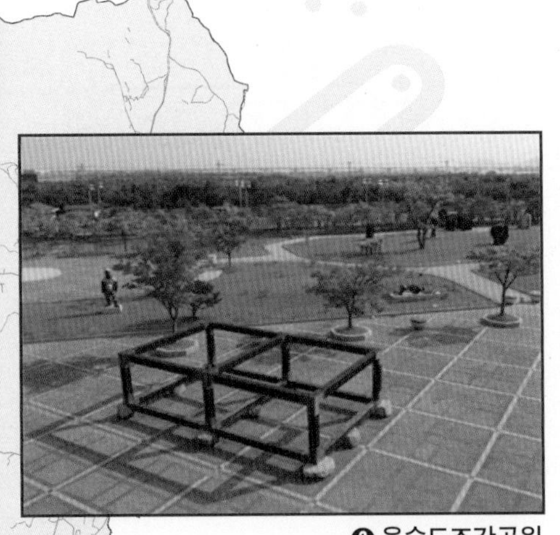

❸ 을숙도조각공원
2004년 조성
사하구 낙동남로 170번지
작품수 : 10개국 20점

❹ 암남공원
2004년 조성
서구 암남동 산 193번지 일원
작품수 : 7개국 14점

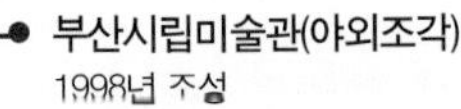

● 부산시립미술관(야외조각)
1998년 조성
해운대구 APEC로 40번지
작품수 : 3개국 8점

● 파라다이스호텔부산 (야외정원)
해운대구 중동 1408-5
작품수 : 3개국 14점

❺ UN조각공원
2001년 조성
남구 대연4동 779번지
작품수 : 22개국 34점

❻ 아시아드 조각광장
2002년 조성
동래구 사직동 930번지
작품수 : 8개국 18점

❼ APEC나루공원
2006/2008년 조성
해운대구 우동 1494번지
작품수 : 18개국 40점

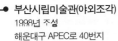

❽ 부산 올림픽공원
1988년 조성
해운대구 우동 1413번지
작품수 : 41점

중앙공원

1. 안예효-와상
2. 심봉섭-전(展)
3. 심봉섭-像-I
4. 심봉섭-像-II
5. 염태진-집합체
6. 이실찬-물상-IV
7. 김동환-昇(철재)
8. 김영길-생태
9. 박민옥-소망
10. 김동환-昇(화강석)
11. 장상만-모자상
12. 김외칠-순수한 행진
13. 문성근-낙동강
14. 이승희-원-IV
15. 이수봉-공만
16. 박상환-산

아시아드조각광장

1. 노부오 세키네-하늘과 땅의 대화
2. 롤프 놀던-세상과 세상 사이
3. 김영원-진행
4. 에카르드 노이만-안-밖-안
5. 츄카와키 준-지구로부터, 가족
6. 퀸터 진스-ㅇ-워-원
7. 최종태-두 얼굴
8. 리카르도 난니니-기억
9. 김청정-침묵의 소리
10. 하시모토 요시미-큰 구름
11. 강관욱-화합
12. 스가와라 지로-뒤집기
13. 헤너 쿠쿡-큰-엑스
14. 즐미로 드 카르발유-신지평
15. 베르트랑 네이-불과 공기 사이
16. 원승덕-전달된 기억-큰 호미
17. 이영학-닢
18. 핀토르 시라이트-나와 함께 앉아요

천마산조각공원

1. 조현영-꽃과나비
2. 정연주-모래시계
3. 정길택-코끼리
4. 이상하-즐거운 우리집
5. 이건용-Skip the Class
6. 나명규-전환
7. 임상규-말타기
8. 강원택-표류기
9. 문병탁-초원
10. 정길택-나비
11. 정연주-대화
12. 주태원-인간+자연
13. 김석중-허공
14. 박영우-자연의 향기
15. 조정-아-우~
16. 이정민-상기시키는 힘
17. 정기웅-"이카루스"를 위한 스케치
18. 홍상식-젊은 가장
19. 박민준-변이
20. 노대식-나는 희망한다
21. 박은생-새벽즈음
22. 손창수-지그재그
23. 김종구-올챙이의 꿈
24. 박형진-잠복기
25. 이상철-공간여행-2003
26. 박은생-큐프(Cube)
27. 정국태-돈키호테 맨
28. 최용선-투영 II
29. 이계정-봉산탈춤
30. 장진택-조화
31. 김세리-공존
32. 한만출-서민기둥
33. 강성문-재미있는 상상
34. 김영준-기억
35. 이상하-자연으로의 회귀
36. 김경호-절대적 윤회
37. 염상욱-자의식
38. 우징-반추된 힘
39. 성백-메신저-그곳으로부터
40. 김대일-인식 · 작용-자아
41. 김병하-소리를 듣다
42. 왕광현-침식
43. 이형영-욕망으로부터
44. 차주만-유일에 대한 묵상
45. 이준영-방가 방가

APEC나루공원

1. 오상욱-대지의 어머니
2. 장수모, 정하응, 송필-눕다
3. 박봉기, 안시형, 문병탁-동시상영
4. 백성근-태고
5. 김광우-숨 쉬는 대지
6. 천성명-바람이 그대 곁에 있다
7. 차주만-확장된 주거공간
8. 리처드 해리스-초승달
9. N. N. 림존-안식의 집
10. 칸 야수다-고요한 강
11. 안케 멜린-하늘 만나기
12. 미구엘 이슬라-포옹
13. 지롤라모 출라-종의 기원
14. 레너드 헌터-경의 I
15. 아그네스 아렐라노-달의 여신
16. 베르너 포코르니-열린 집
17. 타놈칫 춤웡-현대생활
18. 미하 울만-나침반
19. 리 후이-다리
20. 루 핀창-푸른 꿈
21. 유쿠타케 하루미-재구축-부산
22. 슈테판 에밀 링크-성(性)의 분열
23. 케니 헌터-처칠의 개
24. 일란 아서 샌들러-하늘을 향한 귀
25. 서정국-볼륨 시리즈
   (집, 얼굴, 불 물고기)
26. 한원석-형연(泂然)
27. 문성주-생명체-진화(바다에서 우주로)
28. 고미 켄지-모노그램
29. 크리스토퍼 키스 호-부산 2020
30. 안드레아스 슐렌부르크-이상한 나무
31. 예오체키웅-아름다운 시절, 세 그루 나무
32. 신무경-아틀란티스의 날개
33. 안재국-절제
34. 황혜선-1. 빛나는 길
   2. 우리가 만난 이곳
35. 피오나 쇼-무제
   (우리는 또한 특별하다)
36. 티타루비(루비아티
   푸스피타사리)-제국을 떠안은
37. 세사르 코르네호-선돌 II
38. 로버트 모리스-조상
39. 정동현-잉여소통
40. 데니스 오펜하임-반짝이는 초콜릿

을숙도 조각공원

1. 아나톨 헤르츠펠트-집
2. 강이수-원시-기호-현대
3. 김병철-한끼의 밥
4. 김동연-성스러운 도시
5. 김종호-싸움
6. 김진수-오대주
7. 박은생-나 안의 너
8. 라몬 베리오스-직물에 관한 것
9. 노벨로 피노티-거북여인
10. 돈 칼르-흐르는 강물 바라보기
11. 이종빈-L씨의 꿈
12. 토루 사이토-하늘에서 땅까지
   "비(소나기)"
13. 케멀 투판-황소 모양의 배
14. 김종구-석굴암은 잘 있다
15. 리앙 슈오-이주 노동자
16. 배진호-이별
17. 수이 지안구오-중국 인민복
18. 이환권-학현
19. 김인태-부자상
20. 정현-소리

암남공원

1. 안드레아스킬린-열린문
2. V. 우르바나비치우스-두 조각
3. 알그리다스 보사스-천국의 열쇠
4. 스테파노 베카리-신체의 열매
5. 프랑쉬스 바일-530
6. 김원경-몸: 삶의 터-합(合)
7. 데이빗 에비슨-조용한 선
8. 토다 유스케-인간존재를 위해 신화를 버리는 것은 가능한가
9. 데니스 말보스-100개의 심겨진 하늘
10. 야마지키 다카시-여섯 개의 집들
11. 이영춘-잃어버린 시간
12. 안치홍-평화의 메시지
13. 안시형-숨쉬는 돌
14. 김근배-여정

부산 올림픽공원

1. 정욱장-그날이후 91-V
2. 조동제-괴(塊)와 현(弦)을 위한 협주곡
3. 문성권-자연의 품
4. 장상만-둥지
5. 심봉섭-결
6. 이실찬-태초에는
7. 문성권-자연의 꿈
8. 천종권-휴식
9. 페르기니-조형과 운동
10. 권동우-녹색의 추억
11. 메리톤-변생
12. 피터-평화(두상)
13. 시칠리아노-여체
14. 김승환-인간의 딜레마
15. 이명림-휴식
16. 김성식-정
17. 박봉기-동쪽으로
18. 류훈-상(像)
19. 안예효-공(空)
20. 이운식-화합
21. 김지삼-율동
22. 이인행-도심의 쉼터
23. 송민규-해탈, 그 이후의 고독
24. 김익성-만(晩)
25. 김진서-해풍(海風)
26. 임광용-나들이
27. 박선-여인
28. 김영길-예술가의 초상
29. 변유복-엄마와 아이
30. 김정혜-소망
31. 소스노-비너스와 신전의 기둥
32. 피에르죠르죠 발로치-시에나의 분수
33. 릭 리치-사계절
34. 하루유키 우찌다-結界 94-1
35. 노리아키 마에다-무제 94
36. 호안 안테로-Organic Shelter
37. 이정형-신화-오토바이
38. 성동훈-돈키호테-무식한 소
39. 김종구-뜬 것
40. 김익성-사해의 전설
41. 주명우-지금은 東의 禪

UN조각공원

1. 로저 맥팔렌-기념비
2. 클라우드 라힐-아름다운 우리 아가야
3. 알랜 바오질-강의 흐름같이
4. 실비아 살가도-빛의 집
5. 보 칼베르그-사랑의 다리
6. 미카엘 베테 세라씨-동반자
7. 오드프레이 에티엔네-이념의 화합
8. 안토니스 미로디아스-통일을 위한 분투
9. 크리스나 야다브-소리
10. 프란시스코 페시나-토템
11. 버트란드 뉴이-둘 사이
12. 미카엘 리우-넘어지는 인간인지 혹은 추락하는 인간인지 누가 알 것인가?
13. 팜 맥킬비-꽃-화해
14. 긴 하비츠-만남
15. 로베르토 말세로 아파브레 로브레스-무덤의 흔적
16. 스트리스돔 반 데르 메르이-화해
17. 수잔 홀렘베르그-침묵
18. 논티밧든 찬다나프린-선의 빛
19. 라미 아타레이-고요함
20. 브렌다 옥스-희망의 기둥
21. 찰스 필키-평화의 탁자
22. 김광우-자연+인간+우연
23. 김도형-시각에 대한 비밀
24. 김정명-신의 의자
25. 류경원-아! 그날 우리는
26. 박상호-꿈꾸는 의자
27. 박찬갑-아리랑-해는 '동'에서 뜬다
28. 임동락-Point-正, 反, 合
29. 사토루 사토-인간과 우주와의 평화의 장
30. 권달술-ON AIR
31. 박은생-지그재그
32. 박태원-화합
33. 신무경-아틀란티스로
34. 안시형-호흡

바다빛미술관

제니 홀처-디지털 빛의 메시지

얀 카슬레-은하수 바다

샤를 드 모-영상 인터랙티브

심문섭-섬으로 가는 길

21 문학의 정수, 문학비와 시비

허공에 사라지는 '말'을 붙잡기 위해 인류는 '글'을 고안했다. 글이 인간의 가장 지극한 표현수단이라면 지극함의 맨 앞자리에 놓이는 것은 문학이다. 문학은 인간과 삶의 정곡에 육박한다. 문학인의 생애는 유한하나, 그가 남긴 문학작품은 무한하다. 글의 감동은 세월의 풍화를 견뎌 살아남기 때문이다. 문학의 정수를 일상에서 호흡하려는 인간 의지의 산물이 바로 문학비와 시비. 부산 곳곳에는 80여 개의 비석이 서 있다. 가히 '문학비와 시비의 도시'라 할 만하다.

부산 시내에 산재한 80여 개의 문학비 · 시비

부산의 문학비들을 일목요연하게 정리한 자료나 관련 정보가 거의 없었다. 이에 15개 구 · 군의 관련 자료를 분석, 직접 답사에 나선 뒤 큰 그림을 그렸다. 부산에 산재한 문학비 · 시비는 모두 80여 개에 달했다.

아무래도 사람들이 많이 찾는 공원에 문학비는 몰려 있었다. 어린이대공원에서 만난 문학비는 무려 12개. 무엇보다 대표적인 것은 부산문단의 거목 요산 김정한 선생의 문학비(1978년)다. 놀이동산 쪽 산책로를 따라가다 보면 만날 수 있는데 화강암 바탕의 중앙 오석에 단편소설 「산거족」에 나오는 '사람답게 살아라…'라는 구절이 가슴을 때린다. 놀이동산 옆 수변공원에 정상구 시비(2005년)도 세워져 있다.

금강공원은 호젓한 분위기 속에서 문학비들을 감상할 수 있는 곳이다. 왼쪽 산책로를 따라 조금만 걷다 보면 '이주홍 문학의 길'이라는 작은 표지석과 함께 서 있는 이주홍 문학비(1988년)와 마주치게 된다. 이주홍은 김정한과 함께 부산문단의 양대 봉우리. 해맑은 동시 「해같이 달같이만」이 선생 자신의 글씨체로 아로새겨져 있다. 단출하게 세워진 최계락 시비(1971년) 아래쪽에 자리한 이영도 시비(1996년)는 여성 시조시인을 기리는 비석의 단아한 조형미가 눈길을 끈다.

이 밖에 이기대 공원, 사직야구장 인근 사직공원, 영도 동삼동 미니공원에서도 조형적 아름다움이 눈에 띄는 문학비들을 만날 수 있다. 대신공원 산책로에서도 다소 어둡고 조악하나마 수십m~수백m 간격으로 시비 여러 개를 감상할 수 있다.

도로변에 세워진 경우로는 암남공원 순환도로와 범어사 우회도로, 낙동강 제방도로가 있다. 특히 낙동강변을 따라 세워진 7개의 시비는 단순한 비석 형태를 넘어 다양한 형상물들이 함께 어우러지면서 한껏 멋을 부리고 있는 모습이다. 이에 대해서는 "시민들이 신기해하며 많이 찾는다"와 "거창하고 꾸밈이 많으면 순수한 시의 모습과 정신을 해칠 수 있다"는 서로 다른 견해들이 엇갈린다.

구별로는 부산진구에 무려 31개의 문학비가 있어 양적으로는 최다를 기록했다. 어린이대공원 삼림욕장에 작고 조악한 비석들이 몰려 있는 데다, 각 동별로 '시비 갖기' 운동을 벌였기 때문이다. 그러나 부산진구에는 개인의 의지로 탄생한 주목할 만한 시비 2개가 있다. 주지가 세운 전포동 보광원 사찰의 한용운 시비와 유족들의 뜻으로 세운 연지한 신타워 입구의 살매 김태홍 시비가 그것.

동래구 금강공원 **이영도 시비**

동래구 금강공원 **최계락 시비**

서구 암남공원 **손동인 시비**

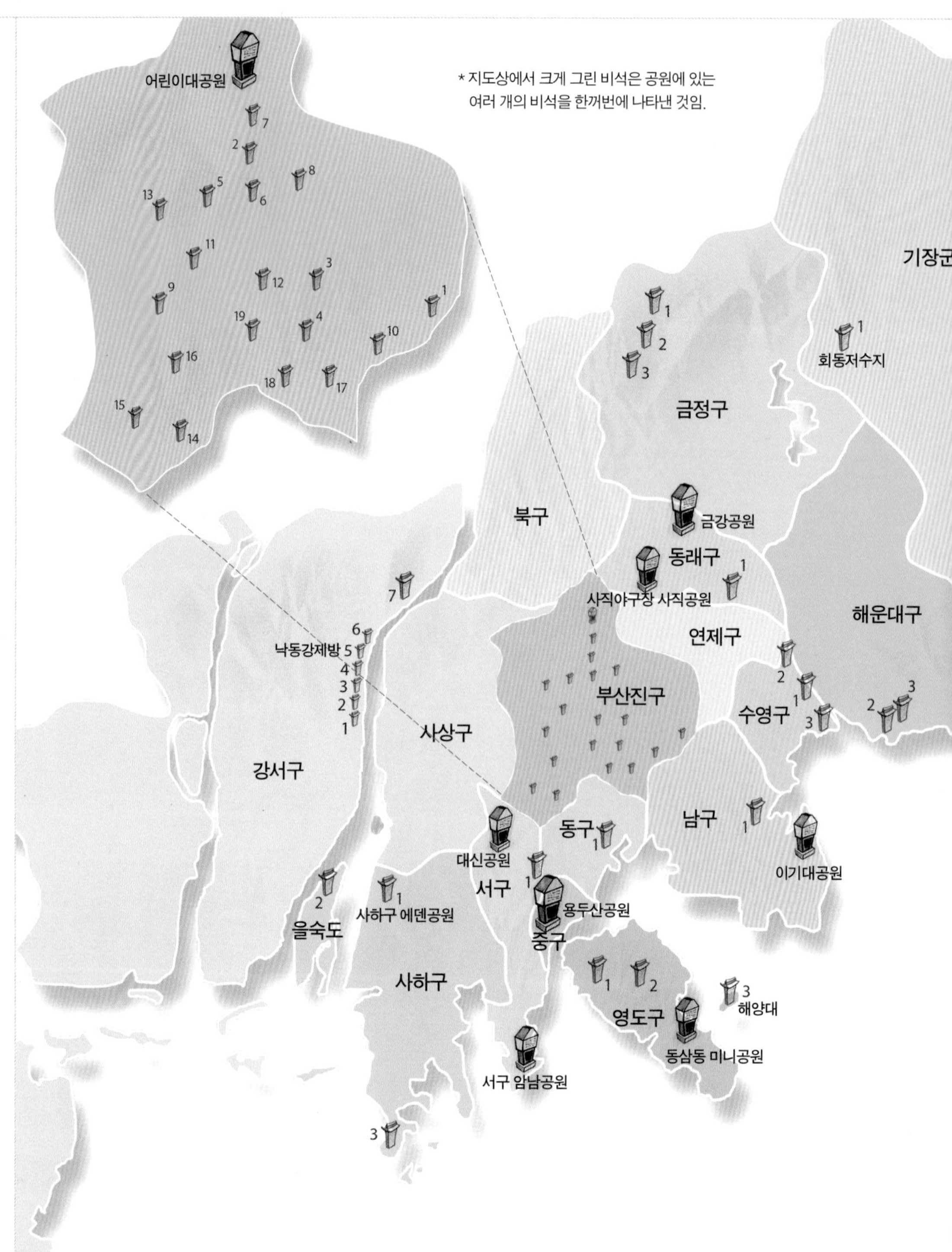
* 지도상에서 크게 그린 비석은 공원에 있는
여러 개의 비석을 한꺼번에 나타낸 것임.
어린이대공원
기장군
회동저수지
금정구
금강공원
북구
동래구
사직야구장 사직공원
해운대구
연제구
낙동강제방
부산진구
수영구
사상구
강서구
남구
동구
이기대공원
대신공원
서구
용두산공원
사하구 에덴공원
을숙도
중구
사하구
해양대
영도구
동삼동 미니공원
서구 암남공원

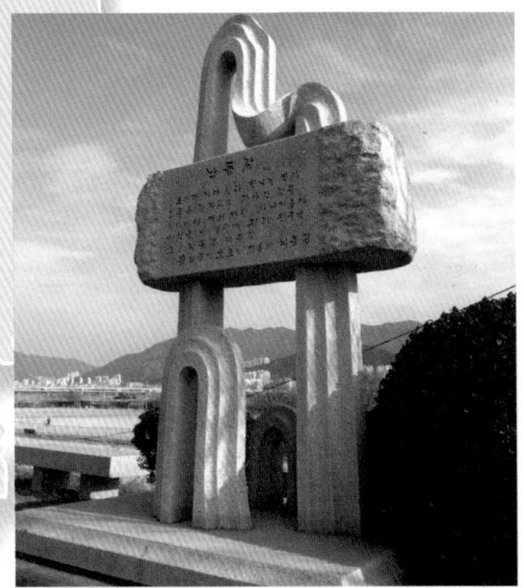

강서구 낙동강제방
이은상 시비(1992) / 낙동강

영도구 해양대
김성식 시비(2004) / 겨울바다

중구 용두산공원
김태홍 시비(1994) / 잊을래도

동래구 금강공원
이주홍 문학비(1988) / 해같이 달같이만

사하구 에덴공원
청마 유치환 시비(1974) / 깃발

서구 암남공원
김민부 시비(1995) / 기다리는 마음

| 문학비 · 시비 |

기장군

1. **장전구곡가 시비**(2001) / 기장군 철마면 장전리
2. **윤선도 시비**(2005) / 일광해수욕장
3. **오영수 갯마을 문학비**(2008) / 소설 「갯마을」 발췌문 / 일광해수욕장

금정구

범어사 순환도로 문화의 거리
1. **요산 김정한 문학비**(1994) / 소설 「인간단지」 발췌문
2. **향파 이주홍 문학비**(1996) / 동시 「감꽃」
3. **황산 고두동 문학비**(1995) / 시조 「숲」

해운대구

1. **달맞이 동산비**(1983) / 춘원 이광수 「해운대에서」 / 달맞이길 해월정
2. **고운 최치원 한시비**(1971) / 최치원 선생 약전 · 한시 / 해운대 동백섬
3. **이안눌 시비**(1996) / 시 「해운대에 올라」 / 해운대해수욕장 백사장

동래구

1. **정현덕 부사 태평원 시비**(1868) / 칠산동 동래유치원

금강공원
- **최계락 시비**(1971) / 시 「꽃씨」
- **이주홍 문학비**(1988) / 시 「해같이 달같이만」
- **이영도 문학비**(1996) / 시조 「단란」 「석류」 「모란」
- **정현덕 부사 금강원 시비**(1868)

사직야구장 사직공원
- **박노석 시조각비** / 시 「백운산 속의 나」
- **조순 시조각비** / 시 「산으로 간다」

수영구

1. **노계 박인로 선상탄 시비**(1988) / 가사 '선상탄' / 민락동 현대아파트
2. **박인로 가사비**(2002) / 가사 '태평사' / 민락동 무궁화동산
3. **정과정곡비**(2007) / 고려가요 '정과정' / 수영천변 정과정유적지

남구

1. **이주홍 문학비**(2006) / 소설집 『해변』 후기 발췌문 / 부경대 대연캠퍼스

이기대공원
- **김규태 시비**(2005) / 시 「흙의 살들」 / 해안산책로
- **최계락 시비**(2005) / 시 「봄이 오는 길」 / 해안산책로

강서구

낙동강 제방도로
1. **조지훈 · 박목월 시비**(1992) / 시 「완화삼」, 시 「나그네」 / 부마IC 옆
2. **박목월 시비**(1992) / 시 「나그네」 / 부마IC 옆
3. **이주홍 시비**(1992) / 시 「엄마의 품」 / 부마IC 옆
4. **배재황 시비**(1992) / 시 「오막살이」 / 금호마을 앞
5. **이은상 시비**(1992) / 시조 「낙동강」 / 동구마을 앞 다목적운동장 입구
6. **금수현 시비**(1992) / 시 「그네」 / 사덕마을 앞
7. **이은상 시비**(1992) / 시조 「고향길」 / 공항로

동구

1. **유치환 바위 시비**(1993) / 시 「바위」 / 부산진역 옆 수정가로공원

서구

암남공원
- **김민부 시비**(1995) / 시 「기다리는 마음」 / 순환도로변
- **손동인 시비**(1996) / 시 「아침」 / 순환도로변 화단

대신공원
- **사모곡 시비**(1994) / 고려속요 '사모곡' / 산책로
- **최계락 시비**(1994) / 시 「해변」 / 산책로
- **헌화가 시비**(1994) / 신라 향가 '헌화가' / 산책로
- **훈민가 시비**(1994) / 산책로
- **고두동 시비**(1994) / 시조 「별들은」 / 산책로
- **노영란 시비**(1994) / 시 「흑보석」 / 산책로
- **김병규 선생 문학비**(2001) / 수필 「어둠의 유혹」 / 저수지 입구

중구

1. **장하보 시비**(1984) / 시 「벽」 / 대청공원 게이트볼장 위

용두산공원 진입로 시의 거리(1994)
- **원광 시비** / 시 「촛불」
- **조향 시비** / 시 「에피소드」
- **손중행 시비** / 시 「세월」
- **김태홍 시비** / 시 「잊을래도」
- **박태문 시비** / 시 「봄이 오면」
- **홍두표 시비** / 시 「나는 곰이로소이다」
- **장하보 시비** / 시 「원」
- **최계락 시비** / 시 「외갓실」
- **유치환 시비** / 시 「그리움」

영도구

1. **청마 시비**(1967) / 시 「바위」 일부 / 부산영상고 교정
2. **선구자 시비**(1993) / 가곡 '선구자' / 광명고 교정
3. **김성식 시비**(2004) / 시 「겨울바다」 / 해양대 도서관 앞

동삼동 미니공원
- **김소운 문학비**(1998) / 동삼동 도로공원
- **한찬식 시비**(1999) / 시 「늪」 / 동삼동 도로공원

사하구

1. **청마 유치환 시비**(1974) / 시 「깃발」 / 에덴공원
2. **박현서 시비**(2003) / 시 「낙동강서시」 / 을숙도문화회관
3. **동래부사 이춘원 시비**(1999) / 시 「몰운대」 / 몰운대 입구

남구 이기대 최계락 시비

부산진구

어린이대공원

– 요산 김정한 문학비(1978) / 소설 「산거족」 발췌문 / 순환도로변
– 정상구 시비(2005) / 시 「흐르는 소리」 / 수변공원
– 어린이대공원 삼림욕장 '시가 있는 숲' 시비(1991~1992)
(박돈목 · 김남조 · 박화목 · 이형기 · 이황 · 이은상 · 박두진 시비)
– 어린이대공원 '체력단련의 숲' 시비(1991)
(김소월 · 노천명 · 윤선도 시비)

1. 한용운 시비(1978) / 시 「님의 침묵」 / 전포동 보광원 사찰 마당
2. 살매 김태홍 시비(1993) / 시 「당신이 빛을」 / 연지한신타워 입구
3. 정호승 시비(2007) / 시 「봄길」 / 서면로터리 국민은행 앞 화단
4. 권환 시비(2008) / 시 「윤리」 / 롯데백화점 부근 쉼터
5. 이육사 시비(2007) / 시 「광야」 / 연지자이아파트 입구
6. 김상옥 시비(2009) / 시조 「옥저」 / 국립부산국악원 앞
7. 박목월 시비(2008) / 시 「나그네」 / 어린이대공원 앞
8. 윤동주 시비(2007) / 시 「서시」 / 양정1동 동사무소 앞
9. 박목월 시비(2007) / 시 「청노루」 / 지하철 2호선 부전역 2번 출구
10. 류시화 시비(2008) / 시 「들풀」 / 성북초등학교 앞
11. 김남조 시비(2007) / 시 「가고 오지 않는 사람」 / 당감1동 동사무소 앞 쉼터
12. 나태주 시비(2008) / 시 「풀꽃」 / 당감2동 동사무소 옆 쉼터
13. 이호우 시비(2008) / 시조 「살구꽃 핀 마을 / 당감3동 옥세정 약수터
14. 신석정 시비(2007) / 시 「들길에 서서」 / 동의대 입구 버스정류장 앞 화단
15. 김용택 시비(2008) / 시 「참 좋은 당신」 / 가야공원 입구
16. 구상 시비(2007) / 시 「꽃자리」 / 가야3동 동사무소 앞 화단
17. 도종환 시비(2007) / 시 「흔들리며 피는 꽃」 / 범내골 부산은행 앞
18. 서정주 시비(2007) / 시 「국화 옆에서」 / 만리산공원 입구
19. 신경림 시비(2007) / 시 「동해바다-후포에서」 / 신암삼거리

영도구 김소운 시비

수영구
정과정곡비

기장군 오영수 갯마을 문학비

수영구와 해운대, 기장군에는 의외로 문학비가 적다. 정과정곡비, 박인로 가사비, 최치원 한시비, 윤선도 시비 등 고전문학비가 대부분이다. 현대문학비로는 일광해수욕장에 있는 오영수 갯마을 시비가 유일하다.

신중한 위치선정 · 지속적 사후관리가 중요하다

문학비가 많다는 건 축복이다. 부산을 배경으로 태어난 문학을 풍성하게 접할 수 있기 때문이다. 그러나 문학비는 접근성과 조형미, 사후관리가 중요하다. 아무리 좋은 취지로 세워졌다 해도 사람들이 찾지 않는다면 아무 소용없다. 과연 부산 시민들이 진심으로 찾아와 음미하는 문학비들은 얼마나 될까.

어린이대공원의 요산 김정한 문학비를 보노라면 쓸쓸해진다. 오래전 산책로의 외진 곳에 세워진 이 비석은 그다지 눈에 잘 띄지 않아 부산문단의 큰 어른에 대한 대접으로는 너무 조촐하다는 느낌이다. 이주홍과 유치환의 문학비도 각각 시내 4곳에 걸쳐 세워져 있지만 부산문단의 대표작가를 기리는 문학비로서는 기대에 못 미친다.

부산진구 어린이대공원 **요산문학비**

에덴공원의 청마 유치환 시비를 대할 때는 더욱 우울하다. 이 시비는 부산문인들이 중심이 돼 만든 대표적인 문학비로서 의미가 남다르다. 그러나 이제는 공원의 산책로가 사라져버려 시비를 찾으려면 한참이나 헤매야 한다. 돌보는 주체가 없어 세월의 풍파에 마모되고 색이 바랜 흔적이 역력하다. 문학비 건립에 여러 차례 주도적인 활동을 해온 박응석 시인은 "재정비를 통해 에덴공원 입구 쪽이나 을숙도, 혹은 또 다른 공공장소로 옮기는 방안이 있어야 하며, 문인단체나 지자체에서 마땅히 사후 관리해야 한다"고 말했다.

해운대해수욕장의 동래부사 이안눌 시비(1996년)는 홀대 받는 시비의 운명을 잘 보여준다. 원래 아쿠아리움 자리에 있었다가 바다파출소 앞으로 옮겨지더니 지금은 화장실 인근으로까지 밀려난 처량한 신세다.

용두산공원 진입로 '시의 거리' 에 세워진 9개의 시비 역시 여러 가지로 아쉽다. 커다란 관광버스가 좁은 진입로를 수시로 오가는데 진득한 감상이란 요원한 일이다. 더구나 비석들을 보려면 고개를 한껏 쳐들고 올려다봐야 할 정도로 눈높이가 맞지 않는 데다 1m 간격으로 촘촘히 나열돼 있어 보는 맛이 떨어진다.

부산의 문학비 자료를 10년 이상 수집하고 있다는 김성배 도서출판 해성 대표는 "좋은 취지로 시비를 세웠다 하더라도 위치선정이 잘못되고 똑같은 형태의 문학비가 양산된다면 그것은 시인들의 무덤이 될 뿐" 이라고 지적했다.

범어사 우회도로에 세워진 문학비들도 조형성은 뛰어나지만 차들이 다니는 내리막의 경사진 길모퉁이에 위치해 제대로 몰입하기에는 불안하다. 암남공원 순환도로의 김민부 시비도 길옆에 충분한 감상 공간이 없기는 마찬가지.

문학비나 시비는 작가들이 중심이 돼 자금을 십시일반 모아 추진하는 경우도 있고, 지자체가 주도적으로 건립하는 사례도 있다. 근래에는 지방자치와 함께 지자체가 경쟁적으로 문학비 건립에 나서는 양상이다.

그러나 "문학비의 인물이 중복되고 제대로 평가 안 된 작가도 많다" 거나 "생존작가까지 다룰 정도면 지금의 문학비는 너무 많은 것 아니냐" 는 말도 나온다. 문학비가 걸음을 멈추게 하는 문화의 명소가 되기 위해서는 문인 주도건 관 주도건 각 분야의 전문가들이 다양하게 참여해 건립목적과 작가 및 위치선정, 비석의 형태, 예산확보 등 신중한 논의를 거치는 것이 바람직하다는 것이 문학계의 중론이다.

22 미술관 옆 화랑, 전시공간

현재 문을 연 부산의 상업화랑 중에서 가장 오랜 연륜을 가진 곳은 신옥진 대표가 서면과 해운대에서 운영하고 있는 부산공간화랑. 1975년 3월 부산 중구 광복동 외국서적 골목 한 귀퉁이에서 서양화 전문화랑을 표방하며 문을 연 공간화랑다실.

신 대표는 "그림 값은 안 쳐주고 액자만 돈 주고 산다는 시절이라 그때만 해도 그림을 사고파는 개념조차 없었다" 고 했다. 다실은 1년 반 만에 문을 닫고 광복동에서 3번이나 옮겨다니며 12년간 화랑을 이어가다 1987년부터 광안리에 정착했고, 1997년 서면으로 옮겼다.

이중섭, 박수근, 전혁림, 송혜수, 오윤, 이우환, 박서보 등 당대 주요 작가들의 전시가 열렸고, 1989년부터 20년 동안 한 해도 빼놓지 않고 부산청년미술상을 제정해 상업화랑이지만 공적인 역할도 수행했다.

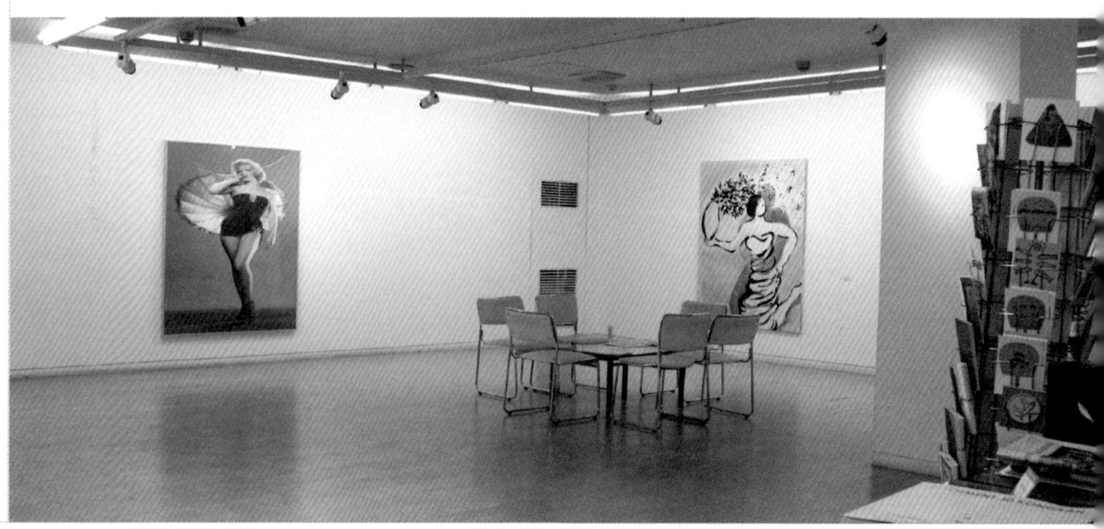

부산공간화랑(서면)

움직이는 화랑

광복동, 광안리, 해운대로 이어지는 부산공간화랑의 변천사는 부산 화랑들의 이동사와 맥을 같이한다는 점에서 흥미롭다. 자본의 흐름과 화랑의 이동이 짜맞춘 듯 들어맞아 간다.

1970~80년대만 해도 문화의 중심은 광복동과 중앙동이었다. 80년대 말부터 중앙동 시대에서 광안리 시대로 화랑의 공간적 변화가 있었다. 삼익아파트로 대표되는 고급 주택단지의 영향이 컸다. 그러던 것이 2000년대 접어들면서는 달맞이 언덕을 중심으로 한 해운대로 화랑이 모이는 현상이 일어났다. 부산시립미술관이 해운대에 자리 잡은 것도 해운대 화랑가 형성에 영향을 미쳤다.

1999년 말부터 2000년 초까지 마린갤러리, 열린화랑(김재선갤러리), 최장호갤러리가 달맞이 언덕에 화랑을 냈다. 그전까지만 해도 동백아트센터 정도만 화랑으로 기능할 뿐 레스토랑과 빌라촌이 대부분이던 이곳의 지형도에 조금씩 변화가 생기기 시작한 것. 광복동에서 옮겨온 마린갤러리, 동광동 부산호텔 1층에서 옮겨온 갤러리 피카소, 부민동 법원 앞 정원화랑에서 이전한 갤러리 화인, 동광동 금화랑에서 이름을 바꾼 갤러리 루쏘 등등 많은 화랑들이 해운대와 달맞이 행을 택했다.

해운대의 화랑과 미술관

조현화랑

2007년을 전후로 미술 투자 붐이 일면서 대형 화랑들의 해운대 진입은 정점에 달했다.

갤러리 월드라는 이름으로 1990년 광안리 아트타운에서 문을 연 조현화랑은 1999년 해운대로 진입했다가 2007년 4월 달맞이 언덕에 레스토랑이 딸린 새 건물을 지어 옮겨왔다. 박서보, 윤형

코리아아트센터

가나아트 부산

근, 이강소 등 대표적인 작가들의 기획전으로 달맞이 화랑 붐을 이끌었다. 비슷한 시기 코리아아트센터는 레스토랑과 카페를 갖춘 복합건물을 지어 전시와 경매를 하며 의욕을 보였다. 서울의 대형 화랑인 가나아트는 2007년 7월 해운대 노보텔 앰배서더 부산 4층에 부산점을 냈고, 바로 옆 파라다이스호텔에 있던 서울옥션 부산점은 2010년 3월 가나아트 부산점으로 둥지를 옮겼다.

2007년 12월 고은사진미술관은 지방 최초의 사진전문미술관이란 이름을 내걸고 해운대구청 인근에 문을 열어 전시와 음악회로 관객들의 발길을 모으고 있고, 2008년 말 사진평론가 진동선이 서울생활을 접고 사진북카페 루카를 열었다.

서울과 인천, 광주에 갤러리를 열고 있던 신세계백화점은 2009년 부산에도 신세계갤러리 센텀시티점을 열어 전국적인 네트워크를 형성했다.

이 밖에도 아리랑갤러리, 전혜영갤러리, 고은갤러리, 하버갤러리, 바나나롱갤러리가 2009년 새로 문을 열었고, 갤러리 폼과 K갤러리가 2010년 해운대에서 의욕적으로 화랑 시장에 뛰어들었다. 부산미술협회도 2009년 김재선갤러리 자리에 회원들의 전시공간인 부미아트홀을 개관했다. 김재선갤러리는 2010년 숨갤러리 자리에 새로 화랑을 열었다.

달맞이 언덕에서 최근 활발한 기획전을 열고 있는 갤러리 이듬 강금주 대표를 비롯해, 칸지갤러리에서 이름을 바꿔 지난해 6월 재개관한 채스아트센터의 채민정 관장, 조부경갤러리의 조부경 대표 등 작가들이 직접 화랑 운영에 뛰어들기도 했다. 하지만 조부경갤러리는 2009년 9월 경영난을 이기지 못하고 결

고은사진미술관

채스아트센터

국 문을 닫았다.

이 밖에도 임화랑, 갤러리 몽마르트르, 미고갤러리, 두산위브더제니스갤러리, 화인갤러리, 인디프레스, 산목미술관, 갤러리 솔거도 달맞이와 해운대를 지키는 화랑들이다.

부산의 대안공간들

목욕탕, 배밭, 공장 등등 화랑 입지로는 어울리지 않는 공간에 상업화랑과는 또 다른 길을 걷는 대안공간들도 속속 생겨났다. 오늘날 대안공간의 효시격은 1984년 8월 중구 광복동에서 김응기, 박은주, 예유근, 정진윤 등 네 명의 미술가들이 모여 만든 비영리 미술공간인 사인화랑.

사인화랑의 경험은 1999년 광안리 바닷가 아트타운에서 이동석, 이영준, 김성연 등 당시 30대의 젊은 미술인들이 만든 대안공간 섬으로 이어졌다. 2007년 1월 광안리해수욕장 인근의 낡고 버려진 목욕탕 건물을 고쳐 지금의 대안공간 반디로 활동 중이다. 기장군 일광면의 배밭에 위치한 오픈스페이스배는 작가 레지던시 공간으로 이름을 굳혔고, 한국문화예술위원회로부터 지원을 받아 국제레지던시 프로그램도 운영 중이다.

부산대 정문에서 거리문화축제를 이끌었던 재미난 복수팀은 2008년 5월 부산대 인근에 스튜디오, 갤러리, 작업실 등 다원예술활동이 가능한 독립문화공간 아지트를 만들었다. 사하구 다대동 무지개공단의 공장을 리모델링한 아트팩토리인다대포는 2009년 3월 섬유공방, 목공방, 금속공방을 갖춘 복합문화공간으로 재탄생했다. 그런가 하면 2008년 9월에는 북구 화명동에 자연과 인간의 공존을 의미하는 대안문화공간 자인이 문을 열었다. 인문학 모임 장소로도 활용되는 부산대 앞의 대안문화공간 비움과 광안리의 미술문화공간 먼지도 상업화랑과는 다른 길을 걷고 있다. 조각가 김정명이 금정구 산성마을의 개인 작업실을 전시장으로 꾸민 킴스아트필드미술관도 빼놓을 수 없는 공간이다.

해운대 지역 외 전시공간들

한때 화랑이 밀집했던 중구에서는 타워갤러리가 1988년 개관 이후 20년 넘게 자리를 지키고 있고, 한국, 중국, 일본 등 동아시아 작가들을 주로 소개하는 갤러리 604도 2008년 3월 중구에 새로 문을 열었다. 영남저축은행은 본사를 이전하면서 2009년 12월 사진전문갤러리인 갤러리 제비꽃을 10층에 열었다.

동구에는 해운대 달맞이에서 오래 활동했던 김재선이 부산일보사 로비에 있는 부산아트센터를 맡아 180회가 넘는 기획전을 이어가고 있다. 섬유미술 전공 부부가 운영하는 범일동 크래프트스토리와 초량동 프랑스문화원에서도 전시가 끊이지 않는다. 영도에는 태종대 등대 안에 있는 SEE&SEA갤러리가 있고, 영도구청은 2009년 10월 영도어울림문화공원에 선유갤러리를 열었다.

남구에는 음식과 함께 작품을 감상할 수 있는 갤러리 포와 부산문화회관 앞의 갤러리 예가, 경성대 앞 갤러리 석류원, 한국아트미술관 등이 기획전시를 마련하고 있다.

수영구에는 미광화랑을 비롯해 가얏갤러리, 도시갤러리 등이 활발하게 기획전을 열고 있다.

금정구에는 독립영화감독 출신의 관장이 운영하는 복합문화공간인 소울아트스페이스가 작가들에게 공간을 제공하며 신진 작가를 발굴하고, 꾸준히 주제가 있는 기획전을 열고 있다. 서면 영광도서 안에서 주로 사진 작품을 내거는 갤러리 영광, 서면 롯데백화점 부산점 6층으로 자리를 옮긴 롯데화랑도 기업에서 운영 중인 공간으로 기억할 만하다.

부산대 앞 카페 CCC에서는 젊은 작가들의 실험적인 작품들이 곧잘 전시되고 있다. 1999년 개관해 카페를 겸하고 있는 수가화랑은 줄곧 동래구 온천동을 지키고 있다. 기장에는 이태호 작가가 운영하는 갤러리 이와 맥화랑이 호젓한 전원 풍경 속에서 화랑을 운영하고 있다.

부산대학교가 부산대아트센터를 만들면서 꾸준히 기획전을 열고, 부산시민회관이 대대적인 리모델링을 하면서 2009년 한슬갤러리를 오픈하고 유망한 젊은 작가들을 위한 전시공간을 제공한 점도 특기할 만하다. 이 밖에 부산시청 전시실을 비롯해 각 지자체마다 전시공간을 갖고 있지만, 이들 공공기관의 전시실이 대관 위주로 운영되고 있다는 점은 아쉬운 대목이다.

킴스아트필드미술관

부산대아트센터

타워갤러리

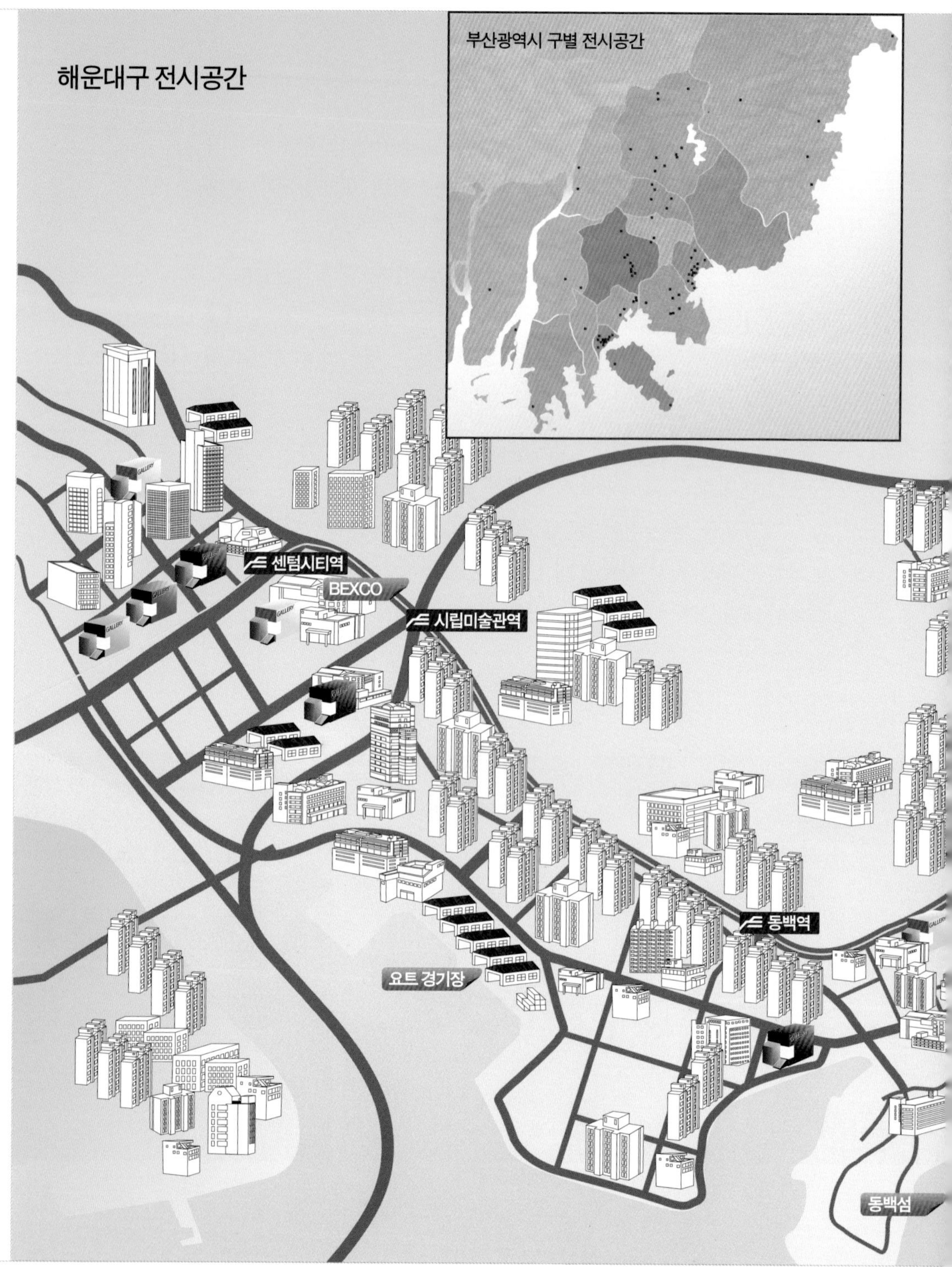

해운대구 전시공간
부산광역시 구별 전시공간
센텀시티역
BEXCO
시립미술관역
동백역
요트 경기장
동백섬

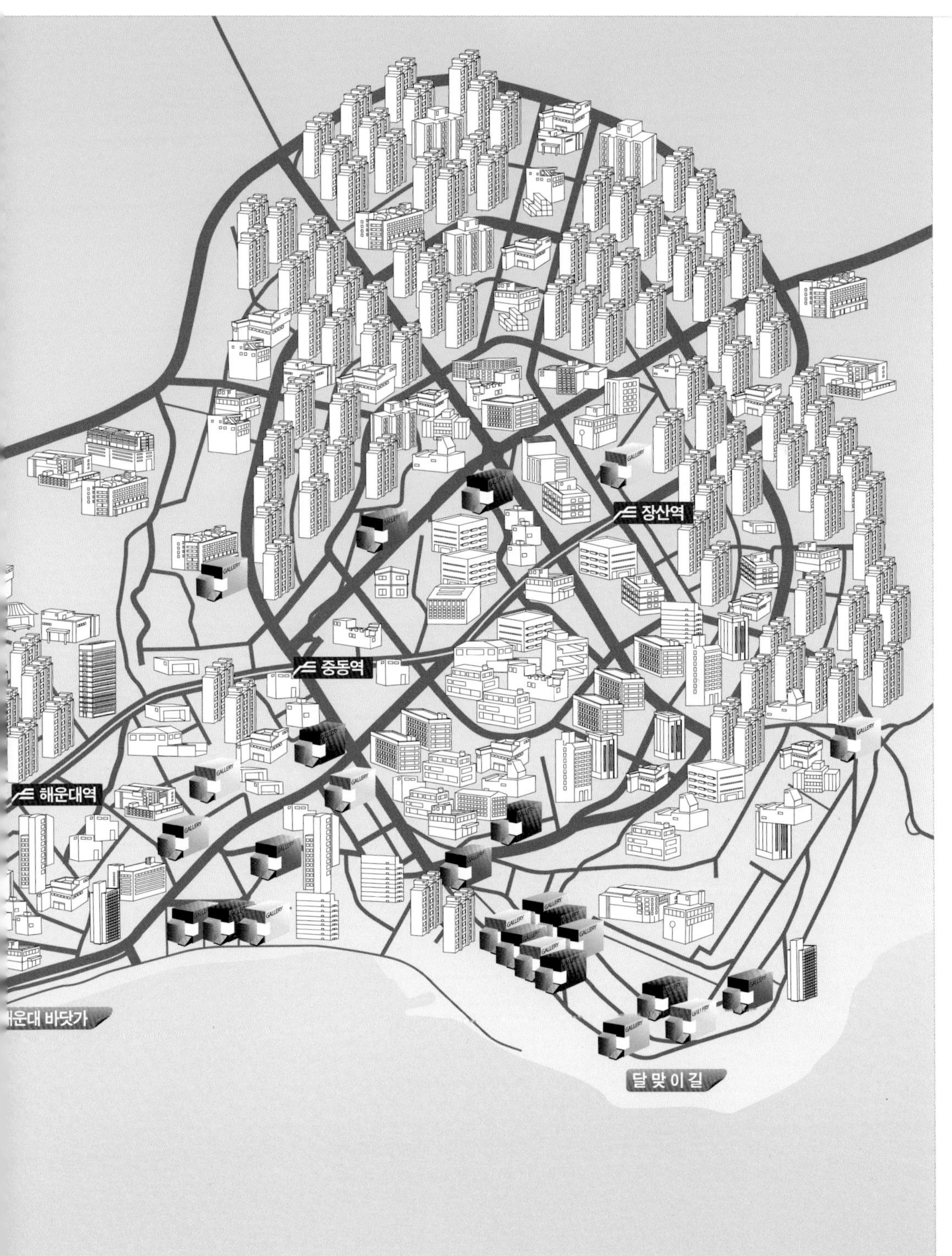

장산역
중동역
해운대역
해운대 바닷가
달맞이길

해운대구

1. 고은사진미술관 | 해운대구 중1동 온천길 2번지 | 746-0055 | www.goeunmuseum.org
2. 원갤러리 | 해운대구 우1동 655-5 | 746-7922
3. 부산시립미술관 | 해운대구 우동 1413(APEC로 40번지) | 744-2602 | http://art.busan.go.kr
4. 부산공간화랑 | 해운대점 | 해운대구 우동 1433 까멜리아 상가 128호 | 743-6738 | www.kongkan.kr
5. 부산디자인센터 전시실 | 해운대구 우동 센텀4길 | 790-1012 | www.dcb.or.kr
6. 신세계갤러리 센텀시티 | 해운대구 우동 1495 신세계센텀시티 6층 | 745-1508 | http://centumcity.shinsegae.com/culture/gallery.asp
7. 롯데센텀시티 에비뉴엘라운지 | 해운대구 우동 1496 롯데센텀시티점 2층 에비뉴엘라운지 | 752-7830 | www.gallerykayang.com
8. 산목미술관 | 해운대구 좌동 1312 | 747-0970 | http://blog.naver.com/sanmokart
9. 주천보조각박물관 | 해운대구 좌동 1352-4 | 744-0196 | www.dadobusan.co.kr
10. 해운대문화회관 전시실 | 해운대구 좌동 1458-1 | 749-7651 | www.hcc.go.kr
11. 사진북카페 루카 | 해운대구 중1동 1376-13 해운대성당 뒤편 | 744-3570 | http://cafe.naver.com/cafeluca
12. 동백아트센터 | 해운대구 중2동 1500-6 | 744-6161
13. 조현화랑 | 해운대구 중2동 1501-15 | 747-8853 | www.johyungallery.com
14. 코리아아트센터 더 스페이스 | 해운대구 중2동 1502-2 달맞이길 | 742-7799 | www.koreaartcenter.co.kr
15. 마린갤러리 | 해운대구 중2동 1510-1 | 746-4757
16. 임화랑 | 해운대구 중2동 1510-14 웰컴하우스 A동 2층 | 744-2665
17. 부미아트홀 | 해운대구 중2동 1510-4 3층 | 731-2460
18. 갤러리 화인 | 해운대구 중2동 1511-12 리버스빌 2층 | 741-5867 | www.galleryfine.net
19. 갤러리 이듬 | 해운대구 중2동 1511-12 리버스빌딩 1층 | 743-0059 | www.galleryidm.com
20. 인디프레스 | 해운대구 중2동 1533 달맞이고개 해뜨는집 | 747-4719 | http://blog.daum.net/indipress
21. 갤러리 미고 | 해운대구 중동 1124-2 팔레드시즈 2층-7 | 731-3444
22. 피카소갤러리 | 해운대구 중동 1147-12 1층 | 747-0357
23. 가나아트 부산 | 해운대구 중동 1405-16 노보텔앰배서더 부산 4층 | 744-2020 | www.ganaart.com
24. 서울옥션 부산점 | 해운대구 중동 1405-16 노보텔앰배서더 부산 4층 | 744-3511 | www.seoulauction.com
25. 채스아트센터 | 해운대구 중동 1491-7 | 747-4808 | www.chaesart.com
26. 갤러리 몽마르트르 | 해운대구 중동 1509-1 쉘리타운 2층 | 746-4202
27. 최장호갤러리 | 해운대구 중동 1516-2 스카이맨션 | 747-3811
28. 갤러리 루쏘 | 해운대구 중동 1776-1 로데오아울렛 2차 2층 | 747-5511 | www.lussogallery.com
29. 고은갤러리 | 해운대구 중동 244 | 747-3880
30. 솔거갤러리 | 해운대구 중동 909 석포로얄캐슬 302호 | 702-1008 | www.solgeogallery.com
31. 벡스코 | 해운대구 APEC로 43번지 | 740-7300 | www.bexco.co.kr
32. 아린갤러리 | 해운대구 중동 1508-1 | 902-4453
33. 두산위브더제니스갤러리 | 해운대구 우1동 1406-10 | 731-9943
34. 전혜영갤러리 | 해운대구 중2동 달맞이 1491-2번지 3 · 4층 | 747-7337 | www.galleryjhy.com
35. 하버갤러리 | 해운대구 우1동 627-1번지 LG하버타운 704호 | 917-2828
36. 바나나롱갤러리 | 해운대구 중1동 1076-2 | 741-5106 | blog.naver.com/bananaspace/
37. 아리랑갤러리 | 해운대구 우동 1483 센텀큐상가 111호 | 731-0373 | www.arirangmuseum.com
38. 갤러리 폼 | 해운대구 우동 롯데갤러리움 1520 3층 | 747-5301 | www.galleryform.com
39. K갤러리 | 해운대구 중2동 1491-3 | 744-6699
40. 아트갤러리 U | 해운대구 중동 1510-1 | 744-0468 | www.u-1korea.com

남구

1. 경성대학교 미술관 | 남구 대연3동 314-79 | 663-5361 | http://ks.ac.kr/culture
2. 석류원갤러리 | 남구 대연3동 52-24 문화골목 | 625-0765 | www.golmok.co.kr
3. 한국아트미술관 | 남구 대연3동 565-2번지(대천길 37) | 612-3400 | www.kcef.kr
4. 갤러리 포 | 남구 대연3동 76-5 현대오피스텔 1층 101호 | 626-8526 | www.gallery-pfo.com
5. 부산문화회관 전시실 | 남구 대연4동 848-4 | 625-8130 | http://bsculture.busan.kr
6. 갤러리 예가 | 남구 대연4동 965-2 가람센터 3층 | 624-0933 | www.yehga.co.kr
7. 포텍사진갤러리 | 남구 문현동 254-32 포텍빌딩 3층 | 634-7272 | www.potec.co.kr

사상구

1. 동서대 소향갤러리 | 사상구 주례2동 산69-1 | 320-2075 | http://kowon.dongseo.ac.kr/~pskim/
2. 사상갤러리 | 사상구 감전동 138-8 사상구청 1층 | 310-4000 | www.sasang.go.kr

연제구

1. 부산교육대 미술관 | 연제구 거제1동 263 | 500-7270
2. 부산시청 전시실 | 연제구 연산5동 3번지 | 888-2000
3. 자이갤러리 | 연제구 연산5동 1123-1 | 867-1124 | www.xi.co.kr/xievent/xienvent_02_04_02.asp

사하구

1. 아트팩토리인다대포 | 사하구 다대동 1522-1번지 | 266-0646 | http://cafe.naver.com/artfactoryindadaepo.cafe
2. 을숙도문화회관 전시실 | 사하구 하단동1151-14 | 220-5331 | www.eulsukdo.busan.kr

기장군

1. 갤러리 이 | 기장군 철마면 백길리 103-1 | 721-7078 | http://blog.naver.com/cla579
2. 고미정갤러리 | 기장군 기장읍 대라리 166-20 갑일빌딩 5층 | 723-1611
3. 기장도예관 임랑갤러리 | 기장군 장안읍 1-2 | 727-0161 | http://caf?.naver.com/gijangdoye
4. 맥화랑 | 기장군 기장읍 연화리 192 동부산아트존 1층 | 722-2201 | www.gallerymac.kr
5. 오픈스페이스배 | 기장군 일광면 삼성리 297-1 | 724-5201 | www.spacebae.com

강서구

1. 강서예술촌 전시실 | 강서구 대저2동 5979-5 | 972-3912 | www.geumkangbsi.co.kr

서구

1. 아리엘갤러리 | 서구 동대신동 3가 510번지 | 253-1916 | http://cafe.daum.net/arielgallery

영도구

1. SEE&SEA갤러리 | 영도구 동삼동 1054 영도등대 내 | 405-1201 | www.yeongdomcs.or.kr
2. 연화랑 | 영도구 영선동 4가 7-1 영도가스 2층 | 415-1021 | http://yeonartgallery.com
3. 선유갤러리 | 영도구 동삼동 516-1번지 영도문화예술회관 | 419-5561 | http://culture.yeongdo.go.kr

동구

1. 부산시민회관 한슬갤러리 | 동구 범일2동 830-13 | 630-5200 | http://citizenhall.busan.kr
2. 부산아트센터 | 동구 수정동 1-10 부산일보 로비층 | 461-4557
3. 크래프트스토리 | 동구 범일동 570-39 2층 | 636-0822 | www.craftstory.com
4. 프랑스문화원 | 동구 초량3동 1145-11 동성빌딩 1층 | 465-0306 | www.afbusan.co.kr

동래구

1. 동래문화회관 전시실 | 동래구 명륜2동 137 | 550-4481 | http://culture.dongnae.go.kr
2. 갤러리 무용 | 동래구 수안동 497-3 만세거리 77 | 553-6925
3. 부산해양자연사박물관 | 동래구 온천동 산13-1 | 553-4944 | www.sea.busan.go.kr
4. 수가화랑 | 동래구 온천1동 204-22 | 552-4402 | www.suka.co.kr
5. 팔금산갤러리 | 동래구 온천2동 782-40 | 552-8038

부산진구

1. 경신문화홀 | 부산진구 부전동 490 | 804-1243
2. 부산공간화랑 서면점 | 부산진구 부전동 160-6 수양빌딩 지하 | 803-4101 | www.kongkan.kr
3. 문곡갤러리 | 부산진구 부전동 517-13번지 지하 1층 | 808-6962
4. 부산롯데화랑 | 부산진구 부전동 503-15 롯데백화점 6층 | 810-2328
5. 매일옥션 부산미술관 | 부산진구 부암1동 123-1 | 802-3000 | www.maeilauction.com
6. 갤러리 마릭 | 부산진구 양정1동 진남로 1050 부산여대 도서관 | 850-3116 | http://malic.pwc.ac.kr

7. 부산진구청 1층 백양홀 | 부산진구 부암1동 666-16 | 803-6797
8. 여여선갤러리 | 부산진구 양정2동 157-1 부산불교회관 1층 | 851-5489
9. 갤러리 영광 | 부산진구 부전1동 397-55 영광도서 4층 | 816-9500 | www.ykgallery.com
10. 학생교육문화회관 교문갤러리 | 부산진구 초읍동 43-1 | 605-5114 | www.becs.kr
11. 갤러리 봄 | 부산진구 부암동 698-5 | 704-7704

북구

1. 대안문화공간 자인 | 부산시 북구 화명2동 385-1번지 2층 | 365-3675 | cafe.daum.net/zainspace
2. 부산북구문화예술회관 전시실 | 북구 덕천동 체육공원길 40 | 309-4081 | http://culture-ice.bsbukgu.go.kr

금정구

1. 금정문화회관 전시실 | 금정구 부곡동 3-78 | 519-5651 | http://culture.geumjeong.go.kr
2. 남산화랑 | 금정구 남산동 952-2 | 514-4658
3. 대안문화공간 비움 | 금정구 장전1동 388-37 | 517-7555
4. 독립문화공간 아지트 | 금정구 장전1동 74-36(장전2로 140) | 518-4578 | http://www.agit7436.com
5. 부산대학교 아트센터 | 금정구 장전동 40 부산대 효원문화회관 6층 | 510-7323
6. 샘갤러리 | 금정구 부곡3동 11-24 세정사옥빌딩 B동 1층 | 510-5480 | www.sejung.co.kr
7. 소울아트스페이스 | 금정구 구서1동 485-13 | 581-5647 | www.soulartspace.com
8. 송아트홀 | 금정구 남산동 971-5 금샘빌딩 3층 | 518-6955
9. 스포원파크갤러리 | 금정구 두구동 66번지 부산경륜공단 내 | 550-1500 | www.금정체육공원.com
10. 킴스아트필드미술관 | 금정구 금성동 285번지 | 517-6800 | http://blog.daum.net/af2006/7948816

중구

1. 갤러리 604 | 중구 중앙동 2가 49번지 | 245-5259
2. 갤러리 자미원 | 중구 부평동 2가 66-18 | 242-1828
3. 대청갤러리 | 중구 대청동 4가 81-1 가톨릭센터 내 | 462-1870 | www.bccenter.or.kr
4. 동방미술회관 | 중구 보수동 1가 119 | 256-9673 | www.oldbookshop.co.kr
5. 목원갤러리 | 중구 광복동 3가 5-33 | 244-4148 | http://blog.daum.net/mokwonart/15422012
6. 미타선원갤러리 | 중구 광복동 2가 1-11 | 253-8686 | http://www.mitazen.net/
7. 부산민주공원 전시실 | 중구 영주동 산10-4 부산민주공원 내 | 462-1016 | www.demopark.or.kr
8. 용두산미술전시관 | 중구 광복동 2가 1-2 용두산공원 내 | 244-8228 | http://www.yongdusanpark.or.kr
9. 자갈치전시실 | 중구 남포동 4가 37-1 | 713-8000 | http://jagalchimarket.or.kr
10. 타워갤러리 | 중구 중앙동 4가 28-1 해암빌딩 2층 | 464-3929
11. 갤러리 제비꽃 | 중구 대창동 1가 43-1 | 240-1888
12. 갤러리 코스모 | 중구 중앙동 1가 22-22 | 244-6888

수영구

1. 가양갤러리 | 수영구 민락동 29-12 | 752-7830 | www.gallerykayang.com
2. 대안공간 반디 | 수영구 광안2동 169-44 | 756-3313 | www.spacebandee.com
3. 도시갤러리 | 수영구 광안2동 202-2 | 756-3439
4. 루나갤러리 | 수영구 광안4동 1296-19 | 754-0904 | blog.daum.net/runa9090
5. 미광화랑 | 수영구 광안2동 160-6 | 758-2247 | www.bluehole7.com
6. 미술문화공간 먼지 | 수영구 광안2동 172-18 | 751-0377 | http://blog.naver.com/space_mg
7. 바다갤러리 | 수영구 수영동 253-1 | 610-4218 | www.suyeong.go.kr
8. 갤러리 블루홀 | 수영구 광안1동 717-15 | 625-0195 | www.bluehole7.com
9. 예촌갤러리 | 수영구 광안2동 184-12번지 글로벌하일타운 2차 101호 | 759-1976
10. KBS부산방송총국 갤러리 | 수영구 남천동 63 | 620-7181
11. 포오(pho' o)갤러리 | 수영구 광안2동 197-18 티파니빌딩 2층 | 758-2051 | www.pho-o.com
12. 바다갤러리 | 수영구 광안2동 192-20 | 610-4218
13. 문화매개공간 쌈 | 수영구 광안동 1077 지하철 역내 상가3호, 14호 | 640-7591

갤러리 영광

갤러리 이듬

갤러리 604

가양갤러리

갤러리 석류원

갤러리 이

대안공간 반디

독립문화공간 아지트

오픈스페이스배

신세계갤러리 센텀시티

도시갤러리

23 공공 종합문화공간들

부산의 문화예술이 의지하고 있는 공공 종합문화공간들은 얼마나 될까. 16개 구·군에 자료도움을 받은 결과 총 100여 곳에 달하는 것으로 나타났다. 그것들을 좇으면 부산문화의 겉모습이 만져질 법하다.

부산의 종합문화공간들

종합문화공간의 공식 대표주자는 문화회관일 것이다. 그 맨 앞자리에 부산문화회관이 놓인다. 부산문화회관은 명실상부 부산을 상징하는 문화예술의 전당이다. 1988년 대극장 개관을 시작으로 음악, 무용, 연극 등의 공연예술과 영화, 전시, 국제회의를 위한 시설을 갖췄다. 그러나 시기적으로는 부산시민회관이 먼저다. 1973년, 공연장 사정이 열악했던 부산 최초의 대규모 공연 시설로 외로운 일익을 담당했다.

부산문화회관

부산의 주민들이 일선 구 단위 안에서 문화회관을 만나기 위해서는 한참을 더 기다려야 했다. 세기가 바뀌기 시작할 무렵 동래문화회관(1999년)을 시작으로 금정문화회관(2000년), 을숙도문화회관(2002년), 북구문화빙상센터 문화예술회관(2005년), 해운대문화회관(2007년)이 차례로 건립됐다. 2009년 초 각종 시설을 갖춘 국립부산국악원이 개원했고 10월 영도어울림문화공원 문화예술회관도 모습을 드러냈다. 여기에 부산지역 문화예술인들이 숙원했던 부산예술회관이 지난 9월 남구 대연동에서 첫 삽을 떴다. 부산진구 범전동, 연지동 일원의 부산시민공원과 서면 인근 중앙로 부산중앙광장도 기대할 만한 야외공연장 조성이 예정돼 있다. 사상구, 강서구, 서구, 중구, 부산진구 지역엔 아직 종합문화회관이 없어 주민들의 목마름은 여전하다.

부산의 곳곳에는 공원을 비롯한 야외공연장들이 산재해 있다. 대표적인 곳으로 용두산공원이 있다. '시민의 종' 뒤로 야외무대가 설치돼 매주 토요일 민속놀이마당 등이 열린다. 온천천 시민공원에서도 월 2회 각종 소공연이 펼쳐지고 있다. 이 밖에 30여 곳에 상설, 비상설의 야외무대 공간이 있어 수시로 공연이 펼쳐진다.

대학 문화공간으로는 1983년 개관한 경성대 콘서트홀이 음악 · 연극 · 뮤지컬 · 무용 등을 아우르는 전위적 예술공연장으로서 차세대 연주자들에게 각광받고 있다. 최근에는 부산대가 옛 효원회관을 리모델링한 10 · 16기념관의 '목요아트스페셜', 각종 장르를 품는 부산예술대 야외공연장의 '도시락 콘서트'의 호응도가 높다. 동아대 구덕캠퍼스의 석당홀 역시 대중음악 공연을 비롯한 콘서트 공연장으로 오랜 명성을 갖고 있는 곳이다.

부산대 10 · 16기념관

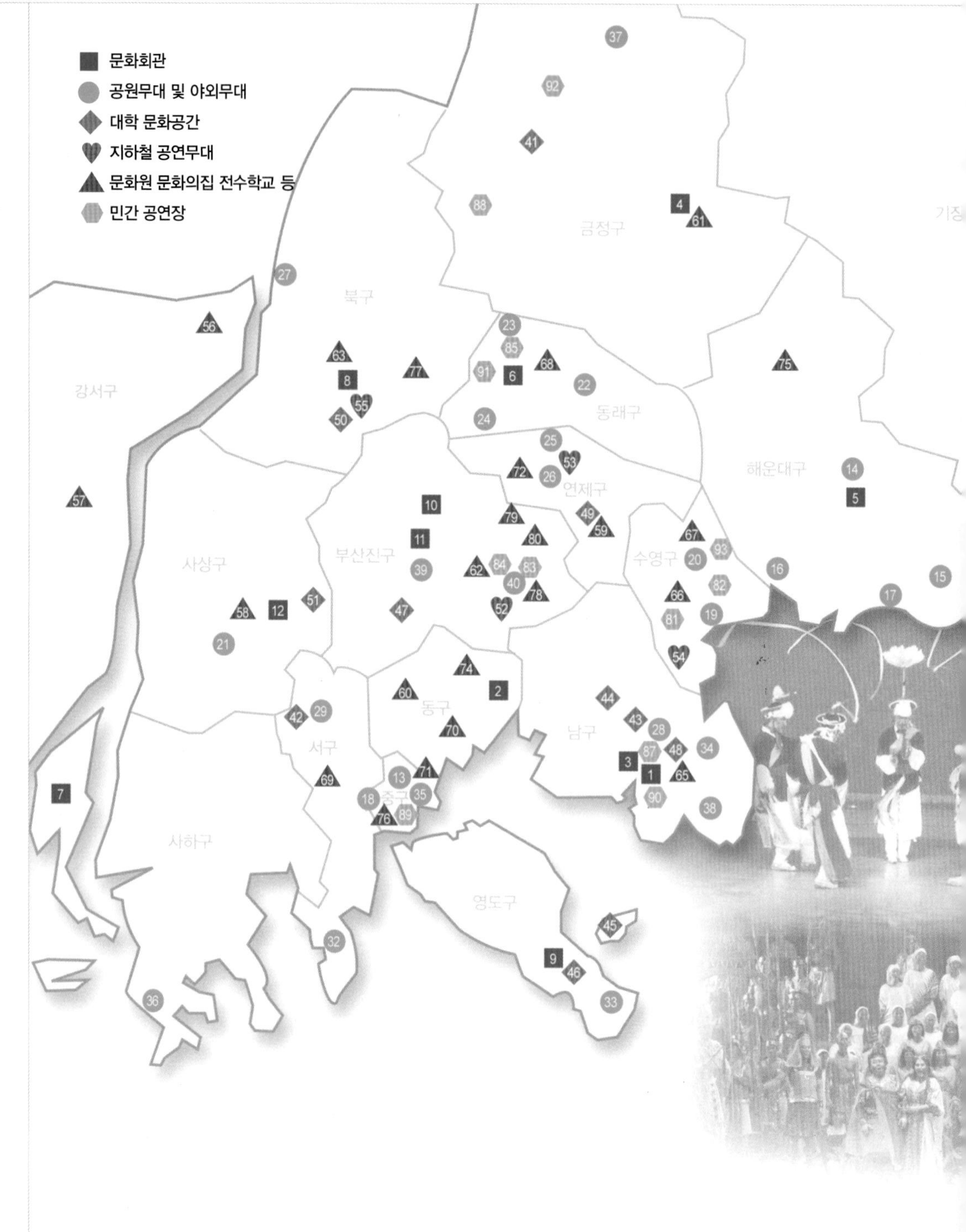
문화회관
공원무대 및 야외무대
대학 문화공간
지하철 공연무대
문화원 문화의집 전수학교 등
민간 공연장
금정구
기장
북구
강서구
동래구
해운대구
연제구
사상구
부산진구
수영구
동구
남구
서구
중구
사하구
영도구

30
86
31
64

시민회관

지하철 공연무대

밀리오레 야외공연장

〈부산지역 공공 종합문화공간들〉

■ 문화회관

1. **부산문화회관**(남구 대연4동)
   대 · 중 · 소극장, 대 · 중 · 소전시실, 야외무대
2. **부산시민회관**(동구 범일2동)
   대 · 소극장, 전시실
3. **부산예술회관**(남구 대연동)
   2010년 준공 예정, 소극장, 전시실, 야외전시장
4. **금정문화회관**(금정구 구서1동)
   대 · 소공연장, 야외공연장, 전시실
5. **해운대문화회관**(해운대구 좌동)
   대공연장, 다목적홀, 전시실, 야외공연장
6. **동래문화회관**(동래구 명륜동)
   대 · 소극장, 전시실, 야외놀이마당
7. **을숙도문화회관**(사하구 하단동)
   대 · 소공연장, 전시실, 야외놀이마당
8. **북구문화빙상센터 문화예술회관**(북구 덕천동)
   전시실, 공연장
9. **영도어울림문화공원 문화예술회관**(영도구 동삼1동)
   대 · 소공연장, 학여울마당
10. **부산학생교육문화회관**(부산진구 초읍동)
    대강당, 전시실, 야외광장
11. **국립부산국악원**(부산진구 연지동)
    연악당, 예지당, 야외무대
12. **부산시여성문화회관**(사상구 학장동)
    대강당, 소극장

● 공원무대 및 야외무대

13. **용두산공원 야외무대**(중구 광복동)
14. **장산 대천공원 야외공연장**(해운대구 좌동)
15. **달맞이 어울마당**(해운대구 중동)
16. **나루공원 야외무대**(해운대구 우동)
17. **해운대해수욕장 부산아쿠아리움 옆 광장**
    (해운대구 중1동)
18. **부산민주공원**(중구 영주동)
    공연장, 전시실, 야외무대
19. **광안리해수욕장 야외상설무대,**
    만남의 광장 공연장 등(수영구 민락동)
20. **수영민속예술관 놀이마당**(수영구 수영동)
21. **삼락강변공원 비상설 특설무대**
    (사상구 삼락동)
22. **동래읍성 북문광장 야외공연장**
    (동래구 복천동)
23. **금강공원 부산민속예술관 야외공연장**
    (동래구 온천1동)
24. **온천천 야외공연장**
    (지하철 동래역 환승시설 아래)
25. **온천천 시민공원 야외무대**
    (연제구 거제1동 세병교 밑)
26. **부산시청 광장**(연제구 연산동)
27. **낙동강 고수부지 화명지구 민속놀이마당**
    (북구 화명3동)
28. **부경대 대연캠퍼스 정문 인근 소규모 거리공연장**
    (남구 대연3동)
29. **구덕민속예술관 내 야외공연장**(서구 서대신동)
30. **일광해수욕장 수상무대**(기장군 일광면 삼성리)
31. **용소웰빙공원 수변무대**(기장군 기장읍 서부리)
32. **부산암남공원 야외공연무대**(서구 암남동)
33. **태종대공원 영도등대 해양문화공간 야외무대**
    (영도구 동삼동)
34. **남부하수처리장 야외공연장**(남구 용호동)
35. **40계단문화관 앞 야외공연장**(중구 동광동)
36. **다대포 꿈의 낙조분수 야외공연장**(사하구 다대1동)
37. **금정체육공원(spo 1 park) 수변광장 · 갤러리**
    (금정구 두구동)
38. **이기대공원 어울마당**(남구 용호3동)
39. **부산시민공원 야외극장 · 문화마당**
    (부산진구 범전 · 연지동 조성 예정)
40. **부산중앙광장 야외공연장**
    (서면 인근 중앙로에 조성 예정)

◆ 대학 문화공간

41. **부산대 10 · 16기념관, 아트센터**(금정구 장전동)
42. **동아대 구덕캠퍼스 석당홀**(서구 동대신동)
43. **경성대 예술관 콘서트홀 · 예노소극장**(남구 대연3동)
44. **부산예술대학 본관 옆 야외무대**(남구 대연5동)
45. **한국해양대 대강당**(영도구 동삼동)
46. **고신대 예음관 야외음악당**(영도구 동삼동)
47. **동의대 석당아트홀, 효민야외음악당**
    (부산진구 가야동)
48. **부경대 대연캠퍼스 야외무대**(남구 대연3동)

49. **부산경상대학 진리관 콘서트홀**(연제구 연산8동)
50. **부산정보대학 야외공연장**(북구 구포3동)
51. **동서대 소향아트홀**(사상구 주례2동)

♥ 지하철 공연무대

52. **서면역 예술무대**(8번 출구 만남의 광장)
53. **연산동역 공연무대 '에어'** 문화공연, 미술전시, 시낭송회 등
54. **AN아트홀. Red**(지하철 광안역 3번 출구)
55. **덕천역, 구포역 '만남의 장소'**

▲ 문화원 · 문화의집 · 전수학교 등

56. **부산강서문화원**(강서구 대저1동)
57. **강서예술촌**(강서구 대저2동)
58. **사상문화원**(사상구 감전동)
59. **연제문화원**(연제구 연산9동)
60. **동구문화원**(동구 수정동)
61. **금정문화원**(금정구 구서1동)
62. **부산진문화원**(부산진구 부암동)
63. **낙동문화원**(북구 덕천동)
64. **기장문화원**(기장군 기장읍 청강리)
65. **남구문화원**(남구 용호동)
66. **수영문화원**(수영구 광안동)
67. **수영민속예술관**(수영구 수영동)
68. **동래문화원**(동래구 명륜2동)
69. **서구문화원 · 문화의집**(서구 아미동)
70. **부산프랑스문화원**(동구 초량3동)
71. **부산독일문화원**(중구 대창동)
72. **부산전통문화원**(연제구 거제동)
73. **금수동문화촌**(기장군 장안읍 기룡리)
74. **동구 문화의집**(동구 범일5동)
75. **해운대 청소년 문화의집**(해운대구 반송2동)
76. **중구 청소년 문화의집**(중구 보수2동)
77. **북구 청소년 문화의집**(북구 만덕2동)
78. **부산진구 청소년 문화의집**(부산진구 전포1동)
79. **양정 청소년 문화의집**(부산진구 양정2동)
80. **부산여자대학 동래학춤 전수**(부산진구 양정동)

● 민간 공연장

81. **KBS부산홀**(수영구 남천동)
82. **MBC롯데아트홀**(수영구 민락동)
83. **서면 밀리오레 야외공연장**(부산진구 전포동)
84. **서면 롯데호텔 야외무대**(부산진구 부전동)
85. **농심호텔 야외마당**(동래구 온천동)
86. **오픈스페이스배 야외무대**(기장군 일광면 삼성리)
87. **대연성당 평화장터 뒤뜰 야외무대**(남구 대연동)
88. **오마이랜드 야외공연장**(금정구 금성동)
89. **부산가톨릭센터 소극장 · 갤러리**(중구 대청동)
90. **가람아트홀**(남구 대연동)
91. **글로빌 아트홀**(동래구 온천3동)
92. **새우리병원 7층 공연장**(금정구 남산동)
93. **수영로교회 엘레브공연장**(수영구 수영동)

많은 사람들이 붐비는 장소적 특성을 감안하면 지하철역 공연무대의 확산은 고무적이다. 서면역 8번 출구 '만남의 장소' 에서 예술무대가 매주 금, 토요일 공연이 열리고 있다. 연산동역 복합예술공간 '에어' 도 지하철 문화확산의 첨병이다. 이 밖에 많은 지하철역에서 비상설적으로 공연이 열리고 있어 활성화에 대한 기대가 크다.

중요한 건 문화의 질과 소통

훌륭한 문화시설이 곧바로 문화도시로 이어지는 건 아니다. 중요한 것은 문화 프로그램의 질이고, 시민들과 함께 어우러지는 소통이다. 문화회관들은 여전히 순수예술인만의 공간이어서 일반인들에게 문턱이 높은 게 사실이다. 여가생활을 즐기는 시민들이 늘어나면서 직장인 음악동호회, 예능학원 공연팀 같은 아마추어 문화공연팀은 증가하는데 정작 무대는 별로 없다. 시와 각 자치구가 시민들의 문화예술 향수 기회를 늘리는 데 인식을 돌려야 한다. 풀뿌리 문화를 껴안을 수 있는 인식과 노력이 필요하다. 대중들의 문화열정과 소통하지 않는 문화행정은 뒤떨어진 것이다. 중구 광복로나 수영구 광안리해수욕장의 '차 없는 거리' 에서 동호인들의 열기가 넘치는 것은 이를 잘 말해준다.

오페라하우스 같은 대형 공연장만 필요한 것은 아니다. 일반 대중들은 열린 공간에서의 자유로운 공연 감상을 선호한다. 부산은 자연친화적인 야외 공연장과 소규모 무대를 조성할 수 있는 좋은 입지 조건을 갖추고 있다. '풀뿌리 문화공연' 이 활성화될 수 있게끔 유도하는 부산시와 자치구의 정책적 배려가 매우 중요하다.

자체 기획의 노력 없이 공간만 대여해주는 수동적인 움직임도 아쉬움이다. 대학의 문화공간 역시 그런 면이 있다. 좀 더 일반인들에게 열려 있는 마음이 필요하다. 좁은 도시 부산에서 공원도 태부족인 만큼 공원 내 야외공간이 부족한 것도 아쉽다.

'문화원' 이나 '문화의집' 경우도 지역주민에 대한 문화향유권의 확대라는 측면에서 그 역할의 중요성에 비해 그 활동이 제대로 이뤄지지 않는 경우가 태반이다. 형식적 프로그램이 주류를 이루거나 그나마 유지하는 일도 힘들어 보인다. 예산이 문제일 것이다. 이에 대한 관의 실질적인 지원과 인식전환이 필요하다. 대중문화 공연장이 태부족한 것도 아쉽다.

프랑스문화원

24 열린 만남, 종교지도

2001년 12월 20일. 부산 천주교 가야성당에서 스님, 신부, 목사, 수녀, 정녀 등 여러 종교의 성직자들이 한자리서 노래하고 춤추며 기도했다. 이름하여 '전쟁 종식과 평화 정착을 위한 기도회 및 작은 음악회'. 기독교 성탄절의 의미를 다른 종교인들까지 그렇게 축하한 자리였다. 주최는 부산종교인대화아카데미였다.

부산에서 종교인들 간의 그런 만남은 오래됐고 또 활발하다. 부산종교인대화아카데미를 비롯해 부산종교인평화회의, 공동선실천부산종교지도자협의회, 열린종교시민대학, 부산종교인평화포럼 등 형태도 갖가지다. 교리와 역사, 문화가 다른 탓에 좀체 서로 어울리지 않는 종교인들이 부산에서는 왜 이렇게 마음을 '허락'하고 있는 것일까?

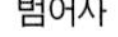
범어사

삼광사

이는 부산에 종교의 다양성이 살아 있기 때문이다. 흔히 부산은 불교의 기운이 강한 곳이라 하지만, 이는 한쪽만 본 탓이다. 개신교나 천주교 등 다른 종교들도 불교에 비해 짧은 역사에도 불구하고 상대적으로 만만찮은 교세를 자랑한다.

현재 부산에 있는 불교 사찰은 대한불교조계종을 비롯해 대한불교천태종, 한국불교태고종, 대한불교법화종, 대한불교진각종, 대한불교법연종 등 모두 27개 종단에 1천여 곳을 상회하는 것으로 추산되고 있다. 그중 중심은 아무래도 대한불교조계종 계열 사찰. 부산의 조계종 사찰은 모두 149곳(2008년 12월 31일 기준)으로, 그중 공찰(公刹)은 29곳이고 나머지는 사설 사암으로 등록돼 있다.

부산진교회

2대 종단이랄 수 있는 한국불교태고종의 경우 부산종무원장을 맡고 있는 경담 스님에 따르면 40여 개 정도로 짐작된다고 하지만 실질 숫자는 파악되지 않고 있는 실정. 대한불교천태종 계열 사찰은 삼광사 등 4개 사찰이 등록돼 있고, 대한불교진각종은 명륜심인당 등 모두 9개 사찰이 부산에 있다.

개신교의 경우, 부산기독교총연합회의 부산기독교총람에 이름을 올린 교회는 모두 1천400여 곳. 그중에서 100년 이상의 역사를 가진 교회는 10여 곳. 1891년 부산진교회를 시작으로 1892년 초량교회, 이어 1897년 제일영도교회 등 장로교 교회들이 잇따라 설립됐다. 이후 1918년에 수정동성결교회가 성결교회로서, 한

초읍교회

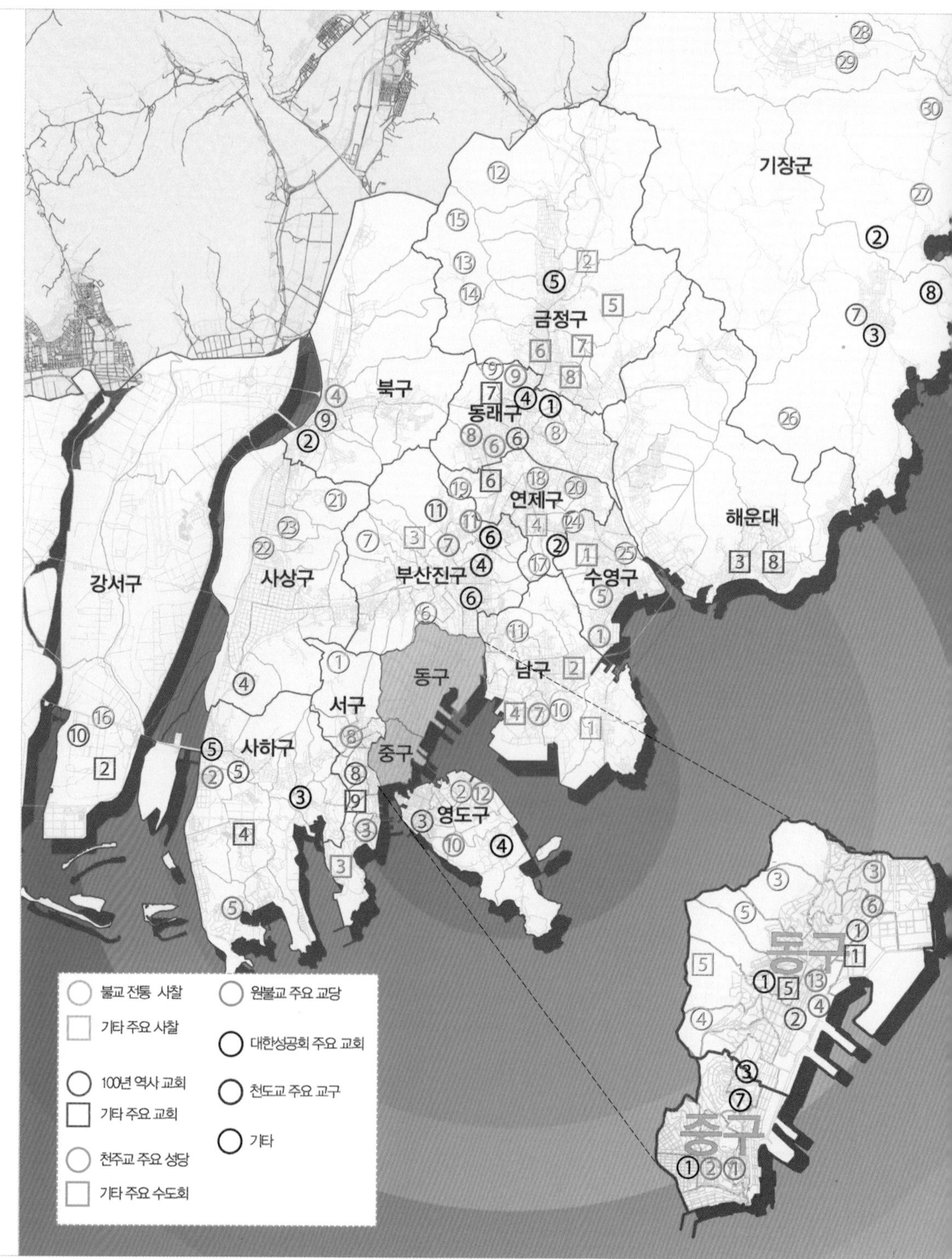
기장군
금정구
북구
동래구
연제구
해운대
강서구
사상구
부산진구
수영구
동구
남구
서구
중구
사하구
영도구
동구
중구
불교 전통 사찰
기타 주요 사찰
100년 역사 교회
기타 주요 교회
천주교 주요 성당
기타 주요 수도회
원불교 주요 교당
대한성공회 주요 교회
천도교 주요 교구
기타

불교

전통사찰(2009년 6월 말 기준)

① **내원정사** 서구 서대신동 3가 산3 - 2
② **복천사** 영도구 신선동 3가 6
③ **연등사** 동구 좌천동 839 - 3
④ **금수사** 동구 초량4동 843
⑤ **묘심사** 동구 수정동 1174 - 8
⑥ **광명사** 부산진구 범천2동 산19
⑦ **선암사** 부산진구 부암3동 628
⑧ **법륜사** 동래구 칠산동 239 - 2
⑨ **금정선원** 동래구 온천1동 282
⑩ **불곡암** 남구 대연4동 123
⑪ **성암사** 남구 문현동 75
⑫ **범어사** 금정구 청룡동 546
⑬ **정수암** 금정구 금성동 97
⑭ **국청사** 금정구 금성동 397
⑮ **미륵사** 금정구 금성동 113
⑯ **청량사** 강서구 명지동 445
⑰ **마하사** 연제구 연산7동 2039
⑱ **감천암** 연제구 연산4동 1112
⑲ **금용암** 연제구 거제동 산1396 - 2
⑳ **혜원정사** 연제구 연산4동 산1113 - 1
㉑ **운수사** 사상구 모라동 산5
㉒ **선광사** 사상구 덕포2동 22 - 2
㉓ **약수암** 사상구 덕포2동 산8
㉔ **영주암** 수영구 망미동 950
㉕ **옥련선원** 수영구 민락동 327 - 2
㉖ **안적사** 기장군 기장읍 내리 692
㉗ **월명사** 기장군 일광면 횡계리
㉘ **척판암** 기장군 장안읍 장안리 587
㉙ **장안사** 기장군 장안읍 장안리 591
㉚ **묘관음사** 기장군 장안읍 임랑리 산1

기타 주요 사찰

1 **동명불원** 남구 용당동 507
2 **안국선원** 금정구 남산동 35 - 14
3 **천태종 삼광사** 진구 초읍동 산131
4 **법연원** 연제구 연산4동 588 - 6
5 **태고종 구봉사** 동구 초량6동 794

천주교

주요 성당

① **주교좌 남천성당** 수영구 남천1동 69 - 1
② **주교좌 중앙성당** 중구 대청동 1가 48
③ **범일성당** 동구 범일1동 1375
④ **구포성당** 북구 구포1동 417 - 2
⑤ **광안성당** 수영구 광안4동 556 - 1
⑥ **동래성당** 동래구 수안동 465 - 1
⑦ **동항성당** 남구 우암2동 124
⑧ **서대신성당** 서구 서대신동 3가 319
⑨ **온천성당** 동래구 온천1동 240 - 1
⑩ **신선성당** 영도구 신성동 3가 84
⑪ **양정성당** 부산진구 양정1동 74 - 1
⑫ **청학성당** 영도구 청학2동 196
⑬ **초량성당** 동구 초량2동 945

주요 수도회

1 **올리베따노 성베네딕도수녀회(성분도수녀회)** 수영구 광안4동 1278
2 **천주교꼰벤뚜알성프란치스코회** 남구 대연3동 390
3 **마리아수녀회** 서구 암남동 5 - 2
4 **티없으신마리아성심수녀회** 남구 우암2동 127 - 166
5 **성베네딕도회 왜관수도원(부산수도원)** 금정구 오륜동 645 - 1
6 **예수성심전교수녀회** 금정구 장전2동 501
7 **한국순교자빨마수녀회** 금정구 부곡3동 1 - 4
8 **한국외방선교수녀회** 금정구 부곡3동 51 - 15

개신교

100년 이상 역사 교회(2009년 6월 말 기준)

① **부산진교회** 동구 좌천동 763
② **초량교회** 동구 초량1동 1005
③ **제일영도교회** 영도구 신성동 1가 91
④ **엄궁교회** 사상구 엄궁동 516 - 12
⑤ **하단교회** 사하구 하단1동 116 - 1
⑥ **수안교회** 동래구 수안동 476
⑦ **기장교회** 기장군 기장읍 대라리 37 - 2
⑧ **항서교회** 서구 부용동2가 39번지
⑨ **구포교회** 북구 구포2동 973 - 3
⑩ **명지교회** 강서구 명지동 1765
⑪ **초읍교회** 부산진구 초읍동 475

기타 주요 교회

1 **수정동 성결교회** 동구 수정4동 997
2 **호산나교회** 강서구 명지동 3245 - 5
3 **수영로교회** 해운대구 우1동 1418 - 1
4 **신평로교회** 사하구 신평1동 산18
5 **삼일교회** 동구 초량3동 50
6 **거제교회** 연제구 거제2동 878 - 7
7 **온천제일교회** 동래구 온천1동 84 - 23
8 **해운대순복음교회** 해운대구 중1동 1338
9 **부산영락교회** 서구 부민동1가 22

대한성공회(주요교회)

① **대한성공회 부산교구 주교좌성당** 중구 대청동 2가 18
② **구포제자교회** 북구 구포동 930 - 13
③ **기장교회** 기장군 기장읍 대라리 168 - 11
④ **동래교회** 동래구 온천1동 260 - 2
⑤ **사하교회** 사하구 하단동 777 - 2
⑥ **서면교회** 부산진구 전포1동 411 - 22

천도교(주요교구)

① **부산시교구** 동구 초량동 169
② **동부산교구** 연제구 연산6동 1875 - 2
③ **부산남부교구** 중구 영주1동 23 - 15
④ **북부산교구** 부산진구 양정2동 51 - 24

원불교(주요교당)

① **원불교 부산교구청** 중구 신창동 1가 38 - 6
② **하단교당** 사하구 하단동 200
③ **남부민교당** 서구 남부민3동 502 - 1
④ **초량교당** 동구 초량2동 919 - 5
⑤ **다대교당** 사하구 다대1동 160 - 1
⑥ **부산진교당** 동구 좌천1동 822 - 11
⑦ **서면교당** 부산진구 부암1동 80 - 39
⑧ **동래교당** 동래구 수안동 528 - 1

기타

① **동래향교(유교)** 동래구 명륜동 235
② **기장향교(유교)** 기장군 기장읍 교리 62
③ **태극도본부** 사하구 감천2동 105
④ **대한천리교 부산교구청** 영도구 동삼3동 219 - 1
⑤ **한국이슬람 부산성원** 금정구 남산동 30 - 1
⑥ **대순진리회 부산부전회관** 부산진구 양정동 402 - 5
⑦ **한국정교회 부산성모희보성당** 중구 대청동4가 43 - 3
⑧ **한국천부교신앙촌** 기장군 기장읍 죽성리 · 학리 · 삼성리 · 동부리 · 신천리 일원

성분도수녀회

옥련선원

태극도본부

동래향교

참 뒤인 1948년 제일감리교회가 감리교회로서 첫발을 내디뎠다.

부산 개신교 역사의 산증인인 이들 교회와 함께 현재 부산기독교총연합회, 부산성시화운동본부 등을 통해 지역 개신교의 여론을 주도하는 교회는 수영로교회, 신평로교회, 호산나교회, 삼일교회, 거제교회, 온천교회, 해운대순복음교회, 부산영락교회 등이 꼽힌다.

1890년 부산진본당이 설립되면서 주춧돌이 놓여진 부산의 천주교는 현재 부산지역에만 75개 본당과 37개 수도회가 운영되고 있으며, 원불교는 1931년 부산 서구 하단동에 불법연구회 하단지부를 결성한 이후 80년 가까운 세월 동안 부산 전역에 4개 지구 55개 교당을 가진 교세로 확장시켰다.

또 1974년에야 비로소 부산교구가 설정된 대한성공회는 그동안 부산주교좌성당을 비롯해 부산에만 8개 교회를 세웠고, 1937년 부산 동구 영주동에 전교실이 설치됨으로써 시작된 부산 천도교는 현재 부산시교구를 비롯해 북부산교구 등 7개 교구를 부산시내에 설립해 전교에 힘쓰고 있다.

이 밖에 부산에는 1980년 지어진 한국이슬람부산성원, 1986년 세워진 성모희보성당이 있어 각각 이슬람과 정교회의 맥을 전하고 있는 한편 순수 국내 종교인 증산교 계파인 태극도 본부, 한국천부교의 집단 신앙촌이 각각 사하구 감천동과 기장군 일원에 자리 잡고 있다.

남천성당

해운대순복음교회

성모희보성당

이런 가운데 근래에 부산 중구 대청동 일대를 종교의 거리로 활성화시키자는 이야기가 조심스레 나오고 있다. 대청로를 중심으로 성공회 부산교구청, 원불교 부산교구청, 천주교 주교좌중앙성당, 부산가톨릭센터, 정교회 성모희보성당을 비롯해 사찰과 교회까지 다양한 종교시설이 집결해 있기 때문이다.

대한성공회 부산교구장인 윤종모 주교는 "종교 화합의 상징으로서 대청로 일대를 주목하고 있다"며 "주변 종교인들과 함께 다양한 소통의 기회를 모색 중"이라고 밝혔다. 부산에 종교로 특화된 거리가 탄생할 수 있을 것이라는 기대를 갖게 하는 말이다.

성공회주교좌성당

원불교 부산교구

25 민속신앙 일번지, 당산

부산에서 활동하는 무속인의 숫자는 어느 정도나 될까? 줄잡아 1천300여 명이란다. 무속인들의 모임인 대한경신연합회 부산시본부가 밝힌 회원 숫자다. 연합회에 속하지 않은 무속인도 많다고 한다. 이쯤 되면 불교나 개신교 등 다른 종교의 성직자 집단에 비해 적어도 숫자상으로는 밀리지 않는다. 사람에 따라 다른 이야기도 가능하겠지만, 무속이란, 의외로 보편적인 종교인 것이다. 그런데 무속이 그렇게 우리 생활 가까이 널리 퍼져 있게 된 데는 당산(堂山)이 그 근거가 돼왔다.

가장 원초적인 민간신앙의 대상, 당산

옛 사람들은 자연에 대해 외경심을 갖고 있었다. 특히 자기가 사는 마을 근처의 산과 강, 언덕에는 마을을 지켜주는 신령스러운 힘이 있다고 믿었다. 무당을 앞세워 마을 사람들이 그 신령을 숭배하고 제사 지냈던 장소가 바로 당산이다.

지역에 따라 사당의 형태를 갖거나, 아예 바위나 나무 자체가 그 역할을 맡기도 하는 당산은 전래 무속의 발현처로서, 또 마을의 풍요와 평안을 위한 원초적 신앙의 대상으로서 오랫동안 우리 가까이 존재해왔다.

애초에 당산신은 여성신격(할매)이었지만, 가부장제를 중시하는 유교문화가 습합된 이후 남성신격(할배)도 숭배의 대상이 됐다. 또 굿 등 무속의 제례 행위에 유교나 불교식 제의, 혹은 마을 특유의 전래 제의 형식이 가미되기도 했다.

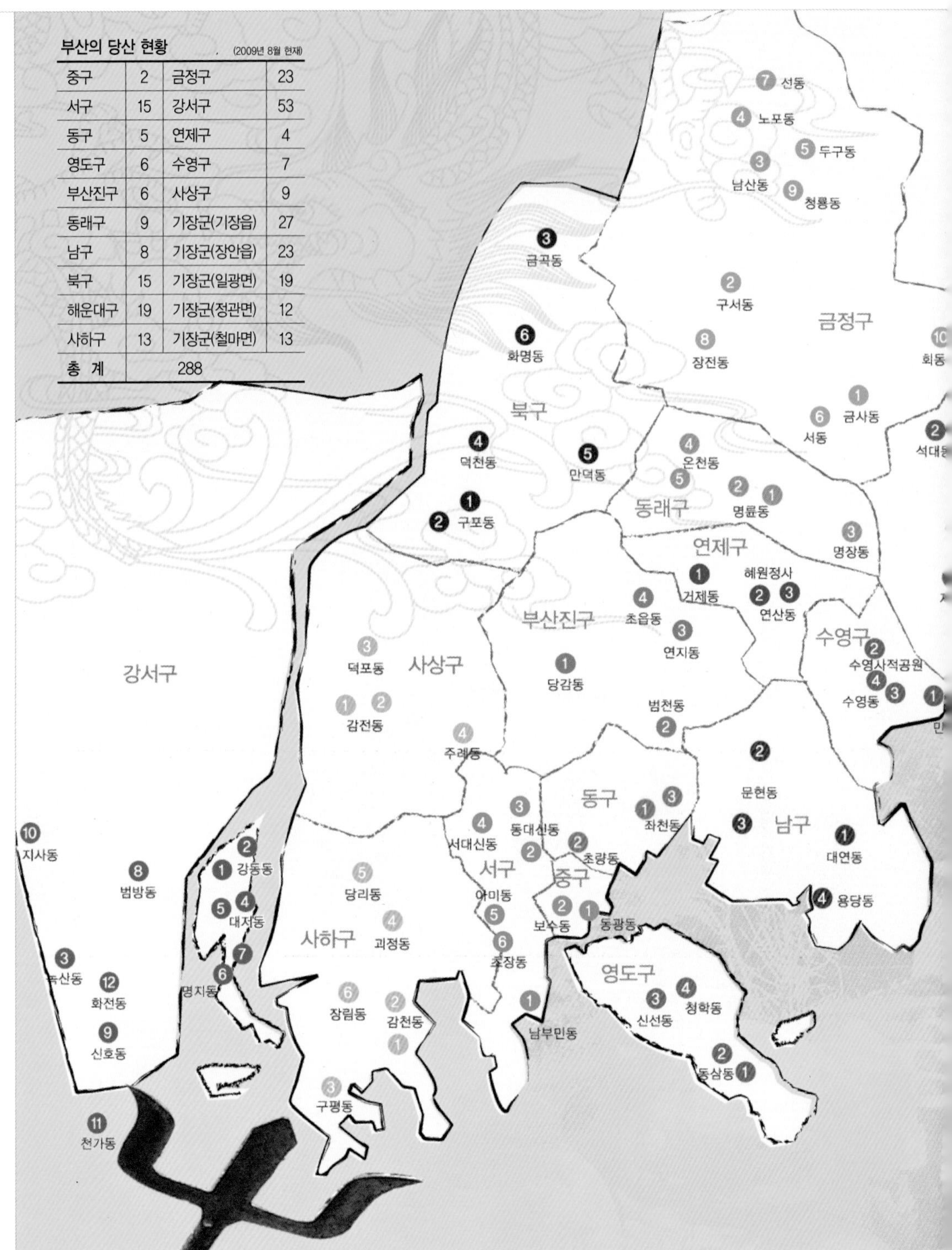

부산의 당산 현황 (2009년 8월 현재)

중구	2	금정구	23
서구	15	강서구	53
동구	5	연제구	4
영도구	6	수영구	7
부산진구	6	사상구	9
동래구	9	기장군(기장읍)	27
남구	8	기장군(장안읍)	23
북구	15	기장군(일광면)	19
해운대구	19	기장군(정관면)	12
사하구	13	기장군(철마면)	13
총 계	288		

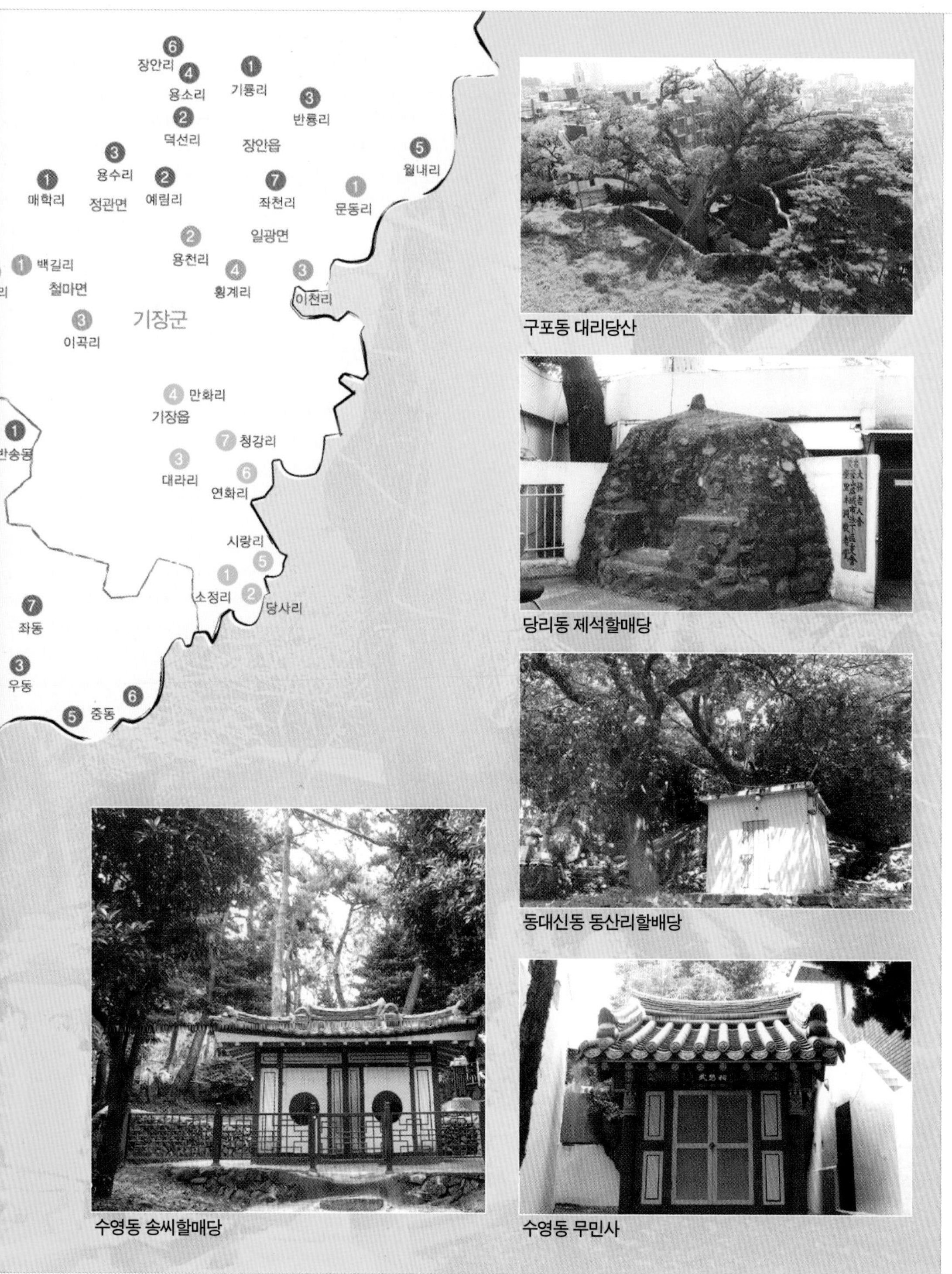

구포동 대리당산

당리동 제석할매당

동대신동 동산리할배당

수영동 송씨할매당

수영동 무민사

부산시 주요 당산

중구
①동광동5가 논치 당산(16번지)
②보수동1가 할배당산(2번지)

서구
①남부민3동 남산 고당할매집(611번지)
②동대신1동 동산리할배당(11번지 낙서암 위)
③동대신2동 영령 당산
(87-54번지 대신중학교 뒤)
④서대신3동 시약산 산제당
(172번지 동아고 옆)
⑤아미동2가 아미골 당산
(244-3번지 수도사 위)
⑥초장동 천마산 산제당
(초장동 초장중학교 뒤편)

동구
①좌천1동 산령당(792번지)
②초량2동 당산(산67-15번지)
③좌천4동 당산(940-8번지 통일동산 남쪽)

영도구
①동삼1동 상구룡 당산(326번지)
②동삼3동 조도 당산(광명고교 위)
③신선동 산제당/아씨당
(산3-6번지 호국관음사 뒤)
④청학동 할배당(440번지 청학초교 옆)

북구
①구포동 대리 당산(46번지 금강빌라 동쪽)
②구포2동 천제당/최씨할매당
(대진아파트~대성아파트 사이)
③금곡동 공창 고당(산79번지 화목타운 밑)
④덕천3동 남산정 당산(청우파크 아래 도로변)
⑤만덕동 하리 당산(630번지)
⑥화명동 대천리 고당 할매집
(1569번지 삼진교통 대천변)

연제구
①거제2동 거평 당산(800번지)
②연산동 대리 당산(1112번지 혜원정사 위)
③연산9동 배산 산령각(산63-4번지)

부산진구
①당감4동 당산(710번지)
②범천2동 안창마을 산신당(44-147번지)
③연지동 당산(산4번지 화인아파트 뒤)
④초읍동 당산(395번지)

동래구
①명륜동 주산당
(241번지 동래읍성지 서장대 밑)
②명륜1동 당산나무
(546번지 동래지하철역 옆)
③명장동 옥봉산 당산
(산54-5번지 금불사 동편골짜기)
④온천동 산지당
(산131번지 금강사 삼성각 서쪽)
⑤온천동 미남 당산나무
(1356번지 미남로타리 인근)

남구
①대연3동 용소 당산나무(561-12)
②문현2동 동제당(문현노인정 뒷산)
③문현4동 당산각(배정초교 위)
④용당동 당산(산126 부경대 노천극장 인근)

해운대구
①반송2동 본동 당산
(산51-1번지 본동마을 동쪽)
②석대동 상리 당산나무
(136번지 상리마을 뒷산 구릉)
③우1동 장지 주산당(84-1번지 해운정사 뒤)
④재송2동 재송 당산
(세명그린아파트 남동쪽 인근)
⑤중1동 미포 당산
(산42번지 미포마을 동쪽 인근)
⑥중2동 청사포 당산
(594번지 청사포마을 해변도로 북편)
⑦좌동 제석당(석태암과 폭포사 사이 오른쪽)

수영구
①민락동 골매기할매당/산신할배당
(수영강 어귀 옛 세방컨테이너 하치장 옆)
②수영동 송씨할매당
(229-1번지 수영사적공원 안)
③수영동 조씨할매당(366번지 25의용단 뒤편)
④수영동 무민사(507-9번지 수호노인정 옆)

사하구
①감천1동 하당(140-2번지 감천초등학교 앞)
②감천2동 옥녀 당산(93-1번지)
③구평동 천지할배당/천지할매당
(산52번지 봉화산, 207-1번지)
④괴정1동 산제당(산1066-4번지 괴정성당 밑)
⑤당리동 제석할매당
(316-1번지 무학사 서북쪽 계곡 건너편)
⑥장림2동 천지할배당(4통 1반 협진아파트 밑)

금정구
① 금사동 금천 할매당산
(금정전자공고 동북쪽 인근)
②구서2동 두실 당산
(1013-4번지 두실마을 서쪽 500m)
③남산동 남중 머드레 당산
(현대그레이스아파트 동쪽 150m)
④노포동 대룡 당산
(대룡마을 회관 서북쪽 300m)
⑤두구동 조리 당산할매
(1192번지 조리마을 동북쪽 인근)
⑥서4동 당산(서곡초교 서북쪽 150m)
⑦선동 하정 당산
(하정마을 인근 동래컨트리클럽 내)
⑧장전1동 주산당(대진전자정보고 서쪽 200m)
⑨청룡동 본동 당산
(369번지 경동아파트 동북쪽 300m)
⑩회동동 도래 당산(도래마을 서북쪽 150m)

사상구
①감전1동 서감전 할매당산(920-8번지)
②감전2동 동감전 고석 할매/할배당산
(산11-2번지)
③덕포1동 상강선대 할배당산
(417-6번지 상리마을 내)
④주례2동 냉정 당산
(166-21번지 동서대 정문 오른쪽)

◒강서구

①강동동 덕도산 할매당산
(1254-6번지 북정리 북정마을 서북쪽 인근)
②강동동 평진 할배당산
(246번지 대사리 평진마을 화훼단지 안)
③녹산동 산양 당산(732번지 산양사 경내)
④대저1동 사덕상리 할매당산
(2772번지 중앙전파관리소 부산분소 뒤)
⑤대저2동 순서 당산나무
(3574번지 도도리 순서마을 입구 도로변)
⑥명지동 중리 할매당산
(1049-1번지 구민체육공원 안)
⑦명지동 상신 단물샘 당산
(2306-2번지 신전리 상신마을 앞)
⑧범방동 탑동 당산나무
(1067번지 탑동마을 내)
⑨신호동 골대장군 당산(77번지)
⑩지사동 너더리 당산나무(1052번지)
⑪천가동 대항 당산
(대항마을 동쪽 100m 남산 기슭)
⑫화전동 사암 당산(사암마을 서북쪽 300m)

◒기장군(기장읍)

①소정리 당산(소정마을 서북쪽 70m)
②당사리 당산(당사리 마을회관 뒤)
③대라리 사라 할매당산(345-2번지)
④만화리 서리 당산(서리마을 동쪽 100m)
⑤시랑리 동암 골매기 당산(동암마을 뒤)
⑥연화리 신암 고사당(신암마을 북동쪽 100m)
⑦청강리 덕발 할매당산
(남경아파트 서쪽 도로가)

◒기장군(장안읍)

①기룡리 골매기 할매당산(768-1번지)
②덕선리 내덕 할배당산
(781번지 내덕회관 인근)
③반룡리 구기 당산
(102번지 마을회관 서남쪽 인근)
④용소리 할배당산(408번지)
⑤월내리 할배당산
(월내역 동북쪽 인근)
⑥장안리 하장안 할매당산
(장안리 294번지)
⑦좌천리 골매기 할매당산
(좌천우체국 뒤)

◒기장군(일광면)

①문동리 한씨 할매당산
(문동회관 서북쪽 300m)
②용천리 상곡 할매당산
(상곡마을 서남쪽 80m)
③이천리 외당
(810-6번지 동명연립주택 동쪽)
④횡계리 골매기 할매당산
(마을회관에서 서서남쪽 약 100m 지점)

◒기장군(정관면)

①매학리 상곡 당산(상곡마을 아래쪽)
②예림리 할배/할매당산(570번지)
③용수리 덕전 당산(덕전마을 내)

◒기장군(철마면)

①백길리 고당할매집
(백길노인정 인근)
②와여리 서리 할배당산
(서리마을에서 서북쪽 100m)
③이곡리 당산(517번지 이곡회관 앞)

신선동 산제당/아씨당

구평동 천지할매당

당산제가 가장 활발했던 곳, 부산

부산은 예로부터 당산제가 많았다. 바다와 산이 어우러진 지리적 특성 탓에 산신이나 바다신에 대한 숭배 의식이 다른 지역과는 유달랐던 것이다. 『신증동국여지승람』에 절영도신사, 모등변신사, 고지도신사 등이 동래현에 있었다고 등재돼 있음은 부산에서 당산제가 활발했음을 보여주는 사례다. 근대 이후 기독교 등 외래 종교의 유입과 산업화 과정으로 인한 도시문명의 유입 탓에 그 흔적이 희미해졌지만, 아직도 부산 곳곳에서는 당산이 그 명맥을 유지하고 있다.

대한경신연합회 부산시본부가 조사한 바에 따르면 현재 부산지역에는 모두 288곳의 당산이 있어 제를 올리고 있다. 가장 많은 곳은 기장군으로 기장읍에 27곳, 장안읍에 23곳, 일광면에 19곳, 정관면에 12곳, 철마면에 13곳 등 모두 94곳의 당산이 있다. 다음으로는 강서구로 53곳이 현존하고 있으며, 금정구, 해운대구, 북구, 사하구 등의 순으로 그 뒤를 잇고 있다.

당산에서의 제사는 대부분 음력 정월 14일 또는 15일에 치러진다. 288곳 중 중구 동광동5가 논치 당산이나 구포동 대리 당산 등 전체의 70%가 그때 당산제를 치른다. 그 밖에 구평동 천지할배당과 천지할매당처럼 음력 10월 14일 자정께 제를 올리는 경우와, 당리동 제석할매당처럼 삼짇날인 음력 3월 3일에 올리는 경우 등이 있다.

1년에 한 번 제를 올리는 당산이 256곳으로 89% 정도인 반면, 정월과 10월 두 차례 제를 지내는 민락동 산신할배당과 골매기할매당처럼 1년에 여러 차례 올리는 경우는 상대적으로 적은 편이다.

생생지생의 정신, 보존하고 이어가야

세상의 생명들이 서로를 아끼고 사랑해 모두 함께 살아가야 한다는 '생생지생(生生之生)'의 도를 무(巫)는 중하게 여긴다. 조상과 후손이, 이웃과 이웃이,

남성과 여성이, 나아가 인간과 자연이 화해동심(和解同心) 해원상생(解寃相生)하라는 것이다.

당산제는 그런 정신이 구체적으로 드러나는 행위다. 마을의 안녕과 흥성을 기원하는 제의일 뿐만 아니라, 각 가정에서 경비를 갹출하고 제를 함께 올리고 제물을 음복하고 정을 나눔으로써 마을 구성원을 하나로 묶는 의식이기도 하기 때문이다.

실례로, 민락동 산신할배당과 골매기할매당의 경우 제주(祭主)를 마을 청년회가 주관해 선정하며, 제의 절차도 청년회원들이 중심이 돼 유교식과 무속제례의식을 병행한다. 경비는 매번 제를 올릴 때마다 청년회에서 100여만 원을 내고 나머지는 할매당 당주 이미자 씨가 부담하고 있다. 제를 마치고 나서는 마을 어른들이 경로당에 모여 음복하며, 제를 지내기 3일 전부터 제를 마친 후 7일간 마을 사람들이 몸과 마음을 삼가야 하는 금기 기간으로 정하고 있다.

민락동 골매기할매당

이 때문에 무속인과 민속학자들은 당산제가 문화재적 가치가 있음을 학술적으로 연구하고, 당산과 당산제를 보존하고 활성화시킬 수 있도록 하기 위한 당국의 행정적 · 재정적 지원이 필수적이라고 입을 모은다.

주경업 부산민학회장은 당부했다.

"우리 겨레는 전통적으로 마을 단위로 제사를 지내면서 나만이 아닌 모두가 탈 없이 잘 살기를 소망했습니다. 당산제는 그렇게 공동체가 모두 하나 되는 화합의 장이었습니다. 혼자가 아니라 더불어 살라는 조상들의 소중한 지혜가 어떻게 미신 따위로 치부될 수 있습니까. 그 가치는 제대로 알려지고 보존돼야 합니다."

26 숨은 성소

부산은 다종다색의 종교가 활발한 곳. 곳곳에 성지로 기념할 만한, 또 종교인이라면 한 번쯤 순례해봄 직한 성소 내지 명소들이 숨어 있다. 아래는 그중 대표적인 곳들이다.

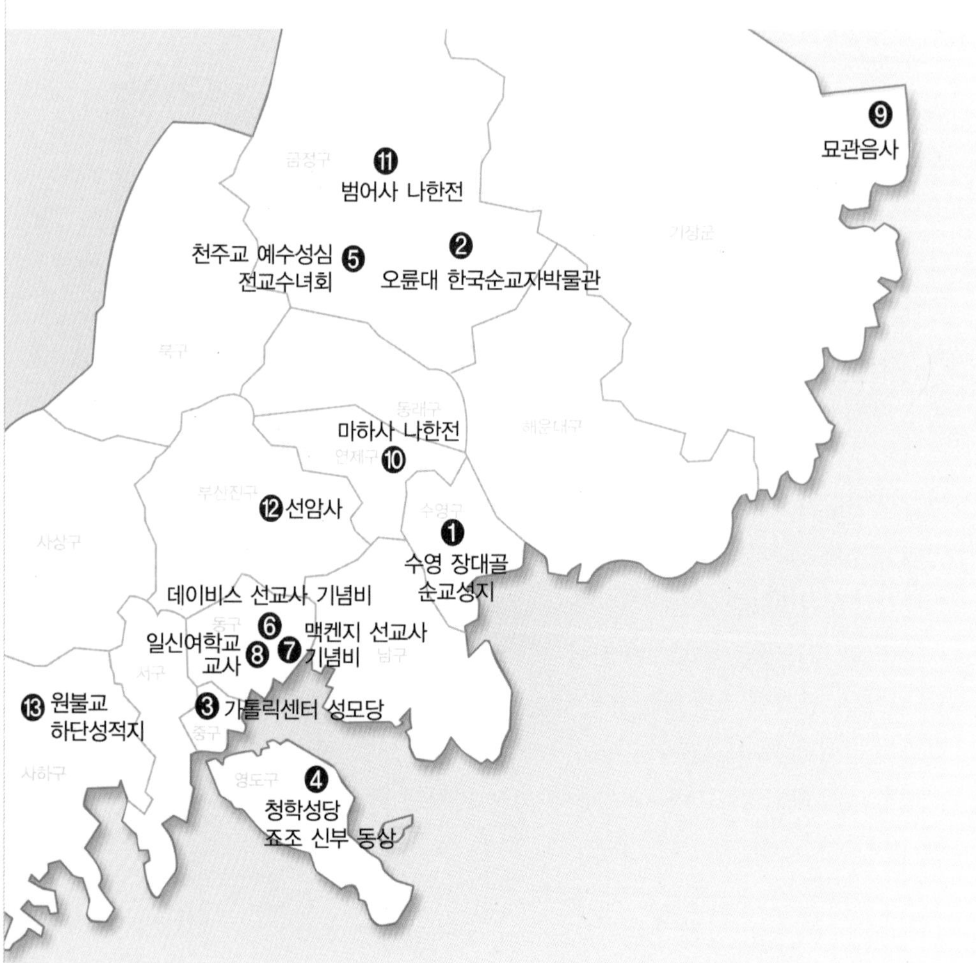

1. 수영 장대골 순교성지

부산의 대표적 천주교 성지다. 소위 병인박해의 여파로 1868년 이정식, 양재현 등 8명의 천주교 신자들이 치명당한 순교지다. 8명 중 이정식, 양재현은 부산교구청이 로마교황청에 시복시성을 신청해 현재 심의 중이다. 처형 당시 있었던 장대돌이 있고, 기림비와 대형 십자가를 비롯해 순교자 8명의 위패와 십자가의 길 등 여러 성물이 설치돼 있다. (051-756-3351)

2. 오륜대 한국순교자박물관

조선 말 한국 천주교 순교자들의 유물과 교회사 자료들이 한국순교복자수녀회의 수녀들에 의해 수집, 정리, 전시, 보존되고 있다. 서울의 절두산순교기념관과 함께 우리나라 대표적 천주교 순교기념관이다. 순교 자료뿐만 아니라 순종비 순정효왕후 등이 기증한 궁중유물, 대원군의 친필 등 왕실의 유물들과 조선 말기 민속품 등도 함께 소장하고 있다. 뒤편에 이정식 등 순교자들의 묘지도 있다. (051-583-2923)

3. 부산가톨릭센터 성모당

현 부산가톨릭센터는 1997년까지 천주교 부산교구청이 있던 자리. 초대 교구장인 고 최재선 주교가 세운 성모당이다. 부산교구의 역사를 증언한다 하겠다. (051-462-1870)

4. 청학성당 죠조 신부 동상

죠조 신부(JOZEAU Moyse · 1866~1894년)는 오늘날 천주교 부산교구의 초석을 놓은 인물. 1890년 부산교구에 제일 처음 파견된 프랑스 외방전교회 소속 신부로, 지금의 청학성당 수녀원 자리에 포교소를 정한 뒤 부산항에 본당을 설립하는 등 2년여 동안 부산 · 경남 신자들의 목자로 활동했다.

▲ 죠조 신부 동상

5. 예수성심전교수녀회

광안동에 있는 올리베따노 성 베네딕도 수녀회와 함께 부산의 대표적 천주교 수도회. 1965년 독일 관구로부터 진출했다. '마음의 영성, 선교의 영성' 을 모토로 시대 악을 식별하며, 가난하고 소외된 이들, 인권을 유린당한 이들에게 관심을 기울이고 있다. (051-581-3103)

◀ 예수성심전교수녀회 성모상

6. 부산진교회 데이비스 선교사 기념비

한국에 파견된 첫 호주 장로교 선교사였던 데이비스(Joseph Henry Davies · 1856~1890년)는 부산에 개신교의 씨앗을 뿌리고 부산에서 죽음을 맞았다. 그는 부산 복병산, 현 남성여고 자리에 묻혔는데, 그 흔적 없음이 안타까워 부산진교회 안에 당시 묘비를 복사해 세워 두었다. (051-647-2452)

7. 일신기독병원 맥켄지 선교사 기념비

맥켄지(James Noble Mackenzie · 한국명 매견시 · 1865~1956년) 선교사는 1910년 내한해 1938년 한국을 떠나기까지 나환자들을 위해 헌신했던 인물. 일신기독병원의 설립자 헬린 맥켄지와 캐드 맥켄지는 그의 두 딸. (051-630-0300)

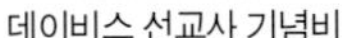
데이비스 선교사 기념비

멕켄지 선교사 기념비

8. 일신여학교 교사(校舍)

부산에 전래된 호주 장로교 선교회의 흔적이 남아 있는 유일한 건축물. 1895년 출발한 일신여학교는 부산 개신교 선교학교 또는 사립학교의 시발이 됐다. 여러 건물이 건립됐으나 지금은 1909년 지어진 한 동이 남았다. 부산진교회 앞에 있다.

9. 묘관음사

향곡 혜림(1912~1978년) 스님이 창건한 절. 오래되지는 않았지만, 한국 선풍의 맥을 잇는 사찰로 인정받고 있다. 조선 서산 대사 이후 끊어진 선맥이 경허 스님에 의해 되살아나 혜월, 운봉, 향곡 스님으로 이어진 것. 성철 스님도 이곳에서 생식하며 동안거를 보냈다. (051-727-2035)

10. 마하사 나한전

불자들 사이에 16나한의 신통력으로 잘 알려져 있다. '불씨를 구해준 나한과 동지팥죽' '참새떼를 쫓아낸 나한' '소리나지 않은 금구(金口)' 등 이곳 나한전 설화들은 마하사가 나한신앙 근본도량으로 자리잡게 한 계기가 됐다. 나한전은 응진전이라고도 한다. (051-861-4016)

11. 범어사 나한전

전각의 의미보다는 독특한 건축양식으로 숭배받는 곳이다. 나한전에 팔상전과 독성전이 연이어 붙어 있는 독특한 양식이다. 나한의 깨달음, 부처의 일생, 독성(獨聖)의 수행에 대한 경모의 뜻을 한꺼번에 표현한 것이다. (051-508-3122)

12. 선암사

선암사가 있는 '당감(堂甘)' 지역은 예부터 감로수가 흐르는 신성한 전당(당집)이었다. 때문에 신라시대에는 국선 화랑들이 수련하던 곳이었다. 선암사의 이름은 거기서 유래됐는데, 창건 연대가 범어사보다 빠른, 부산의 초창기 사찰이다. (051-803-7573)

13. 원불교 하단성적지

부산을 비롯한 영남지역 원불교 교화가 처음 시작된 곳. 1931년 부산지역 불법연구회(원불교의 전신) 회원들이 성금을 모아 첫 회관을 지은 자리다. 원불교 창시자 소태산 대종사가 처음 부산을 찾아 머물렀던 성지이기도 하다. (051-291-0415)

❶ 천주교 수영 장대골 순교성지(수영구 광안4동)

❷ 천주교 오륜대 한국순교자박물관(금정구 부곡3동)

❸ 부산가톨릭센터 성모당(중구 대청동 4가)

❹ 천주교 청학성당 죠조 신부 동상(영도구 청학2동)

❺ 천주교 예수성심전교수녀회(금정구 장전2동)

❻ 데이비스 선교사 기념비(동구 좌천동 부산진교회 내)
❼ 맥켄지 선교사 기념비(동구 좌천동 일신기독병원 옆)
❽ 일신여학교 교사(동구 좌천동 부산진교회 앞)

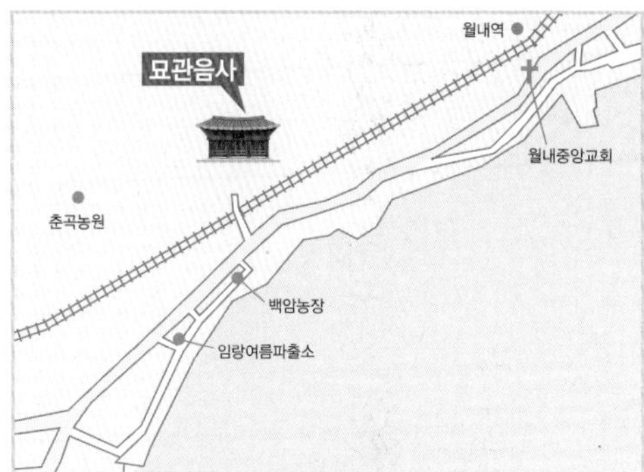

❾ 묘관음사(기장군 장안읍 임랑리)

❿ 마하사 나한전(연제구 연산7동)

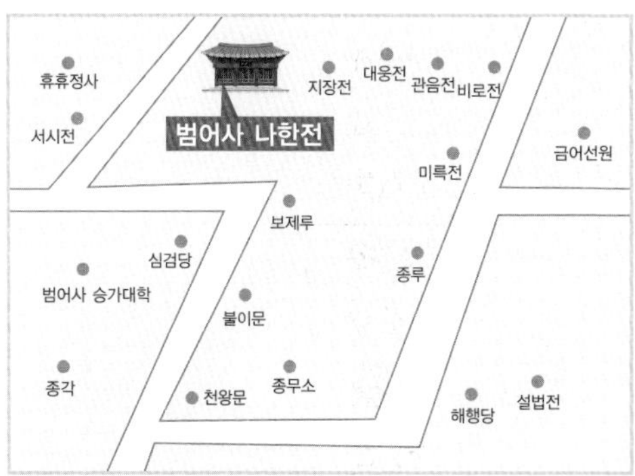

⓫ 범어사 나한전(부산 범어사 경내)

⓬ 선암사(부산진구 부암3동)

⓭ 원불교 하단성적지(부산 서구 하단동)

27 문화를 일구는 사람들

부산지역 문화예술인은 얼마나 될까? 그들은 어디에, 어떻게 거주하며 어떤 작업을 하고 있을까? 스승과 제자의 관계는? 문화예술 생산자와 소비자는 또 어떻게 구분될까? 성악을 전공한 대학생 중 몇 명이 지역에서 성악가로 활동하게 될까? 문화예술인의 남녀 비율과 연령대는? 그리고 이들을 위해 어떤 문화예술 정책을, 얼마나 많은 예산을 지원해야 할까?

부산시는 이에 대해 "전혀 파악한 바가 없다"고 했고 부산문화재단은 "부산문화예술인 아카이브 작업을 이제 막 기획한 상태라 아직은 자료가 없다"고 답했다. 이른바 지역 문화예술 '생산자' 현황이 없다는 얘기다. 이는 곧 부산시의 문화예술 정책과 예산이 그동안 주먹구구로 이뤄졌다는 말이 되기도 한다. 이런 상황이니 문화예술 소비자 조사까지 기대하는 것은 애초부터 무리다.

이번 분포도는 부산예총과 부산민예총 소속 예술인 5천599명(2009년 11월 기준)만을 대상으로 만들어졌다. 이들의 비중이 부산 전체 문화예술인 중에서 얼마나 차지할지는 모른다. 단지, 두 단체는 소속 예술인이 '일정한 자격을 갖춘' 전문 예술인의 6, 7할은 될 것이라고 막연히 추정했다. 좀 더 정확하고 폭넓은 문화예술 자원조사가 이뤄지기를 기대하며 두 단체의 대강을 소개한다.

부산예총 소속 예술인 분포도

부산예총 소속 예술인은 4천993명. 이들의 지역별 분포도를 그려보니, 해운대구(748명), 남구(529명), 부산진구(476명), 동래구(470명), 금정구(465명) 등에 주로 거주하는 것으로 나타났다. 이들 지역은 알다시피 부산의 대표적인 아파트 밀집지역이다. 이들이 모두 아파트에 살고 있는 것은 아니겠지만 그런 주거 성향을 보이고 있는 것은 어렴풋이 알 수 있을 것 같다. 반면 시외 거주자는 전체의 8.6%인 428명에 달했다.

● 부산예총의 활동

연극 〈흉가에 볕들어라〉

2009 부산무용제

부산미술의 새로운 시선전

2008 국악대향연

| 부산지역 문화예술인 분포도 |

〈부산예총과 부산민예총을 중심으로〉

부산예총 예술인 성별 비교

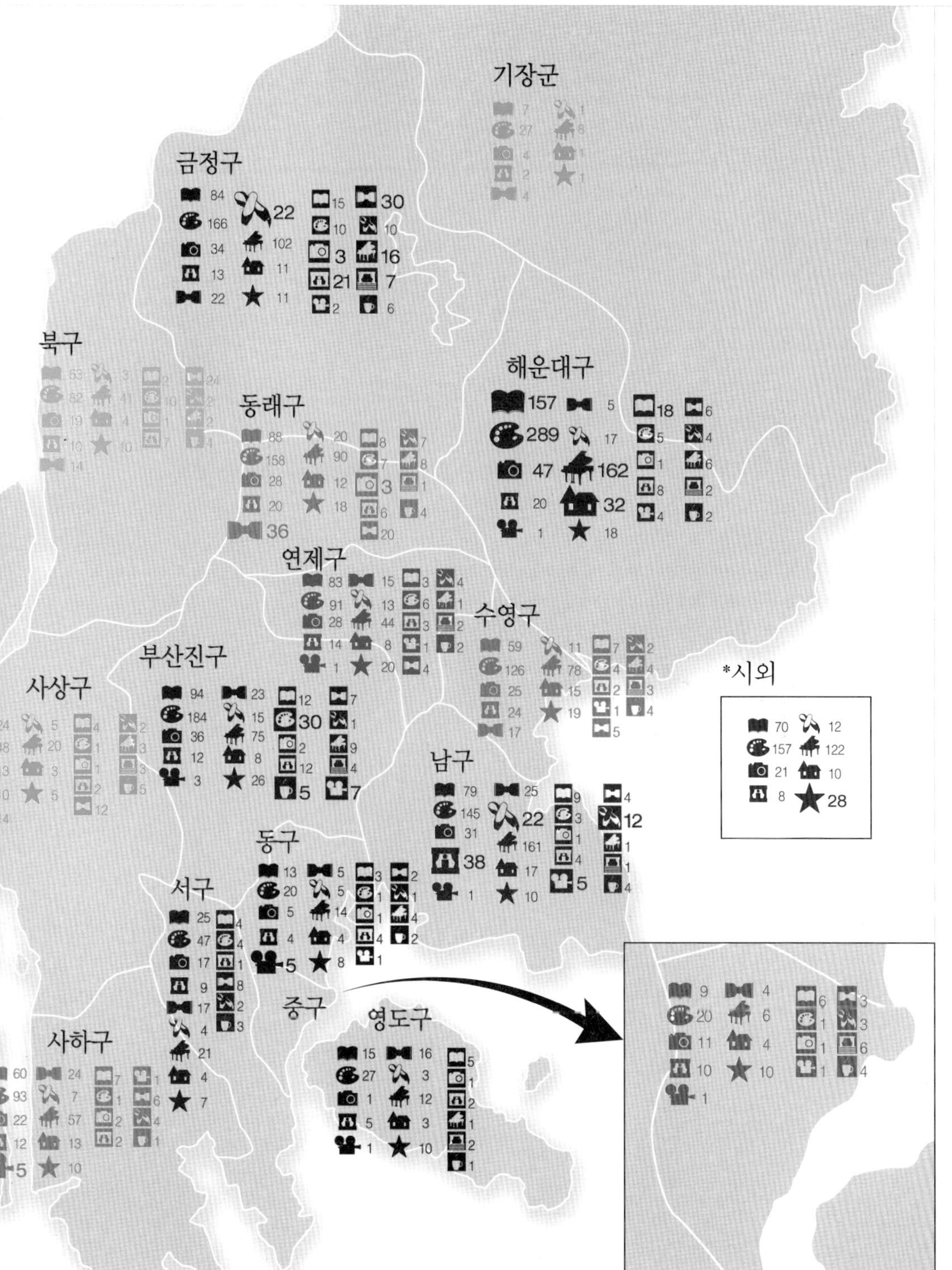
기장군
7 1
27 6
4 1
2 1
4
금정구
84 22 15 30
166 10 10
34 102 3 16
13 11 21 7
22 11 2 6
북구
53 3 2 24
82 41 10 2
19 4 1 2
10 10 7 4
14
동래구
88 20 8 7
158 90 7 8
28 12 3 1
20 18 6 4
36 20
해운대구
157 5 18 6
289 17 5 4
47 162 1 6
20 32 8 2
1 18 4 2
연제구
83 15 3 4
91 13 6 1
28 44 3 2
14 8 1 2
1 20 4
수영구
59 11 7 2
126 78 4 4
25 15 2 3
24 19 1 4
17 5
사상구
24 5 4 2
48 20 1 3
13 3 1 3
10 5 2 5
14 12
부산진구
94 23 12 7
184 15 30 1
36 75 2 9
12 8 12 4
3 26 5 7
*시외
70 12
157 122
21 10
8 28
남구
79 25 9 4
145 22 3 12
31 161 1 1
38 17 4 1
1 10 5 4
동구
13 5 3 2
20 5 1 1
5 14 1 4
4 4 4 2
5 8 1
서구
25 4
47 4
17 1
9 8
17 2
4 3
21
4
7
중구
9 4 6 3
20 6 1 3
11 4 1 6
10 10 1 4
1
영도구
15 16 5
27 3 1
1 12 2
5 3 1
1 10 2
1
사하구
60 24 7 1
93 7 1 6
22 57 2 4
12 13 2 1
5 10

장르별로는 건축, 미술, 사진, 음악 분야의 예술인이 해운대구에 가장 많이 거주하고 있었고, 연극인은 남구 거주자가 가장 많았다. 영화인은 동구와 사하구, 무용인은 남구와 금정구, 연예인은 시외 거주자를 제외할 경우 부산진구에 가장 많이 사는 것으로 분석됐다. 무용은 특성상 대학을 중심으로 활동한다는 점에서 경성대(남구)와 부산대(금정구) 인근 지역이 거주지로 선호된 듯했다.

성별로는 전체적으로 남성(2천357명)과 여성(2천636명) 예술인의 숫자가 비슷했다. 그러나 장르별로는 성별 편중 현상이 두드러졌다. 건축, 사진, 연예, 영화의 경우 남성 편중이 심했고 무용, 음악은 여성 비중이 크게 높았다.

특히 건축은 남녀 비율이 142 대 8로 남성이 압도적이었고 무용은 거꾸로인 12 대 148로 여성이 지배적인 우위를 차지했다. 음악도 남녀 358 대 655로 여성이 배 가까이 많았고, 미술은 여성이 약간 더 많은 776 대 917로 나타났다. 국악도 38 대 207로 여성 비중이 높았다. 반대로 연극은 133 대 88로 남성이 수적으로 앞섰고 사진은 294 대 53으로 남성 우위가 두드러졌다. 연예와 영화도 148 대 70과 15 대 4로 남성이 더 많았다. 그러나 문학은 441 대 486으로 남녀가 모두 고른 분포를 보였다.

연령별 분포도는 전체적으로 50대(1천490명), 40대(1천286명), 60대(967명), 30대(605명) 등의 순으로 나타났다(부산영화인협회 19명의 연령 분포는 자료 미제출로 제외). 그러나 노령층으로 분류되는 60대 이상의 경우 전체의 28.3%인 1천418명에 달해 표면적으로 우려해온 부산예총 소속 예술인의 노령화가 실제로는 그다지 심각하지 않은 것으로 나타났다. 특히 7,80대 원로급은 총 451명(9.0%)으로 2,30대 청년층 810명(16.2%)의 절반 수준에 그쳤다.

장르별로는 40대가 가장 많은 비중을 차지하는 경우가 건축(150명 중 66명), 무용(160명 중 69명), 음악(1천13명 중 355명)이고, 50대 비중이 가장 큰 장르는 국악(245명 중 83명), 문학(927명 중 309명), 미술(1천693명 중 531명), 사진(347명 중 138명), 연예(218명 중 93명) 분야였다. 연극은 특이하게도 30대(221명 중 71명) 비중이 가장 컸고 그 다음으로 40대(62명), 20대(44명) 순이었다.

부산민예총 소속 예술인 분포도

부산민예총은 10개 장르 606명의 회원을 대상으로 조사했다. 지역적인 분포도는 금정구(120명), 부산진구(73명), 동래구(64명), 해운대구(56명), 북구(52명) 순으로 나타났다. 장르별로는 문학의 경우 해운대(18명)와 금정구(15명), 부산진구(12명) 거주자가 많았고 미술은 부산진구(14명), 금정구(10명), 북구(10명)가 대세였다. 연극은 금정구(21명), 부산진구(12명), 춤은 남구(12명), 금정구(10명) 거주자가 가장 큰 비중을 차지했다.

부산민예총에서 최대 회원 수를 가진 풍물은 금정구(30명)와 북구(24명), 동래구(20명)를 주된 거주지로 삼았고, 음악인도 금정구(16명)와 부산진구(9명), 동래구(8명)에 많이 살고 있는 것으로 나타났다. 연령별, 성별 현황은 부산민예총이 자료를 제시하지 못했다.

● 부산민예총의 공연들

28 부산 출신 대중문화인

'의협심 있다.' '끼가 넘치고 정감 있는 연기를 보여준다.' '사투리 때문에 어딘가 어눌하다.'

서울지역 연예매체 기자들이 바라보는 부산 출신 대중문화인에 대한 이미지는 대부분 이러하다. 과연 어떤 이들이 어떤 직군에 어떻게 포진해 있기에 이런 평가가 나올까. 부산 출신 대중문화인 114명을 찾아 최근 5년간 그들의 활동상을 살펴봤다.

연기자-방송인 직군 '잘나갑니다'

부산 출신 대중문화인 가운데 가장 큰 비중을 차지하는 직군은 바로 탤런트와 영화배우를 아우르는 연기자 직군이다. 이들의 수는 전체 인원의 절반에 육박할 정도로 탄탄한 기반을 자랑한다.

대형 스타도 많이 배출됐다. '대표 한류스타' 최지우의 뒤를 이어 〈커피프린스 1호점〉의 공유, 〈다모〉의 김민준, 그리고 KBS 사극 〈추노〉로 돌아온 장혁까지 선굵은 부산 사나이들이 대거 스타 반열에 올라 있다. 최근 스크린과 브라운관을 오가며 인지도를 올린 박시연과 박해진도 주목할 만한 신예들이다.

조연급 연기자들도 빼놓을 수 없다. MBC 드라마 〈환상의 커플〉과 〈크크섬의 비밀〉에서 인상적인 연기를 보여준 탤런트 김광규도 '감초 캐릭터' 를 무기 삼아 서서히 배역 수를 늘려가고 있다.

연기자의 경우 부산 연극 무대에서 경력을 쌓거나 경성대학교 연극영화과 등을 통해 부산에서 대학 진학까지 가능하기 때문에 지역 인재가 꾸준히 발굴되고 있다. 조재현이나 이재용처럼 타 지역 출신들도 부산에서 경험을 쌓아 서울로 진출할 정도. 그 덕에 연기자 스스로도 '부산 출신' 이라는 정체성이 확실하게 정립되어 있다.

tvN 드라마 〈못말리는 영애씨〉에서 주인공으로 출연 중인 김현숙은 부산 연기자들의 장점을 환경에서 찾았다. "일단 바다를 접하고 있어 감성을 타고난다고 할까요." 게다가 그녀는 "표준어를 기본적으로 구사하는 연기자 입장에서는 사투리가 흠이 아니에요. 연기의 폭을 넓히는 하나의 무기가 될 수 있죠" 라며 사투리 예찬론까지 폈다.

내실만 따지자면 MC와 아나운서, 개그맨 등이 포함된 방송인 직군도 만만치 않다. 이 직군은 특성상 대부분 활동이 20~30대 짧은 기간에 그치고 만다. 1970년 이전 출생자 가운데 현직에 있는 사람은 허참과 이경규를 제외하고 거의 전무한 상태.

그러나 수적 열세에도 불구하고 부산 출신 방송인들은 지난 5년간 영향력을 꾸준히 늘려가고 있다. 올해 이들이 따낸 진행자나 출연진 자리는 지난 2005년과 비교하면 배 가까이 늘었다.

방송인 가운데서는 '예능국장급' 이경규를 가장 먼저 거론하지 않을 수 없다. 수년간의 슬럼프를 최근 KBS 〈남자의 자격〉으로 털어버린 그는 2009년 8개의 프로그램에 몸을 담았다. 이른바 '이경규 라인' 으로 불리며 급성장한 정형돈은 오히려 일취월장한 케이스. 11개의 프로그램을 맡아 활약 중이다.

이 외에도 신봉선과 김태현 등 주로 개그맨들이 걸쭉한 입담을 내세워 예능 단골손님으로 활약 중이다. 최근 무명의 설움을 딛고 tvN의 〈롤러코스터〉로 '케이블 대박신화' 를 낳은 정가은 역시 부산 출신이다.

강한 어투 때문에 고전을 면치 못할 거라는 예상과 달리 방송에서 부산 출신들의 비중이 늘어나는 건 꽉 짜인 연출보다 자연스러운 재미를 추구하는 리얼 버라이어티 프로그램이 늘어났기 때문이다.

| 부산 출신 대중문화인 총 114명 |

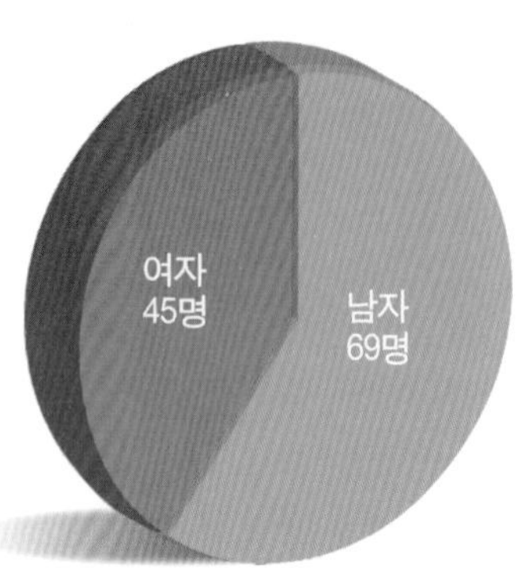

1. 남녀성비는?

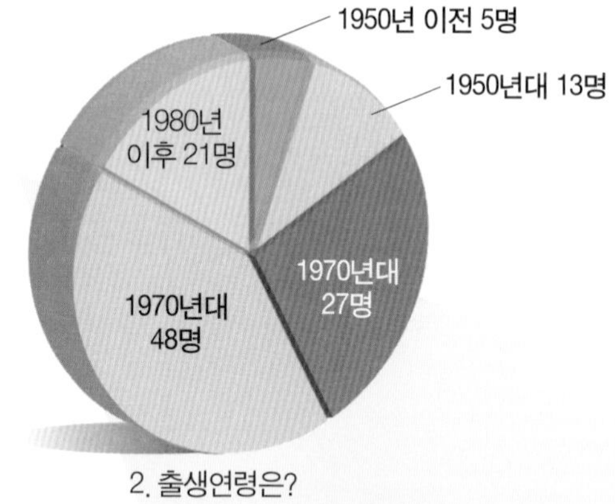

2. 출생연령은?

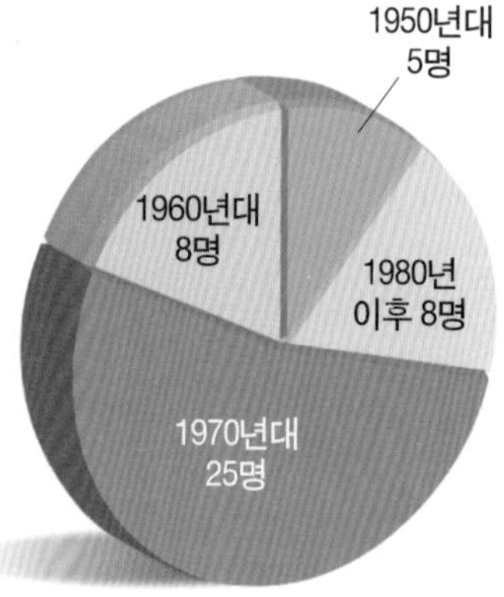

5. 부산 출신 배우들 연령대는?

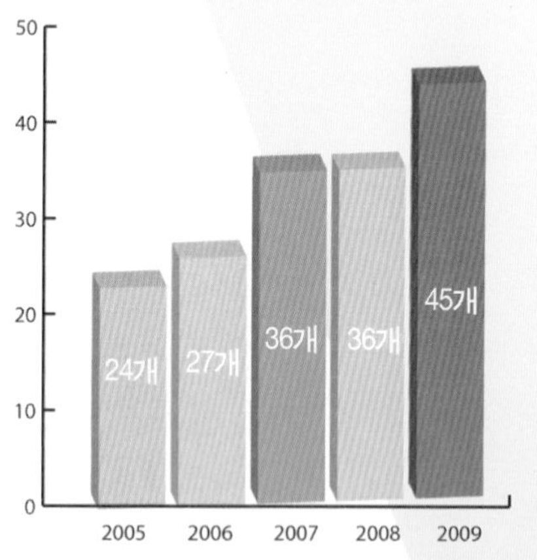

6. 최근 5년간 부산 출신 개그맨 · MC · 아나운서가 출연하거나 진행한 프로그램 수는?

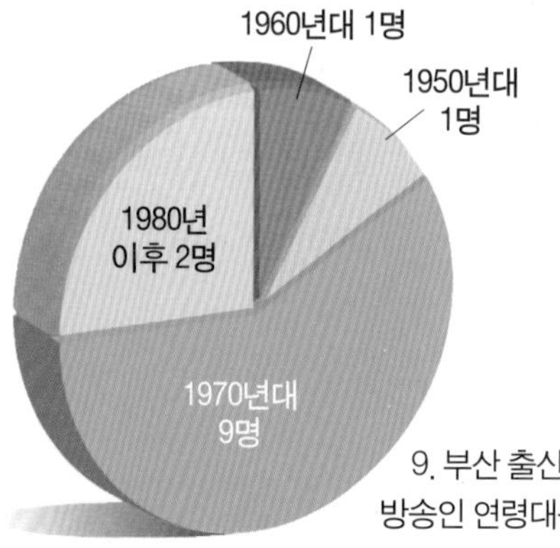

9. 부산 출신 방송인 연령대는?

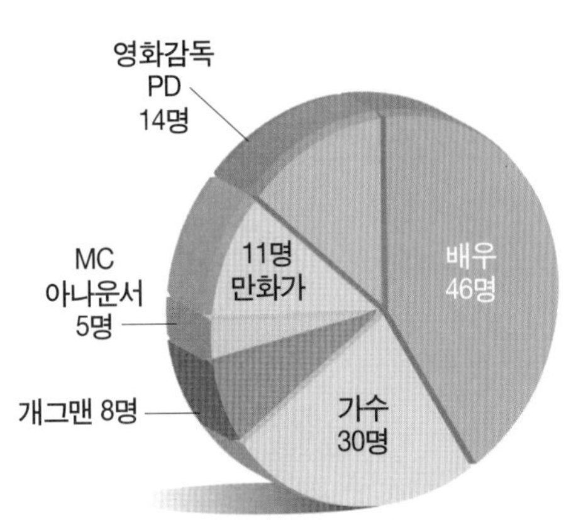

3. 직업군별 분류는?

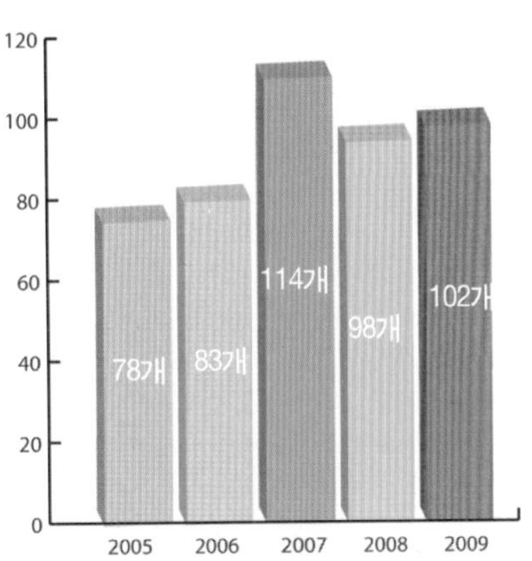

4. 최근 5년간 부산 출신 배우들이 맡은 드라마 · 영화 배역 수는?

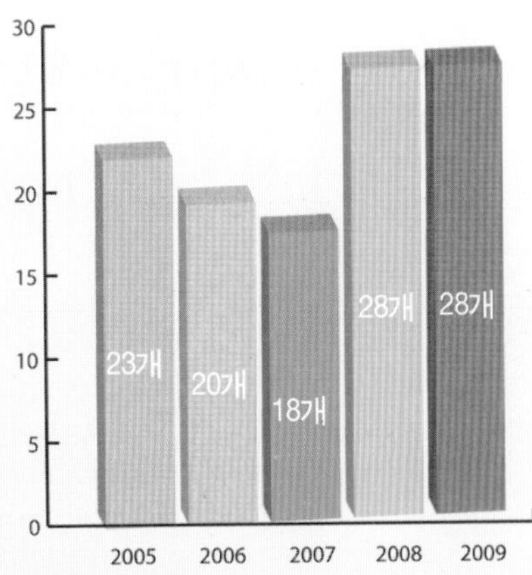

7. 최근 5년간 부산 출신 가수들이 발표한 앨범 수는?

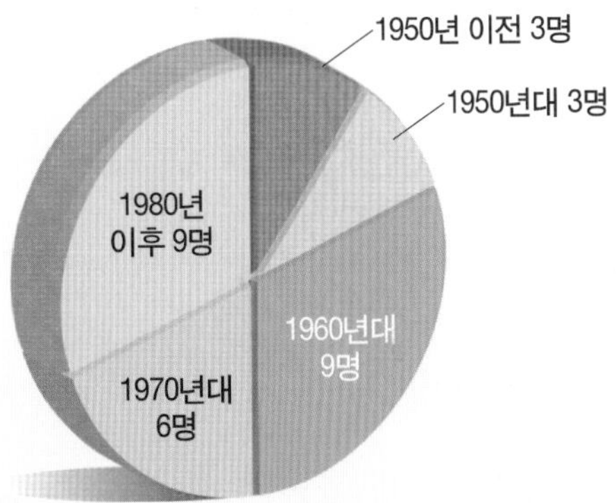

8. 부산출신 가수들 연령대는?

★ 부산 출신 주요 대중문화인

☆ 배우

공유(1979) **영화** 〈동갑내기 과외하기〉 **드라마** 〈커피프린스 1호점〉
김민준(1976) **영화** 〈사랑〉, 〈예의 없는 것들〉 **드라마** 〈다모〉, 〈친구〉, 〈우리들의 전설〉
김영애(1951) **영화** 〈애자〉 **드라마** 〈황진이〉, 〈내 남자의 여자〉
김현숙(1978) **영화** 〈당신이 잠든 사이〉, 〈미녀는 괴로워〉 **드라마** 〈막돼먹은 영애씨〉
변우민(1965) **영화** 〈키스할까요〉, 〈결혼이야기 2〉 **드라마** 〈아내의 유혹〉
송선미(1975) **드라마** 〈미세스타운 남편이 죽었다〉, 〈녹색마차〉, 〈며느리 전성시대〉
장혁(1976) **영화** 〈정글쥬스〉, 〈화산고〉 **드라마** 〈타짜〉, 〈불한당〉, 〈고맙습니다〉
정우(1981) **영화** 〈바람〉, 〈스페어〉 **드라마** 〈녹색마차〉, 〈신데렐라맨〉
조진웅(1976) **영화** 〈부산〉, 〈국가대표〉 **드라마** 〈솔약국집 아들들〉, 〈열혈장사꾼〉
최지우(1975) **영화** 〈여배우들〉, 〈피아노 치는 대통령〉 **드라마** 〈겨울연가〉

☆ 가수

길건(1979) 〈Real〉, 〈G-Style〉, 〈여왕개미〉, 〈Baby〉
김재덕(1979) 〈폼생폼생〉, 〈커플〉, 〈너를 보내며〉
설운도(1958) 〈사랑의 트위스트〉, 〈누이〉, 〈잃어버린 30년〉
이상우(1963) 〈그녀를 만나는 곳 100m 전〉,
〈부르면 눈물 먼저 나는 이름〉
장우영(1989) 〈Again&Again〉, 〈하트비트〉, 〈니가 밉다〉
전유나(1969) 〈너를 사랑하고도〉,
〈외로운 날에 쓰는 편지〉
최백호(1950) 〈낭만에 대하여〉, 〈영일만 친구〉, 〈낙엽은 지는데〉
한대수(1948) 〈물 좀 주소〉, 〈행복의 나라〉, 〈희망가〉
현철(1945) 〈사랑은 얄미운 나비인가봐〉, 〈봉선화 연정〉, 〈사랑의 마침표〉

☆ 방송인

김숙(1975) SBS 〈웃음을 찾는 사람들〉, EBS 〈과학실험 사이펀〉
신봉선(1980) KBS 〈해피투게더〉, 〈폭소클럽〉, 〈개그콘서트〉
이경규(1960) KBS 〈남자의 자격〉, MBC 〈이경규가 간다〉, 〈몰래 카메라〉
정형돈(1977) MBC 〈무한도전〉, KBS 〈개그콘서트〉, tvN 〈롤러코스터〉
하박(1982) SBS 〈웃음을 찾는 사람들〉
한성주(1974) MBC 〈세바퀴〉, 스토리온 〈마이 페어 레이디〉
허참(1950) KBS 〈가족오락관〉, SBS 〈즐거운 저녁길〉

SBS
N
A

부산 출신 방송인의 맏형 격인 허참은 이런 현상에 대해 "방송사마다 예전과 달리 굳이 교양 프로그램이 아니라면 사투리를 크게 제한하는 분위기가 아니기 때문"이라고 분석했다. 그는 이어서 "수십 년간 힘들게 교정한 나도 사석에서는 사투리가 나온다"며 "요즘은 개그맨들의 예능 진출이 늘면서 제작진에서도 그런 틀이 깨지는 걸 개의치 않아요"라고 덧붙였다.

가수 직군 '말라버린 부산 개천'

상종가를 치고 있는 연기자와 방송인들과 달리 가수 직군은 사실 '부산 파워'가 점점 약해지고 있는 게 사실이다.

일단 선배층은 어느 지역 부럽지 않을 정도로 탄탄하다. '트로트의 황제' 현철을 비롯해 나훈아와 설운도 등 기라성 같은 원로 가수들이 부산 출신이라는 건 잘 알려진 사실. 문제는 최근 젊은 가수들 사이에서는 이렇다 할 스타가 나타나지 않고 있다는 점이다.

그나마 김건모 등이 젊은 축에 속하지만 이들도 40대를 넘긴 상태인 데다 어린 시절 상경한 케이스라 부산 출신이란 타이틀을 달기엔 부족함이 있고, 인기그룹 '2PM'의 장우영과 'FT 아일랜드'의 이재진 역시 그룹 활동을 하는 데다 아직 어린 신인이라 정체성을 드러내기엔 임팩트가 약하다.

이러한 현상은 통계에서도 잘 나타난다. 연기자나 방송인은 1970~80년대 출생자들이 탄탄한 허리를 형성하고 있지만 가수 쪽에서는 1970년대 이후 출생자들이 1950년생 이전의 선배들과 수에서 그리 차이가 나지 않는다. 인지도를 놓고 보면 더욱 참담한 수준이다. 대중문화인이 가장 왕성한 활동을 하는 나이가 20~30대임을 감안할 때 의외의 수치다.

이 같은 현상은 대부분의 연예기획사들이 서울에 소재해 있는 현상과 다르지 않다. 연기자나 방송인과 달리 요즘 가수들은 최소 3년 이상 연예기획사를 통해 조련되어 배출되지만 부산에는 이렇다 할 기획사가 전무한 현실이다. 결국 지역 출신은 데뷔가 어려운 데다 어린 나이에 떠나와 고향에 대한 정체성이 희박할 수밖에 없다.

뚜렷한 고향 인식 이제는 옛말

조사 과정을 되짚어보면 '동향이라 반갑다' 는 말이 적어도 대중문화계에서는 이제 수명을 다한 듯하다. 이미지 관리 차원에서 고향을 밝히게 되면 학력 등 추가적인 사항까지 공개되기 때문에 출신지를 밝히길 꺼리는 경우가 종종 있었다. 연령대가 어릴수록, 인지도가 올라갈수록, 연예활동 반경이 전국구로 넓어질수록 그런 경향은 더 심했다.

또 대중문화인 대부분이 자력으로 현재 위치까지 올라온 사람들이라 굳이 연고에 연연하지 않는 것도 또 하나의 이유로 꼽을 만했다.

29 부산 출신 문화예술인

여기 고향, 부산을 떠난 예술가들이 있다. 출렁이는 파도와 높디높은 산, 이를 품고 있는 푸른 하늘은 이곳에서 자란 이들에게 넉넉한 예술적 감수성을 심어주었나 보다. 비록 몸은 고향을 떠났지만 그들은 몽매에서도 '예술' 을 놓지 않고 있었다. 이 장에서는 부산 출신 문화예술인의 현주소와 활약상을 추적해 보았다.

문학

출향 문학인 중에는 전업작가들이 많다. 우선 대중적 인기를 얻고 있는 소설가 김진명이 있다. 미국에서 활동한 실존 재미 물리학자 이휘소를 소재로 삼아 박정희 정권 말기의 핵무기 개발 가설을 주 내용으로 하는 소설 『무궁화 꽃이 피었습니다』로 일약 스타덤에 오른 이후 꾸준히 작품을 발표하고 있다.

1994년 김일성이 죽는다는 가상소설 『불바다』란 책이 나오고 얼마 후 김일성이 사망해 소위 '김일성 사망설' 을 예언했던 소설가 노수민. 부산에서 태어나 일곱 살 때 서울로 이사해 경희대 국문과를 거쳐 중앙일보 제1회 문예대상으로 문단에 데뷔했다.

계간 《현대시세계》로 등단(1992년)한 시인 강정, 여성동아 장편소설 공모에 「기구야 어디로 가니」(1977년)가 당선된 김향숙, 동서문학에 「소금쟁이」(1997년)를 발표하며 시인으로 등단했다가 다시 소설 「숲의 왕」(2000년)으로 문학동네 신인상을 받으며 소설가로 변신한 김영래 등도 그러하다. 제약회사인 수도약품공업 김수경 회장은 부산대 영문과를 나와《현대문학》으로 등단한 여성 시인이며, 출판사를 운영하는 김종해(문학세계)와 김종철(문학수첩) 대표도 '투잡' 을 하며 중앙무대에서 맹활약하는 부산 출신 중견 시인이다.

음악과 미술

성악, 기악, 지휘, 작곡을 하는 출향 음악인들 대부분은 강의를 하며 연주 활동을 병행하고 있는 게 특징이다. 그중에서도 지난 1992년 타계한 작곡가 금수현 씨의 아들인 지휘자 금난새는 '국가대표' 급이다. 부산이 고향인 그는 서울예고, 서울대 음대, 독일 베를린 예술대에서 수학했다. 1988년 유러피언 마스터 오케스트라의 올림픽 문화예술축전 순회 공연, 1990년대 초반 KBS 교향악단 지휘 등을 통해 세계적 지휘자 반열에 올랐다. 부산 출신으로 현재 중앙대 음대 교수인 지휘자 금노상의 형이기도 하다.

피아니스트인 주혜정 전 숙명여대 교수와 서울오페라단 단장인 김봉임 전 이화여대 음대 교수는 정년퇴직 후 강단을 떠났지만 여전히 음악과 인연의 끈을 놓지 않는 부산 출신 여성 음악가다. 또 바이올리니스트인 강동석 연세대 기악과 교수, 비올리스트 최은식 서울대 교수, 성악가 양희준 한예종 교수, 작곡가인 김동수 경원대 교수도 뿌리는 부산이다.

국내보다는 해외에서 활동하는 이들도 적지 않다. 테너인 김영석 미국 맨스필드대 교수, 바리톤 조규희, 피아니스트 탁영아 등은 미국과 유럽에서 맹활약하는 '부산파 음악인' 으로 분류된다. 그러나 대중적 인기까지 얻은 엄정행 전 경희대 음대 교수는 동래고를 졸업했지만 고향이 경남 양산이어서 '출향 음악인' 대열에선 빠졌다,

출향 미술인 중에는 전업작가가 많다. '한국 판화계의 원로' 인 황규백 화백은 뉴욕에서 활동하고 있고 '한국 추상화단의 1세대' 인 김봉태(전 이화여대

★ 부산 출신 문화예술인

☆ 문학

조영서(78) 시인, 청마문학상 수상
이유경(69) 시인, 한국시인협회상 수상
곽현숙(67) 시인, 인천서 시집전시관 운영
김종해(68) 시인, 문학세계사 대표
반성완(67) 평론, 한양대 교수
김종철(62) 시인, 문학수첩 대표
서규진(61) 수필가, 하버드대학교대학원 졸업
김은자(61) 시인, 한림대 국어국문학과 교수
김수경(61) 시인, 열음사 전 대표, 수도약품 회장
노수민(59) 소설가, 『불바다』 경희문학상 수상
김향숙(58) 소설가, 여성동아 장편소설 당선
김대근(51) 시인, 문인협회 회원
김진명(51) 소설가, 전업작가
이남희(51) 소설가, 전업작가
전혜성(49) 소설가, 문학동네 신인작가상 수상
정길연(48) 소설가, 전업작가
김영래(46) 시인 · 소설가 동서문학으로 등단
박청호(42) 소설가, 전업작가
전동조(41) 판타지소설, 전업작가
박지웅(40) 시인, 《시와사상》 통해 등단
신경진(40) 소설가, 세계문학상 수상
강정(38) 시인, 《현대시세계》 통해 등단
김언(36) 시인, 미당문학상 수상
김설아(29) 소설가, 《현대문학》으로 등단

☆ 음악

이인영(80) 테너, 전 서울대 교수
주혜정(74) 피아노, 숙명여대 명예교수
김봉임(73) 성악, 서울오페라단 단장
금난새(62) 지휘, 경희대 음대 교수
백원전(62) 성악, 건국대 음대 교수
정복주(61) 소프라노, 이화여대 음대 교수
유병은(57) 작곡, 한국예술종합학교 음악원 교수
김영석(57) 테너, 미국 맨스필드대 뮤지컬 종신교수
금노상(56) 지휘자, 중앙대 음대교수, 금난새 씨 동생
최한원(56) 바이올리니스트, 이화여대 음대 교수
강동석(55) 바이올리니스트, 연세대 기악과 교수
김동수(54) 작곡, 경원대 교수
김요한(52) 성악, 명지대 교수
양희준(50) 베이스, 한국예술종합학교 교수
피호영(49) 바이올리니스트, 성신여대 교수
김광군(49) 바이올리니스트, 경원대 교수
김상곤(47) 베이스, 이화여대 교수
계명선(47) 피아니스트, 이화여대 교수
조규희(43) 베이스-바리톤, 유럽을 무대로 활동
최은식(42) 비올라, 서울대 교수
강현주(40) 기악, 독일 함부르크 국립음대 최고연주자과정 졸업
조은화(36) 작곡, 서울대 강의 후 유럽서 활동
전지영(35) 소프라노, 유럽서 활동
황성훈(34) 피아노, 독일 하노버국립음악대학원 박사, 독일 거주
탁영아(30) 피아니스트, 미국 사우스이스튼대 교수

☆ 미술

황규백(77) 판화, '한국 판화계의 원로' 뉴욕서 활동
김봉태(72) '한국 추상화단의 1세대', 전 이화여대 교수
오광수(71) 미술평론, 문화예술위원회 위원장
최우상(70) 서양화가, 전업작가
손기덕(61) 서양화가, 서울산업대 교수
이영학(60) 조각, 전업작가
박연선(59) 색채디자인, 홍익대 조형대 교수
정현도(59) 조각, 전북대 미술학과 교수
김태호(58) 서양화가, 홍익대 미대 교수
금누리(58) 조각, 국민대 금속공예학과 교수
조상필(58) 조각, 전업작가
안종연(57) 설치미술, 퍼블릭아트 '빛의 작가'
김원숙(56) 서양화가, 스티브 린튼 유진벨 회장 부인
김덕길(56) 서양화가, 전업작가
김광문(55) 서양화가, 대한민국미술대전 특선
이종빈(55) 조각, 경희대 교수
강성원(54) 미술평론, 일민미술관 기획위원
김영진(53) 도예, 우송정보대 교수
김개천(51) 실내디자인, 국민대 조형학과 교수
우관호(51) 공예, 홍익대 미대 교수
조환(51) 한국화가, 성균관대 미대 교수
안영욱(50) 서양화가, 전업작가
최석운(49) 서양화가, 별명이 '돼지화가' 인 전업작가
장태묵(43) 서양화가, 전업작가
박승모(40) 화가, 경기 양평에서 작업
김태균(38) 서양화가, 전업작가

☆ 사진

임범택(71) 현대사진연구소 소장
김광부(66) 서울예대 사진과 교수
김영수(63) 민족사진가협회 회장
최영호(50) 경원대 사진과 교수

☆ 무용

유정옥(65) 현대무용, 한국예술종합학교 실기과 전 교수
남정호(57) 한국예술종합학교 무용원 창작과 교수
김태원(56) 무용평론가, 전 한국춤평론가회 회장
김채현(55) 한국예술종합학교 무용원 이론과 교수
김형희(47) 안무가 트러스트 무용단 대표
백연옥(44) 발레, 유니버설발레단II 예술감독
최지연(44) 한국무용, 창무회 부예술감독
이원국(42) 발레, 이원국프로젝트발레단 단장
김남진(41) 현대무용 안무가, 댄스씨어터 창 대표
김윤규(40) 발레, 올해의 예술상 최우수상 수상
하선애(39) 현대무용, 미주에서 활동
김용걸(36) 발레, 한국예술종합학교 실기과 교수
김주원(31) 발레, 국립발레단 수석무용수

☆ 연극

김춘기(51) 연극배우, 연극배우협회 이사
김하균(50) 탤런트
박지일(49) 연극배우, 동아연극상 수상
곽동철(48) 연극배우
조영진(47) 연극배우, 동아방송예술대 방송연예과 교수
남긍호(47) 한국예술종합학교 연극원 연기과 교수
이재용(46) 탤런트 겸 영화배우
오은희(43) 희곡작가 겸 연출가
정동숙(42) 전 연희단거리패 대표
김윤석(41) 영화배우
오달수(41) 영화배우
이해성(40) 희곡작가 겸 연출가
조유신(37) 연극배우
신미영(32) 연극협회 회원
김경선(30) 뮤지컬대상 여우조연상 수상
윤수미(30) 연극협회 회원
박정표(29) 뮤지컬 배우

교수) 화백도 강단을 떠났지만 여전히 작품 활동을 놓지 않는 '현역'이다. 조각가 이영학과 조상필, 서양화가 김덕길과 김광문도 '전업작가' 군에 포함된다. 퍼블릭 아트를 전공한 '빛의 작가' 안종연, 서양화가이자 별명이 '돼지화가'인 최석운 화백은 수도권에 둥지를 틀고 작품을 매만지고 있다.

반면 서양화가 손기덕(서울산업대), 조각가 정현도(전북대), 서양화가 김태호(홍익대), 도예가 김영진(우송정보대), 실내디자인 전공인 김개천(국민대) 교수는 후학 양성과 작가 생활을 병행하고 있다. 미술평론이 전공인 문화예술위원회 오광수 위원장과 서양화가 최우상 화백은 모두 고희를 넘긴 부산 출신 '미술계 원로'들이다.

사진 분야는 활약상이 부진한 편이다. 현대사진연구소 임범택 소장과 민족사진가협회 김영수 회장이 그나마 중앙무대를 외롭게 지키고 있다. 김 회장은 "요즘 부산 출신 사진작가 보기가 힘들다"고 말한다. 서울예대 김광부, 경원대 최영호 교수가 강의와 작품 활동을 병행하고 있는 출향 인사다. 상파울루 비엔날레 한국 대표, 뉴욕 세계사진센터(ICP) 아시아 작가 중 최초 전시, 2009년 베니스비엔날레에서 특별전을 가진 김아타 작가는 경남 거제가 고향이어서 출향 인사 목록에선 제외됐다.

무용과 연극

무용에선 괄목할 만한 성과를 내고 있다. 먼저 국립발레단 수석무용수인 발레리노 이원국은 '발레리노의 교과서'로 불릴 정도로 한국 남성발레를 선두에서서 견인하고 있다. 유니버셜 발레단 수석무용수, 러시아 키로프발레단 객원주역, 루마니아 부큐레슈티 국립발레단 객원 주역 등을 거쳤다. 발레리노 김용걸 역시 한국인 최초로 모스크바 국제발레콩쿠르에서 상을 받고, 동양인 최초로 파리 오페라발레단에 입단한 부산 출신 세계적 춤꾼이다.

'미나 유' 로 알려진 유정옥 선생은 이화여대와 경희대 대학원에서 한국무용을 전공했지만 미국 유학 이후 현대무용으로 전환해 미국과 유럽에서 현대무용가로 활약했고, 《공연과 리뷰》 발행인이자 한국춤평론가회 김태원 전 회장은 무용평론가다.

경성대 출신으로 유럽까지 진출해 프랑스와 벨기에의 유명한 현대직업무용단에서 활약한 댄스씨어터 창의 대표이자 현대무용 안무가 김남진, 트러스트무용단의 단장이자 안무가인 김형희도 부산 출신이다.

연극 분야는 전직이 활발한 분야다. 부산에서 실력을 갈고 닦은 뒤 중앙 무대에 진출해 안방극장과 스크린으로 진출하기 때문이다. 김하균, 이재용, 김윤석, 오달수 등은 탤런트 혹은 영화배우로 두각을 나타내고 있다.

부산연극협회 김동석 회장은 "요즘엔 서울 등 중앙에서 활약하는 부산 출신 연극배우는 별로 없다"고 말했다. 그나마 연극배우협회 이사인 김춘기, 동아연극상을 수상했던 박지일, 연희단거리패 정동숙 전 대표, 곽동철, 조유신 등이 중앙무대에서 만날 수 있는 부산 출신 연극배우로 손꼽힌다.

편집후기

부산이 가진 문화콘텐츠를 드러내는 작업

누가 시키지도 않았는데, 바쁜 걸로 치면 세상에 둘도 없을 신문기자 여덟 명이 근 1년간 손품 발품 파는 일을 자청했다. 시쳇말로 그 일을 한다고 월급이 더 나오는 것도, 인사고과에 반영되는 것도 아니었다. 준비된 기획취재 예산이 있었던 건 더더욱 아니었다. 3천만 원에 달하는 기획취재 예산을, 그것도 국비로 확정 짓던 날, 그렇게 기쁠 수가 없었다. 마침내 우리의 생각을 실천에 옮길 수 있게 되었으니까.

부산에서 태어나, 혹은 부산에 살면서, 부산 문화의 전도사이자 매개자로 살아오는 동안 '어떤 문화도시를 꿈꿀 것인가?' 는 계속된 고민이었다. 그것은 곧 결핍의 자각으로 이어졌고, 또 다른 채움을 위한 준비 작업으로 돌진하게 만들었다. 다행이라면, 기자 여덟 명 중 일곱이 10년을 넘긴 베테랑 기자였고, 그중 다섯이 5년 넘게 문화부 기자 생활을 한 터였다. 아는 게 병이라고, 목마른 사람이 우물 판다고, 우리가 바로 그 짝이었다. 부산일보 문화부에서 2009년을 함께한 기자들이 마음먹고 일을 벌였던 '新문화지리지-2009 부산 재발견' 은 그렇게 탄생했다.

미흡한 점이, 아쉬운 점이 왜 없었겠는가. 회의가 들지 않은 것도 아니었다. '1등만 기억하는 더러운 세상' 이란 유행어도 있지만 '넘버원' 이 아닌 '기초 작업' 이 가지는 한계 때문이었다. '新문화지리지' 를 '1등' 으로 기억해달라는 뜻은 아니다. '첫 걸음' 을 뗄 수 있었다는 데 방점을 찍고 싶다. 애당초 우리의 목표가 그랬다. 부산에서 일어나고 있는 각종 문화현상과 문화자원을 정리해

종합문화예술 가이드북을 만들면 어떨까, 라는. 지역문화에 대한 관심과 숨은 가치의 재발견은, 기본적으로 지역을 사랑하자는, 지역문화가 안고 있는 여러 가지 문제를 겸허히 인정하고 반성하자는 의미였다.

기획연재를 마무리하는 에필로그 좌담회 때 기자들이 쏟아놓은 경험담도 비슷했다. "부산 문화 관련 기초 자료가 이렇게 부실할 줄 몰랐다" "그나마 기억 속에 있는 자료를 빨리 찾아내 정리하지 않으면 소멸되고 말 거란 생각에 안타까웠다" "성과는 있었다. 알고 보니 부산이 대단한 도시였다는 사실이다" "그 많은 자산을 표피적으로 드러내는 작업에 머물렀지만 좀 더 제대로 된 부산의 문화지리지는 계속 다시 쓰여야 한다" 등등.

책이 나오기까지 도움을 준 이들이 너무나 많다. 부산일보 김종렬 사장과 장지태 전 편집국장을 비롯, 시리즈 첫 단추부터 마지막 책 작업까지 오롯이 펠 수 있도록 예산지원을 아끼지 않은 부산컨벤션뷰로 김비태 사무처장, 책을 예쁘게 만져주신 산지니 출판사 강수걸 대표와 김은경 · 권문경 씨, 그리고 2008년과 2009년 두 해를 지나는 동안 오지랖 넓은 부장을 좇아 숱한 기획취재 구렁텅이에 빠져준 문화부 기자들…. 그들이 있었기에 이 모든 게 가능했다. 미안하고, 고맙고, 정말 행복했다.

2010년 4월

김은영

| 사진 및 그래픽 제공 |

광고활력소 나비
동서대 안병진 교수팀(박재용)
부경대 홍동식 교수팀
부산일보 DB
프리랜서 김진문 · 문진우

| 도움받은 곳 |

가마골향토역사연구원 주영택 원장
경남도립미술관 박은주 관장
고신대 신학과 이상규 교수
낙동문화원 백이성 원장
뉴시스 유상우 기자
대한경신연합회 최태완 부산시본부장
동래구청 이정형 문화재전문위원
동아대 음악학과 김창욱 초빙교수
동아대 음악학과 박철홍 교수
한국문화예술위원회 이성겸 부장
미술평론가 옥영식
민족사진가협회 정인숙 사무국장
복천박물관 하인수 관장
부산 16개 구 · 군청
부산관광컨벤션뷰로
부산교통방송 〈부산야곡〉 원로 DJ 한강진
부산국악관현악단 이의경 전 상임지휘자
부산대 국악학과 황의종 교수
부산대 국어국문학과 김승찬 명예교수
부산대 국어국문학과 민병욱 교수
부산대 신문방송학과 채백 교수
부산대 음악학과 제갈삼 명예교수

부산문화예술교육협의회 차재근 회장

부산민예총

부산민학회 주경업 회장

부산비엔날레조직위원회

부산시 대변인실 김은영

부산시립미술관

부산시 문화체육관광국 축제계 강미향

부산시 박재혁 문화재전문위원

부산시 시사편찬실 홍연진 상임위원

부산시 시사편찬실 표용수 연구위원

부산문인협회 차달숙 사무국장

부산연극협회 김동석 회장

부산영상위원회

부산예술대학 만화애니메이션과 김상화 교수

부산예총 최상윤 회장 등

부산음악협회 박이목 사무국장

브니엘여고 박홍배 교장

산지니출판사 강수걸 대표

소설가 조갑상

소설가 최해군

스포츠월드 황인성 기자

사진가 강현덕

시인 최영철

아르고예술정보관 최해리 객원연구원

요산문학관

천주교 부산교구청 이동주 홍보팀장

한국영화자료원 홍영철 원장

한국해양대 조선해양시스템공학부 박명규 교수

향토사학자 김한근

해성출판사

신문화지리지 로컬문화총서 1

초판 1쇄 펴낸날 2010년 4월 26일

지은이 김은영, 김호일, 백현충, 이상헌, 김건수, 임광명, 김수진, 권상국

펴낸이 강수걸

펴낸곳 산지니

등록 2005년 2월 7일 제14-49호

주소 부산광역시 연제구 거제1동 1493-2 효정빌딩 601호

전화 051-504-7070 | **팩스** 051-507-7543

sanzini@sanzinibook.com

www.sanzinibook.com

ISBN 978-89-92235-91-4 03980
978-89-92235-90-7(세트)

값 18,000원

* 이 도서의 국립중앙도서관 출판시도서목록(CIP)은
e-CIP 홈페이지(http://www.nl.go.kr/cip.php)에서
이용하실 수 있습니다.(CIP 제어번호 : CIP 2010001370)